新　潮　文　庫

「普天間」交渉秘録

守　屋　武　昌　著

新　潮　社　版

9530

はじめに

二〇一〇（平成二十二）年六月十日、私は沖縄にいた。

天気予報は雨だったが晴れ間の覗《のぞ》く曇り空で、朝八時半にホテルを出て宜野湾《ぎのわん》市に向かった。市内の嘉数《かかず》高台に登り、私は普天間《ふてんま》飛行場を遠望した。ここに立つのは十二年ぶりのことだった。

当時は周辺には平屋がほとんどで緑も多かったが、今、目の前に広がる光景は高層の建築物と密集した住宅群だった。風雨に晒《さら》されていない、築まだ浅い住宅の外壁の白さが目に眩《まぶ》しかった。

知人の運転する車で沖縄自動車道を北上し、名護市に向かった。米軍の演習による山火事の跡をいくつも残す、キャンプ・シュワブの演習場の山並みが徐々に近づいてくる。濃緑の樹木の中に点在している松田、久志《くし》、豊原《とよはら》の各集落を通り、辺野古《へのこ》に入ったのは午前十時過ぎのことだった。

「辺野古活性化促進協議会」のプレハブ小屋は以前と比べ大きくなり、その脇《わき》には「北部振興策」で建設された「北部コミュニティーセンター」が見えた。基地と集落を画する高台には、かつてと同じ基地の町の賑《にぎわ》いを失った建物が連なっていた。

海岸線に立つ戦没者慰霊碑「平和之塔」から、辺野古沖が一望出来た。白い砂浜から続く萌黄《もえぎ》色の海面は途中から深い群青《ぐんじょう》に変わり、遥《はる》か沖合いまで広がっている。波はどこまでも静かで、緩やかな弧を描く水平線が見渡せた。

沖合いから左手に視界を移せば、地元の人たちが信仰の対象とする平島、長島の豊かな緑が見え、そのすぐ横、陸の突端に在日米軍施設「キャンプ・シュワブ」の営舎が立っている。そこからは深い緑色の斜面が徐々に急峻《きゅうしゅん》になり、そのまま演習場の深い森を形作っていた。

一九九七年十一月、内閣審議官として官邸に出向していた私は、梶山静六《かじやませいろく》元官房長官に随行し沖縄を訪れた。梶山元長官は橋本龍太郎《りゅうたろう》内閣で二期に渡りその職を務めていたが、この年九月の内閣改造で退任していた。前年に返還されることが決まった普天間飛行場だったが、その移設問題で地元と交渉にあたるため沖縄入りした梶山元長官は、話し合いと視察を兼ねてここ辺野古を訪れたのである。「平和之塔」の前に立ち、集まった住民六十人ほどに向かって梶山元長官はこう口にした。

綴《つづ》っておきたいと考えるようになった。特に私が防衛事務次官として勤めた四年間のうち、在日米軍再編、防衛庁省昇格については正確に記しておきたいと願うようになった。

私は在職中、日記をつけていた。防衛が国の重要な問題となり、それを当事者たちがどのように考え、どう対応したかを記録に残したいと考えたからである。たいへんなプレッシャーがかかる日常の中で、ともすれば自分を失ってしまうのではないかと感じることも多々あった。

私が官房長の時から事務次官を辞める時まで、私の秘書であった女性が日程表を前日に作成し、当日には新たに入った会議、来客、外出先、受けた電話とかけた電話の先方の氏名をすべて書き記してくれた。私は鉛筆でびっしりと書き込まれた記述のあるその日程表に基づき、時間を見ては、自身と相手の発言内容を含めそれぞれの詳細を日記に記した。

私が使用していたのは五年分を同じページに書き込むタイプだったが、そこから記述が溢《あふ》れると、別のページに続きを記入した。二〇〇九年十二月ころより、私はそれらの日記を繙《ひもと》き始めた。あらためて読み返すのは、初めてのことだった。そしてそれを元に本書を書き始めた。

私が日記を整理し直し本書を執筆している間に、普天間がひときわクローズアップされることになった。「最低でも県外移設」と言い続けてきた鳩山《はとやま》由紀夫総理だったが、移転先として名の挙がった鹿児島県徳之島からは猛反対され、同時に沖縄でも基地反対運動が再燃した。最終的には二〇一〇年五月二十八日に日米共同声明で「移設先は辺野古周辺」と確認し、これは閣議決定となったが、社民党は連立を離脱した。鳩山総理は責任をとる形で辞任、国民から圧倒的支持を受けて成立した鳩山政権はわずか八ヶ月の短命内閣となった。

私はこの間、何度か永田町に赴いている。政府関係者から話を聞きたいと言われたからだったが、これまでの経緯や現状を知る政府関係者があまりにも少ないことに驚いた。それは連日この問題を報道するマスコミも同じことだった。

普天間移設先は私の次官在任中の二〇〇六年五月、アメリカ政府と「辺野古崎」で確認しその建設予定地まで決まっていたし、沖縄県や名護市ともその案で日本政府は合意を見ていた。その上で三年かかる環境影響調査が始まり、二〇一〇年五月にはそれが終了した。

「在日米軍基地の七十四パーセントが沖縄に集中している」と沖縄は主張しているが、その数字だけをことさらに取り上げるスタンスでは、沖縄の現状を正確に伝えている轟音《ごうおん》とともに次々に発進し、日が燦々《さんさん》と照りつける沖縄の空に、矢のように垂直に上がっていった。一方、基地の金網のすぐ外側には、米軍に土地を取られた住民たちが密集して暮らしていた。私はそのコントラストを見て、「ここは日本なのか」と思った。

私が占領期に見た風景がそこに重なった。

私が在日米軍再編に係《かかわ》った期間、脳裏にあったのはこうした事実だった。特に沖縄の基地問題を考える時、少年時代に見続けた占領下の光景がまざまざと立ち現れた。そのことを最初に記しておきたい。

本書は特定の個人を貶《おとし》めるために書かれたものではない。一官僚が見つめてきたひとつの記録として、本書をご高覧いただきたい。沖縄問題の根深さの一端を垣間見《かいまみ》ていただければ幸甚《こうじん》である。

日本本土の在日米軍基地
三沢［青森］
空軍：第35戦闘航空団
F-16戦闘機
海軍
P-3C対潜哨戒機等
車力［青森］
陸軍
BMD用移動式レーダー
（AN/TPY-2：いわゆる「Xバンド・レーダー」）
座間［神奈川］
在日米陸軍司令部
陸軍：第1軍団（前方）
厚木［神奈川］
海軍
F/A-18戦闘機等（空母艦載機）
横須賀［神奈川］
在日米海軍司令部
海軍：横須賀艦隊基地隊
空母、巡洋艦、駆逐艦、
揚陸指揮艦、池子住宅他
横田［東京］
在日米軍司令部
空軍：第5空軍司令部
第374空輸航空団等
C-130輸送機、
C-12輸送機、UH-1ヘリ等
岩国［山口］
海兵隊：第12海兵航空群
F/A-18戦闘機、
AV-8ハリアー攻撃機
EA-6電子戦機、
CH-53ヘリ、UC-12F 等
佐世保［長崎］
海軍：佐世保艦隊基地隊
揚陸艦、掃海艦、輸送艦
N
0
200km

「普天間」交渉秘録

〈9月8日（水）8時半登庁、9時10分総理出迎え、20分大臣室で懇談、40分式典、約500人の参列者の前で厳粛に行われる。中曽根元総理の祝辞はシビリアンコントロールに関してであり、理に適《かな》っていた。総理退場に合わせて官邸へ。10時45分から11時15分まで米トラについて総理に説明、小野秘書官のみ立会い〉

二〇〇四（平成十六）年九月八日、防衛庁・自衛隊五十周年式典――。

この日、私は小泉純一郎総理に呼ばれ、官邸五階にある総理執務室で米軍再編（米軍トランスフォーメーション）について説明をしていた。これは数日前に飯島勲《いさお》総理秘書官から機会をつくると言われていたものだった。防衛庁で総理が幹部への訓示を終え、式途中で退出する際に一緒に出て、車で官邸に同時に入って来るようにと告げられていた。私は以前から「総理に申し上げたい」と飯島秘書官に伝えていたが、その機会はこうして訪れた。

三十分に及ぶことになった私の説明は、まず、「9・11」以降に米国政府が辿《たど》った経緯から始まった。

「二〇〇一年に起きた9・11事件以降、アメリカは建国以来初めて、自国領土での防衛に踏み切りました。アメリカにはカナダとは九千キロ、メキシコとは三千百キロの長大な国境があります。東と西にはそれぞれ六千キロと二千百キロのこれまた長い海岸線があり、これらを守るには、大量の人員と大きな財源が必要になります。

現在、アメリカは世界的規模で米軍の配備を見直しています。二〇〇二年十月、アメリカ本土とカナダの防衛、そして災害救援を任務とする北方軍が創設されています。続いてその翌月にはテロ攻撃の防止と抑止、国家への脅威と危険を排除するために、国土安全保障省を立ち上げています」

私は国土安全保障省について解説した。国土安全保障省は、税関、国境警備、移民・帰化局、連邦緊急事態管理庁（FEMA＝Federal Emergency Management Agency）と、それまで別々の役所に置かれていた機能が集約された役所で、日本で言えば財務省の税関、法務省の入国管理局、警察庁、消防庁、国土交通省の防災局、海上保安庁が集まったことと等しかった。

「国土安全保障省の創設と同時に始めたのが、世界的に展開する米軍の態勢見直し（GPR＝Global Posture Review）でした。六万から七万人の米軍人をアメリカ本土に配置換えするとともに、国際テロ、大量破壊兵器など新たな脅威に対応するために、各国との協議に入っています。まずヨーロッパ大陸で、次いで韓国で、米軍配備の見直しについて各々《おのおの》の同盟国と合意を得ました。そして最後に残ったのが日本との米軍再編協議です。

アメリカはアジア・太平洋・インド洋でのイスラム原理主義者の国際テロ、海賊、北朝鮮やイラン・イラク・パキスタンなどの核兵器、弾道ミサイルの開発、そして巨大化する中国の軍事力に着目しています。その結果、二〇〇三年十一月および二〇〇四年四月と七月の日米事務レベル協議で、アメリカ側が求めてきたのが、トータル・パッケージです」

ドナルド・ラムズフェルド国防長官がGPRに基づき、当初、日本に提示したのは次の二点だった。

①　米陸軍第一軍団司令部（ワシントン州フォート・ルイス）を神奈川県のキャンプ座間に移す

② 東京の横田基地にある第五空軍司令部を第十三空軍司令部（グアム）へ移転する

「しかし外務省はグアム移転だけを受け入れ、キャンプ座間への陸軍司令部の移転は拒否するというスモール・パッケージの考えです。それではアメリカと合意することは難しい。アメリカ国防総省の担当者が日本のスモール・パッケージ案に対し怒り狂ったとの話も、ワシントンからは伝わってきています。逆に、これは日本にとって、在日米軍基地の抱える問題を解決するために交渉するチャンスです。私はそう考えます。この機会を逃してはいけない」

アメリカの体制が揺るぎない時に、いくら日本の立場を主張しても、アメリカは容易に聞く耳を持とうとしない。ところが今、アメリカは自らの必要性に迫られて、世界の米軍の態勢について見直しをせざるを得ない。

「この機会を逃してはいけない」

それが長年、防衛庁・自衛隊の中にいて、米国国防総省・在日米軍を見てきた私の結論だった。小規模の移設で在日米軍の再編を済まそうとするスモール・パッケージでは、在日米軍が抱える問題の解決は蚊帳《かや》の外に置かれたままになる。

私は米国側の提案にさらに次の三点を付け加えるべきだと、総理に意見を述べた。これは在日米軍再編にあたり考えてきた持論だった。

①　米海軍厚木基地の空母艦載機部隊を海兵隊岩国基地（山口県）へ移す
②　相模《さがみ》補給廠《しょう》（神奈川県）や牧港《まきみなと》補給地区（沖縄県）などの嘉手納以南の基地返還
③　普天間飛行場移設合意の見直し

そして私は、総理にこう言った。

「アメリカ側の提示は、またとないチャンスです。在日米軍基地の不合理性と、日本国民の負担を見直す契機とすべきです。日本の戦後をこれで終わらせるべきだと、私は考えます」

総理は私の説明を聞き終えると、矢継ぎ早に質問した。

「岩国は基地を受け入れるのか」
「座間の反対はないのか」
「普天間は転換出来るのか」

私は「総理のリーダーシップがあれば出来ます」と即答した。

「本当に日本の戦後を終わらせることが出来るんだな」

私は再び「はい」と答えた。

この時から、私の防衛事務次官としての日々は加速度的に動き始めた。


私が日本における米軍基地の現状を見直すべきだと考えた契機は、この三年前、二〇〇一年九月十四日にカート・キャンベル元米国防副次官補と再会したことだった。アメリカで同時多発テロが起きたのは、その三日前。母国が大惨事に見舞われていたその日、日本に滞在していたキャンベル氏は、母国への民間機飛行禁止の措置により日本に留め置かれていた。それを知り、私は夕食に誘ったのである。私は長官官房長の職にあった。

かつてキャンベル氏とはＳＡＣＯ（Special Action Committee on Okinawa ＝沖縄に関する特別行動委員会）で同席し、一緒になって沖縄の基地負担軽減問題に取り組んだ間柄だった。

ＳＡＣＯは沖縄に所在する在日米軍施設・区域に係る課題を協議するために、一九九五年十一月に村山富市《とみいち》総理とアメリカのアル・ゴア副大統領とが合意し設置された。当時、長官官房防衛審議官と防衛政策課長を兼務していた私は、ＳＡＣＯ合意後に何度もキャンベル氏と六本木にあった防衛庁やワシントンのペンタゴン（米国防総省）などで会議を重ねた。

　その後、クリントンからブッシュへと政権が移ると、キャンベル氏はシンクタンク「米戦略国際問題研究所（ＣＳＩＳ＝Center for Strategic and International Studies）」の副所長として民間で活躍していた。

　キャンベル氏とは台場にあるホテル日航東京で会った。二年ぶりの再会を喜び、杯を傾けるとキャンベル氏はこう言った。

「今回、アメリカで起きた事件に対し、日本人は高い関心を示しています。自分たちの身の回りであのような事件が起きたらどのように対応できるかと、きわめて現実的に考えている。私はそのことがまず驚きでした」

　私は十一日のその晩、帰宅したばかりの自宅でニュースを知り、庁にとって返していた。佐藤謙次官の指示を得て、インドネシアを訪問中の中谷元《なかたにげん》防衛庁長官に至急帰国してもらうよう伝える一方で、翌朝、官邸で開かれることになった安全保障会議に間に合わせるため、成田空港からヘリを飛ばす手筈《てはず》を整えていた。国会議事堂の前庭に自衛隊のヘリが着陸したのは、このときが初めてであった。

　キャンベル氏は続けて、アメリカの行く末について語り始めた。

「今回の事件の深刻さは、アメリカという国家・国民のランドマークであるペンタゴン、貿易センタービルが狙《ねら》われ、五千人を超えるという、一日の死者の数としてはアメリカ建国史上最大を記録したことです。アメリカ人に深刻な影響が出る。元のアメリカに戻ることはないでしょう。これで自信に溢《あふ》れ活動的なアメリカ人の自尊心は吹っ飛んだ。もう、おおらかではいられない。ワシントンは対空ミサイル網で幾重にも防衛されることになる」

「アメリカはこれで内向きになる」「世界規模で戦略を見直すことになるだろう」というキャンベル氏の悲観的な観測に、私は言葉もなかった。キャンベル氏はドナルド・ラムズフェルド国防長官が米軍人の最高位である統合参謀本部議長にラルフ・エバーハート氏を推したが、ホワイトハウスは「いい選択だ」と言いながらもリチャード・マイヤーズ氏に決めたことに触れた。

「国防長官の選択と、ホワイトハウスの選択とは異なった。しかし驚くべきは、二人とも在日米軍司令官の経験を持つことです」

在日米軍司令官を経験した人物が米軍のトップになることは、冷戦時代にはまったくなかった。在欧米軍司令官を務めた人物が就くのが通常だった。一九九五年、沖縄で米軍海兵隊員らによる少女暴行という不幸な事件が起きた後、橋本龍太郎総理はビル・クリントン大統領にこう求めた。

「これからはアジアが世界の安全保障の中心になる。在日米軍司令官にはここがファイナルポストとなるような軍人ではなく、将来、米軍の最高位になるような軍人を配置してほしい。そして、日本のことをよく理解してほしい」

それから五年が経《た》っていた。

キャンベル氏は続けた。

「これからはNATOよりもアジアが重要だと、アメリカは考えている」

私はキャンベル氏を前にして考えていた。日本人にはランドマークという「誇り」があるだろうか、国の防衛について自分たちで見直したことがあるだろうか、と。

一九七七（昭和五十二）年九月、厚木米軍基地を飛び立った戦闘機ファントムが、横浜の住宅地に墜落するという事故が発生した。市民八名が重軽傷、幼児二名が死亡するという惨事となった。亡《な》くなった二人の幼児は三歳と一歳の兄弟で、その母親も全身大火傷《やけど》を負うという不幸な事故だった。母親は事故から五年後に亡くなった。

ベトナム戦争は終わりに近づいていたが、まだ米軍基地撤去という運動には至らなかった。連日、新聞報道は続いた。

私は入庁して六年目、部員（他省庁の課長補佐に相当）になって三年目の時であったが、この頃に厚木基地周辺に暮らす住民からの苦情の電話を受けたことがあった。三ヶ月に一回の割合でまわってくる、夜の当直勤務についている晩だった。

米海軍の航空母艦が長い航海を終えて横須賀《よこすか》に入港すると、夜間、空母の甲板に着艦するのと同じ訓練「ＮＬＰ（Night Landing Practice）」が厚木飛行場で頻繁に行われていた。艦載機のパイロットが夜の暗闇《くらやみ》の中で空母に着艦するという難しい技術を維持するための訓練だったが、これが始まるとその夜は防衛庁に苦情が殺到した。ある女性は父が危篤《きとく》だと言い、「今晩だけでも戦闘機の飛行を止めさせてください。父を安らかに逝《い》かせてあげたいんです」と訴えた。

私たち防衛庁の役人は、そういう現場に生で接してきた。

一九四五年八月、連合国軍最高司令官ダグラス・マッカーサーが厚木に降り立った時、まわりは畑ばかりで何もなかった。しかし、それから六十五年が経ち、綾瀬《あやせ》市、大和市、藤沢市、座間市など、厚木基地の周辺には二百五十万人の人が住んでいる。今、厚木基地周辺で米軍機による墜落事故でも起きたなら、どうなるかは明らかだ。

そして現在でも東京の港区、渋谷区、新宿区、西部地域の上空七千メートルまでは、米軍の空域となっている。朝鮮戦争の際、ハワイ、グアムの米軍基地から最短距離で朝鮮半島に至る航空路がそこにあり、東京、神奈川、山梨、長野、そして新潟のそれぞれ一部は、現在もコリドー（回廊）として米軍が使用しているからだ。西日本や北陸から羽田空港に向かう民間航空機が伊豆大島から高度を下げ、千葉県の銚子《ちょうし》から回り込むようにして羽田に着陸するのは、この空域を避けて飛ばなければならないからである。

日本は占領期のままではないのか。占領後もそのまま在日米軍を受け入れてきた。キャンベル氏が予測するように、アメリカが世界規模で米軍の配備体制を見直すというならば、在日米軍についても交渉の機会が来るということだ。日本には今、転換期が訪れている――。

キャンベル氏は私に「日本の将来は明るいか、暗いか」と問うた。私は「日本を愛している人々が、きっとこの難局を切り開いていく。そして私も日本を愛する一人だ」と答えた。

「ミスター・モリヤ。あなたは昔からそうでした。そういうことをはっきりと言い切る日本人に、私はほかに出会ったことがない」

キャンベル氏がそう口にして笑ったことを、私は覚えている。そして私もキャンベル氏の前で「国を愛している」と、はばかることなく口にしたことを覚えている。

そしてこの後、日本の防衛について考えるとき、この晩のキャンベル氏との会話が頭から離れることはなかったのである。

沖縄の米軍再編については、すでに一九九六年に日米両国で合意を見ていた。しかし私が小泉総理にトータル・パッケージを説明した二〇〇四年のこの時まで、ほとんど何も動かないままだった。話はその九年前に遡《さかのぼ》る。

一九九五年の少女暴行という不幸な事件により基地反対運動が再燃し、日米両国は先に触れたSACOを設置し協議を重ねた。翌年四月、橋本総理とウォルター・モンデール駐日大使により普天間飛行場の返還が合意され、その年十二月二日に池田行彦外務大臣と久間章生《きゅうまふみお》防衛庁長官が承認したのがSACO最終報告だった。これにより基地反対運動の象徴となった「象のオリ」＝楚辺《そべ》通信所や北部訓練場の一部など、沖縄県内十一施設の返還が決まっていた。

その最終報告で、宜野湾《ぎのわん》市にある普天間飛行場については、こう取り決めがなされた。

海上施設の建設を追求し、普天間飛行場のヘリコプター運用機能のほとんどを吸収する。この施設の長さは約千五百メートル（滑走路の長さは千三百メートル）とする。今後、五年乃至《ないし》七年以内に、十分な代替施設が完成し運用可能になった後、普天間飛行場を返還する。

普天間飛行場は沖縄での戦争が終わった直後から米軍による建設が始まり、一九四五年から使用が開始された。現在では住宅地に取り囲まれた飛行場となり、街づくりや安全、騒音などの面で住民生活に大きな影響を与えていた。敗戦後、一万五千人ほどだった市の人口は、現在では九万人を超えている。いつ航空機が墜落するか分からない、そのような危険性がある以上、急いで解決しなければならなかった。

「海上施設の建設先は名護市沖とする」、政府はそう決めていた。那覇を中心とする沖縄県南部地域にあった基地はほとんどが返還され、中部地域は既存の基地が多く人口密度も高い。建設の受け入れが可能なのは名護市などがある北部地域しかなかった。

ところが返還合意から一年十ヶ月後、これに反対したのが、普天間飛行場の返還を橋本総理に求めた、他ならぬ大田《おおた》昌秀《まさひで》沖縄県知事だった。

「沖縄が求めていたのは単純返還だ。新たな代替施設の建設が付いてくるのは承諾できない」

大田知事のその主張を地元の反対運動が後押しした。

結局、二年間にわたり、ＳＡＣＯの合意は一歩も進まなかった。そして一九九八年十一月、普天間の代替施設を県外に移設する案を掲げる大田知事を破り、「県内に軍民共用空港を建設する、米軍の使用期間は十五年とする」ことを公約にして当選したのが、稲嶺恵一《いなみねけいいち》知事だった。

図1 撤去可能案

滑走路長	1300m（敷地長 1500m）
設置場所	A:リーフ内の浅瀬　B:リーフ外の深部
敷地面積／埋立面積	90ha ／（鋼構造物）
建設工法	A:桟橋方式　B:浮体方式
特記事項	A､B ともに撤去可能な構造

基地新設に反対する沖縄県民の意向を踏まえ、橋本総理が打ち出した撤去可能な海上施設案（海上ヘリポート案、図１）に代えて、海上に滑走路二千五百メートルの軍民共用空港を作る。米軍が使わなくなった後は、沖縄県民の財産とする。稲嶺知事は選挙公約にそう挙げていた。これで普天間移設は進展するはずだった。

　しかし稲嶺知事は、県民の強い要望であり日米両国の最大の懸案であったこの問題に、積極的に取り組むことはなかった。当選から一年経って公約であった軍民共用空港の建設先を「キャンプ・シュワブの沖、名護市辺野古沿岸域に決定した」と表明した。翌月にはそれを記した政府方針も閣議決定されたが、その規模・工法・具体的建設場所を政府との間で決めるのには、それから二年七ヶ月を要した（図2）。ここに至るまでに知事任期の四年近くが過ぎていた。

図2 軍民共用空港案

滑走路長	2000m（民航ジェット旅客機も対象）
設置場所	辺野古集落から2.2km沖のリーフ上に建設
敷地面積／埋立面積	184ha／184ha
建設工法	購入土による埋立工法
特記事項	大波が直接当たる場所、巨大護岸が必要、工期長

二〇〇二年十一月、稲嶺知事は再選された。次は「環境影響評価（アセスメント）」が待っていた。大規模建設事業を行うためには環境にどのような影響が出るのか、生態系やそこに生息する動植物の調査が必要になる。ところがこの作業の手順を進めていく中で、二〇〇三年一月、稲嶺知事は思わぬ主張を展開し始めた。「県の民間飛行場部分についても、

アセスメントの実施とその費用については、国が軍用部分とともに行い、費用も持つべき」

民間飛行場部分は県の条例で、県が事業主体となっており、費用も県が負担することになっていた。稲嶺知事の主張に対し、「条例の規定上、国は行えない」と政府は反論したが、双方の間で「するべき」「できない」の平行線のまま、一年九ヶ月が過ぎた。知事任期二期目の半分まで、つまり約六年経っても普天間移設問題が建設現場で進むことはなかったのである。しかもその間、後述するが、「北部振興策」として年間百億円単位が国庫から支出されていた。

「稲嶺知事には、普天間問題をどうしても解決しなければならないという意気込みがないのではないか」

私がそうした疑念を持ったのは、古川貞二郎内閣官房副長官からの電話がきっかけだった。私は二〇〇二年一月、官房長から防衛局長になり、主管として普天間問題に携わるようになっていた。古川副長官は、私の後任の歴代内閣審議官の名を挙げ「彼らには沖縄問題を解決しなくてはとの意欲がない」と批判した。審議官は沖縄問題対策室の担当者である。

年次でいえば私より三年下の審議官に、「なぜやらないんだ」と私は訊《き》いた。

「一生懸命やっています」

「アセスの県の説得に一年九ヶ月もかかって、その間、何もしてないじゃないか」

「県は国がやれと言っています。県の条例で県がやるようになっていますと押し返しても、これは全体が国の事業だから国がやるべきだと、条例の問題ではないと言い返してきます」

審議官とのやり取りを踏まえ、私は古川副長官に「もう稲嶺知事になって四年も過ぎている。国がやるしかないでしょう」と伝えた。そして二〇〇三年八月一日、私は防衛事務次官に就任した。

その年十一月には、ドナルド・ラムズフェルド国防長官が沖縄を視察に訪れている。住宅密集地に取り囲まれた普天間基地の現状を目の当《ま》たりにし、危機感を強めたという。「移設は五年以内に何とかしろ」と、周囲に命じている。アメリカの不満も沸点に達していた。

これ以上、沖縄県とアセスメントの手続き問題で時間を費やすことは出来なかった。十二月十九日、国と沖縄県との第二回「代替施設建設協議会」で、「軍民共用空港のアセスメントは民間飛行場の部分も含めて防衛施設庁が行う」と国の方針を伝え、沖縄県は了承した。防衛施設庁はただちに、沖縄県に対しアセスメントをどのように行うかについて定めた「環境影響評価方法書」を提出し、沖縄県との協議を始めた。

こうして迎えたのが二〇〇四年だった。しかしこの年も普天間移設問題は何ら進展しない。四月二十八日、沖縄県との「方法書」の内容について協議が整った。一九九六年十二月のSACO最終報告での日米合意以来、初めて現場においてアセスメント作業が出来ると考えたが、地元では反対運動も起きていた。「方法書」を受け取ってもらえないという膠着《こうちゃく》状態が続く中、発生したのが、沖縄国際大学での米軍ヘリの墜落事故である。それは八月十三日のことだった。

13日午後2時15分ごろ、沖縄県宜野湾市宜野湾2丁目の沖縄国際大学の校舎わきの敷地内に、訓練飛行中の米海兵隊大型輸送ヘリコプターCH53D(乗員3人)が墜落、炎上した。乗員1人が重傷、2人が軽傷を負った。大学生や一般人にけがはなかった。(中略)同大は普天間飛行場に隣接しており、県は、再発防止策が講じられるまで同飛行場の米軍機の飛行停止を求めた。

(「朝日新聞」二〇〇四年八月十四日)

CH53Dは全長三十メートルにも及ぶ大型ヘリだった。後部のローターが外れバランスを崩したヘリは、大学の一号館校舎に接触してから芝生に落ちた。大学は夏休みだったが、一号館の中には二十人ほどの職員、八十メートルほど離れた五号館には数百人の学生が、またグラウンドにも多くの学生がいた。大学の近隣は住宅密集地で、民家にヘリの部品が散乱している。一部の民家には破片が直撃し、壁や窓ガラスを貫通していた。

この事件発生後、稲嶺知事は普天間飛行場を運用している米国政府に対して、厳しく抗議をしている。普天間飛行場の早期返還を、マスコミを前にして要求した。

こうした事故の危険性は十分予測されていた。だから早期の移設に日米両政府が合意したのではないか、それなのに稲嶺知事はその問題解決を推進すべき当事者としての立場を忘れていたのではなかったかと、私は「何をいまさら」と呆《あき》れていた。

県知事の立場上、抗議するのは仕方がないことかもしれないが、私には稲嶺知事の行動は理解出来なかった。そしてさらに驚いたのは、石破茂《いしばしげる》防衛大臣（防衛庁長官）が自らラムズフェルド国防長官に抗議すると言い出したことだった。

基地問題を担当している防衛施設庁の事務方の進言によるものと思われたが、私はこれまでの経緯を話し石破大臣を説得した。

「抗議をしたら、アメリカ側を一方的に責めることにもなりかねません。この件はアメリカは悪くないと、私は考えます。アメリカと普天間飛行場移設の合意を交わしたのが八年前です。ところがそれから日本は何もしていない。しかもこの四年間、それを促進するべき立場にあったのは防衛庁長官です。アメリカに長官名で抗議すれば信頼関係を裏切ることになります。長官の名前ではなく、副長官の名前にすべきです」

アメリカへの抗議は、浜田靖一《やすかず》副長官の名前で出すことで落ち着いた。

そして私が小泉純一郎総理に「トータル・パッケージ」を具申したのは、まさにそのような状況下であった。

「わかった、次官。それで行こう。じゃあ、俺から二橋《ふたはし》（正弘・内閣官房副長官）に言っておくから」

私の説明に了解し「トータル・パッケージ」の方針を決めた小泉総理は、そう言って椅子《いす》から立ち上がろうとした。しかし私はそれでは円滑にことが進まなくなると考えて、さらに総理に進言した。

「総理の口から直接、防衛と外務の両大臣に指示していただけないでしょうか」

これより前、トータル・パッケージを総理に伝えようとしたことがあった。本来ならばその役目は大臣の担《にな》うところであったが、石破大臣から「次官が総理に直接説明すると、官邸にはそう伝えてあるから」と言われていた。しかし、二橋正弘内閣官房副長官からは釘《くぎ》を刺された。二橋副長官は自治省の事務次官を務めた元役人で、財団法人自治体国際化協会理事長を経て二〇〇三年九月から小泉内閣の内閣官房副長官に就いていた。

「そういう政権の命運がかかるようなことは、官僚は言うべきではない。閣僚はそのためにいるのだから、大臣から言わせればいい」

そう注意された経緯があったため、総理からトータル・パッケージの指示が二橋副長官に下りれば、「余計なことをしてくれたな」と二橋副長官に叱《しか》られるのは目に見えていた。そのため私は総理に「直接、大臣に指示してほしい」とお願いしたのだが、総理は「わかった」という。市ヶ谷の庁に帰り、このことを石破大臣に伝えると、大臣もたいそう喜んでいた。

ところがその翌日の九月九日、飯島勲総理秘書官から電話が入った。

「総理から指示が下りてこない。もう一度、総理に説明してほしい」

私は再び官邸を訪れた。この時期、総理は郵政民営化閣議決定へ向けた党内調整で、もっとも忙しい時期であった。

「次官、君の考え方でいい。ペーパーにして秘書官に届けてくれ。今日の閣議で三閣僚に申し渡すから」

閣議に諮《はか》るためにはペーパーにし、事前に総務主幹や関係大臣に話を通す必要がある。総理の指示を、私は小野次郎総理秘書官に伝えた。

「しかし守屋次官、閣議での総理の発言は、すべて文書にして内閣の総務主幹のところに届けなくてはなりません。そしてそこから二橋副長官のところに上がります。二橋さんは次官が自分を通さないで勝手なことをしたとお怒りになられると思いますよ。どうしますか」

だが総理の指示だ。小野秘書官の裁量でペーパーを総務主幹に通さないというやり方もあったが、私は通常の手続きをとってくれるよう、小野秘書官に依頼した。

夕方、小野秘書官から聞いたところによると、二橋副長官は私が総理に直接意見をあげたことに、たいへんな不快感を示したとのことだった。

「なぜ、総理からトータル・パッケージとの指示を受けなくてはならないんだ。スモール・パッケージで、決まっていたじゃないか。どうして守屋に秘書官が協力する必要があるのか」

二橋副長官はそう言って、小野秘書官を叱責《しっせき》したという。小野秘書官は私のことを心配してくれた。ちなみに警察庁から出向していた小野秘書官は、この翌年、自民党から衆議院選に出馬し当選している。

「私も守屋次官の考えに賛同して総理に繋《つな》ぎました。でも二橋さんの不興を買い、それが役人としては辛《つら》い。でもそれよりも次官の立場が悪くなるのでは」

「自分で二橋さんに説明に伺い、こうなった経緯を申し上げますから」

私はそう返事をし、副長官室に電話を入れた。「説明の時間をいただきたい」と申し込んだが、秘書官は「明日の閣議決定の準備はすでに進められており、二橋副長官のところに総務主幹が説明に入る前に、守屋次官が割って入る時間はない」という対応だった。

私は再度、官邸の二橋副長官に電話を入れた。しかし二橋副長官からは「忙しいので後にしてくれ」と秘書官を通じて伝えられた。夕方六時から午後八時までに三回電話をしたが、結局、二橋副長官とは電話で話すことは出来なかった。

二橋副長官には週明けの九月十三日、定例の事務次官会議が終わってから「迷惑をおかけしました」と詫《わ》びたが、怒りは解けないままだった。

スモール・パッケージで行きたいという外務省の方針は、この数日前に石原慎太郎・東京都知事に会った際にも確認出来ていた。

私が都庁に赴いたのは、飯島秘書官から米軍再編についてのアメリカの考え方を石原知事に説明してほしいと依頼されたからだった。私が米軍再編について説明を終えると、石原知事は私にこう尋ねた。

「横田に民間空港を作りたいと考えているが、外務省は米軍がそれには応じないと言っている。しかしこちらはアメリカにスタッフを派遣して、国防総省が話し合うことには了解したと知っている。外務省はどうして消極的なのか」

知事のまわりに集まったブレーンは民間人から登用した人たちで、国際交渉に慣れていた。そしてそれを支える都庁のスタッフも優秀であった。東京都はまるで国家のような機能を持っているのだと私は驚いたが、知事の質問にはこう答えた。

「国防総省が了解しているなら、横田の米軍は応ぜざるを得ません。独立国で首都圏の空域を無条件で同盟国に提供している国は、他にありません。民間航空会社が発達して、首都圏の空域の需要はたいへん高いものとなっています。そのことをアメリカ政府に伝え、その返還を求めるべきだと私は考えます」

横田空域の返還は、この後、トータル・パッケージに加えることになった。

〈9月27日（月）330山崎（拓）先生よりTEL「大野防衛庁長官、武部幹事長と派閥より2ポスト入った」とのこと。ご自身は総理補佐官になったとのこと。
9月28日（火）940石破長官離任式、声が上ずる。1100大野長官着任式。1730朝日の船橋さんよりTEL「内閣改造で大野防衛、町村外務、安倍幹事長代理、山崎総理補佐官で、米トラ・シフトうまくできた」との感想〉

二〇〇四年九月二十七日、第二次小泉内閣改造で防衛庁長官に就いたのは大野功統《よしのり》衆議院議員だった。

大野大臣は戦中、父親の仕事の関係で台湾で暮らしていたが、敗戦を迎え、着の身着のまま日本に追われてきた経験を持っていた。大蔵省に入省した後、フルブライトで二年間のアメリカ留学も経験し、「アメリカとは対等であるべきだ」と考えていた大野大臣は、在日米軍の再編についてもトータル・パッケージの考え方を持っていた。

十月十二日、臨時国会が始まった。小泉総理は所信表明演説で、米軍再編に臨む政府の基本方針をこう明らかにした。

「二十一世紀の国際情勢に適応した我が国の安全保障の確保と、沖縄等の地元の過重な負担の軽減を図る観点から、今後もアメリカとの協議を進めて参ります」

また翌十三日の衆議院本会議では、「在日米軍再編は日米安全保障条約の枠内で行われる」との考え方を述べていた。

しかし、この後、アメリカと本格的協議を進めていくに当たっては、「9・11事件」「弾道ミサイルや生物・化学・核等の大量破壊兵器の拡散」「大規模な自然災害の発生」等に対して、日本としてどう考え、どういう方針の下にどのように取り組んでいくのかについて、その立場をまとめ、政府方針として確立しておく必要があった。これについては以下の経緯があった。

防衛庁では9・11事件発生直後の二〇〇一年九月に、中谷防衛庁長官の下に事務次官、統合幕僚会議議長、陸・海・空の各幕僚長、参事官等から成る「防衛力の在り方検討会議」を設けていた。今後の防衛力の在り方に関連する事項について、幅広い視点からの検討を続けた。

そうした防衛庁での検討も踏まえ、政府は二〇〇三年十二月、「弾道ミサイル防衛システムの整備等について」を閣議決定している。この中で、今後の防衛力については大量破壊兵器や弾道ミサイルの拡散の進展、国際テロ組織等の活動を含む「新たな脅威」や、平和と安全に影響を与える多様な事態に対し、実効的に対応することが肝要とされた。同時に、国際社会の平和と安定のための活動に主体的・積極的に取り組み得るよう、見直しを行う必要があるとの方向性を明示した。そして二〇〇四年中に、

「一九九五年の防衛大綱」に代わる、新たな防衛計画の大綱を策定することを決定した。

一方、この作業と平行して二〇〇四年四月に、内閣総理大臣の下に安全保障・経済等の分野の有識者から意見を聴取することを目的とした「安全保障と防衛力に関する懇談会」を設置した。我が国の安全保障と防衛力のあり方に関する政府全体の取り組みについて、幅広い観点から総合的な検討を行うためだった。座長には東京電力顧問の荒木浩氏が就いた。

同懇談会はその報告書の中で、日本の安全保障の目標を「日本の防衛」「国際的安全保障環境の改善による脅威の予防」の二つとしていた。その上でこれらを達成するために、三つのアプローチ「①日本自身の努力」「②同盟国との協力」「③国際社会との協力」を適切に組み合わせる、「統合的安全保障戦略」の考えを明示した。また今後の防衛力については、防衛力を弾力的に運用することによって多様な機能（テロ対処、弾道ミサイル対処、国際協力など）を発揮できる「多機能弾力的防衛力」を追求するよう提言した。

そして二〇〇四年十月からは、先に触れた閣議決定「弾道ミサイル防衛システムの整備等について」や「安全保障と防衛力に関する懇談会」の報告を踏まえ、安全保障会議において、今後の防衛力のあり方について総合的に審議を行った。こうして同年十二月十日、安全保障会議と閣議で決定されたのが、「新防衛大綱」だった。

この中で基本方針として「日米安全保障体制を基調とする米国との緊密な協力関係を一層充実させる」「安全保障基盤の確立を図り、効率的な防衛力を整備する」「核兵器の脅威に対しては米国の核抑止力に依存する」などを挙げた上で、在日米軍についてはこう記していた。

日米の役割分担や在日米軍の兵力構成を含む軍事態勢等の安全保障全般に関する、米国との戦略的な対話に主体的に取り組む。その際、米軍の抑止力を維持しつつ、在日米軍施設・区域に係る過重な負担軽減に留意する。また、情報交換、周辺事態における協力を含む各種の運用協力、弾道ミサイル防衛における協力、装備・技術交流、在日米軍の駐留をより円滑・効果的にするための取組等の施策を積極的に推進することを通じ、日米安全保障体制を強化していく。

また従来のような「伝統的な脅威」である国家間の軍事的対立だけでなく、テロなどの「非国家主体」が重大な脅威となっていることが明記されている。さらに大規模災害に迅速に対応することも、防衛力の役割だとした。

防衛力の役割

（1）新たな脅威や多様な事態への実効的な対応

ア　弾道ミサイル攻撃への対応

イ　ゲリラや特殊部隊による攻撃等への対応

ウ　島嶼《とうしょ》部に対する侵略への対応

エ　周辺海空域の警戒監視及び領空侵犯対処や武装工作船等への対応

オ　大規模・特殊災害等への対応

「百年兵を養うは一日にあり」との言葉があるが、平和な時代が続き、国内では軍は無用の長物と見る風潮が強かった。私は国民の自衛隊への理解を深めるために、平時における自衛隊の在り方として防衛力の役割を広げることを考えていた。

二〇〇五年が明けた。

米軍再編は日米双方に作業部会を設置し、検討を重ねることになっていた。具体的には横田と普天間についてであったが、日本側では普天間の移設先について「辺野古見直し」を議論し始めた。国が行うことで決着をつけたものの、前年九月から始めた「環境影響評価（アセスメント）」を行うためのボーリング作業が反対派の妨害行動に遭い、まったく進まなかったからだ。

沖縄国際大学での事故から一ヶ月後の二〇〇四年九月九日、当初の予定よりも百三十四日遅れで県が「方法書」を受け取った。これを受け那覇防衛施設局は、建設予定水域でのボーリング調査のための単管櫓《たんかんやぐら》の設置に取り掛かった。

アセスメントを行うためには、まず海底の環境を測定する機器を設置する必要があった。サンゴやジュゴン、藻場の状態、潮流、温度など細目を調べなければならない。問題が起きたのは、そのためにボーリングを始めようとした矢先であった。

反対派が船に乗って、海上のその場所に押し寄せたのである。「乗らないでくれ」と何度警告しても、彼らは小船から組み始めた単管櫓の上に上がってくる。さらに小船からは用意していた岩石を海面に投げつけ、潜水していた作業員は水中で岩石をかわすのに懸命で、しかも大変危険であった。

現場に詰めている那覇防衛施設局の職員からは「もう我々だけでは阻止できません」と報告があがってきた。作業は一日目から中止になった。

その後も辺野古沖の建設予定水域では反対派の阻止行動が続けられた。防衛庁は海上保安庁（海保）に要請し、小型の巡視艇で反対派との間に入ってもらったが、「危険ですから止めなさい」とマイクで伝えても、櫓《やぐら》に登った反対派は石を海面に投げ続ける。私は「強制排除してくれ」と、施設局の職員を通し海上保安庁に伝えた。強制排除の権限は防衛庁にはなく海上保安庁にしか与えられていない。

「反対派の実力行使で、作業を請け負っている会社の人間は危険に晒《さら》されている。公務執行妨害罪で逮捕すると毅然《きぜん》とした態度を示せば、反対活動を止めることが出来る」

私はそう主張し繰り返し要請したが、海上保安庁はそれは出来ないという。

「海上保安庁が強制排除に出れば、海上なので水中に落ちたりした場合は人命を損なう危険がある。それにどうしてそこまでして、県民に恨まれるようなことをしなくちゃならないんだ」

それが海上保安庁の返事だった。

一九八八年、日本の原子力発電所の使用済み核燃料をフランスやイギリスでプルトニウムに再処理し、日本の原子力発電所で再利用するための、船舶での輸送計画が持ち上がった。プルトニウムは核兵器に転用され得るので、テロ組織やゲリラに奪われないように機密性を保持する必要があった。

そのためフランスやイギリスからプルトニウムを運ぶ船舶は、両国の港を出てから日本の港まで一度も寄港しないこと、加えてエスコート・ベッセル（護衛の船）を付けることが、ウラン燃料を日本に提供したアメリカとの「原子力協定」で義務付けられていた。科学技術庁はこの業務を海上保安庁に依頼していた。

ところが海上保安庁は無寄港で航海できる巡視船を保有していないことから、タンカー並みの巨大なタンクを備えた巡視船を五百億円かけて建造し、その任務を行うことになっていた。海上自衛隊には補給艦があり、海上で護衛艦に給油できるので、新たな船を作らなくてもその任務が果たせる。私は「海上警備行動を発令すれば出来るだろう」と主張した。

「海上における警備行動」は自衛隊法第八十二条にある規定で、こう記されている。

「海上における人命若《も》しくは財産の保護又は治安の維持のため特別の必要がある場合には、内閣総理大臣の承認を得て、自衛隊の部隊に海上において必要な行動をとることを命ずることができる」

ちなみにこの規定は一九九九年の能登半島沖の不審船事案と、二〇〇四年の中国原子力潜水艦の日本領海内潜没航行事案に対して発令されている。しかしこの一九八八年当時はいまだ発令されたことはなく、自衛隊の海外派遣には政府は慎重であった。

結局、プルトニウム運搬船の護衛は海上保安庁が担当することになったが、案の定、途中で環境保護団体グリーンピースに進路妨害された。翌年からは外務省が予算をつけて、アメリカ海軍にその任務を頼むことになった。

海上での「棲《す》み分け」がきちんと出来ていなかった上に装備の格差もあり、海上保安庁からは絶えず意識されていたようだったが、この一件で海保と防衛庁はさらにそりが合わなくなっていた。

「辺野古沖で強制排除を執行すると、流血の事態を招く恐れがある」

海上保安庁はそう表向きの理由をいって、反対派の強制排除を拒否した。そしてボーリング調査は進まないまま、二〇〇五年を迎えていたのである。

「辺野古見直し」が議論されていたこの時期、目前には「日米安全保障協議委員会（2プラス2）」が控えていた。普天間移設問題などの在日米軍再編を含む政府の方針を決めておくために、私は官邸に通い詰めとなった。私の名前が新聞の「首相動向」の中でたびたび取り上げられるようになっていったが、私が入庁したころにはこのようなことは年に一度もなかった。

二月十八日、私は大野大臣に呼ばれた。

「今日の閣議で、明日からワシントンで開かれる2プラス2の共同発表文が通信社に流れた件が取り上げられた。こんな大事な情報が事前に漏れたのでは2プラス2をやる意味がないと、町村さんが言い出した。その情報は君が漏らしたと、町村さんは君の名前を挙げて批判していたよ。君、そういうことは止めてくれないか」

大野大臣によれば、町村信孝外務大臣だけでなく細田博之官房長官も「守屋が情報を流している」と言い放ったという。

私は「それはまったくの濡《ぬ》れ衣《ぎぬ》です」と大臣に弁明したが、情報を漏らしたのが自分ではないということを証明するのは難しかった。記事は「防衛庁の首脳」が語ったかのように書かれており、つまり、さも私が語ったかのように装《よそお》っていた。確かに私が推している意見だから、「守屋がマスコミを利用して、自分に優位な流れを作ろうとしている」という図式を当てはめれば、そのように読める。

しかし、トータル・パッケージで行くことは、総理も認めた方針だ。政府の中で劣勢でもない私が、マスコミにリークする必要性はまったくない。

飯島秘書官から連絡があったのは、私にとって大きな援軍となった。飯島秘書官はこの種の報道が出た場合に、誰が話しているのか摑《つか》む術《すべ》に長じていた。旧知のマスコミに探りを入れ、「これはどこが情報元だ?」と聞いてくれていた。その人物は「個人名は勘弁してくれ」と答えたらしいが、情報の元となったのは「霞」だと明かした。

「霞」は霞が関記者クラブ、すなわち外務省だった。飯島秘書官は報道された日の午前中にこの事実を掴み、その日のうちに小泉総理と二橋官房副長官にも伝え、その上で私にも教えてくれた。この情報には大野大臣も納得した。

しかし政府内、マスコミでの批判のボルテージはあがる一方だった。

「事務次官になって一年半にもなるが、この間、国内に留まり同盟国であるアメリカに交渉に出向いていないではないか」

「日米関係をいたずらに混乱させている」

外務省のやり方は、私の当事者適格能力をなくそうという意図のもとに進められたものだった。役人にとってもっとも重要なことのひとつは守秘義務だ。それもアメリカを相手にした政府の方針なのだから、ことは重大だ。

スモール・パッケージで行こうと考えていたところに、小泉総理からトータル・パッケージで行くようにとの命が下り、要は外務省は私のことが面白くなかったのだろう。しかも日米安保は、それまで外務省の専権事項だった。

この時期、外務省は常任理事国入りと在日米軍再編という、二つの大きな案件を抱えていた。こんなに大きな外交案件は二つも一緒に消化できるわけがないというのが外務省首脳の考えで、スモール・パッケージなら同時に進めていけると考えていたようだった。外務省からみれば、そこに私が割り込んで「余計なこと」をしたのである。

しかし、私から言わせれば、外務省は在日米軍の駐留が抱える様々な問題に対して、国民の間にマグマが溜《た》まっているという現状を知らなさ過ぎた。

翌二月十九日、「2プラス2」がワシントンで開かれた。「防衛計画の大綱」の策定を通じて固めた日本の安全保障構想の議論を踏まえて、日米両国での協議が行われた。日本からは大野防衛庁長官、町村外務大臣、アメリカからはドナルド・ラムズフェルド国防長官、コンドリーザ・ライス国務長官が出席した。

日米両国は米軍再編協議を進めていく上で、「テロ・大量破壊兵器等の新たな脅威」「アジア太平洋地域における不透明性・不確実性の継続と新たな脅威の発生」等、日米両国を取り巻く安全保障環境を確認しあった。そして、協議の第一段階として以下の「共通の戦略目標」を各々《おのおの》の努力、日米安保体制の下の協力、その他の同盟国としての協力を通じて追求していくことを確認した。

○地域
・日本の安全／地域の平和と安定
・朝鮮半島の平和的統一
・北朝鮮に関連する諸問題の平和的解決
・中国の責任ある建設的役割を歓迎し協力関係を発展させる
・台湾海峡を巡る問題の平和的解決
・中国の軍事分野での透明性向上
・ロシアの建設的関与等
○世界
・国際社会での民主主義等の基本的価値推進
・国際平和協力活動等における協力
・大量破壊兵器不拡散
・テロ防止・根絶
・国連安保理の実効性向上（日本の常任理事国入り）等

安全保障体制の下で、日米両国がその戦略目標をこのように地域と世界に分けて具体的に論じたことは初めてであったし、公表したことも初めてであった。また、日本の安全保障上の戦略目標を政府として明らかにすることも、戦後初めてのことだった。こうしてあらたな日米安保の形は整えられていった。

またこれを明記した「共同発表」の最後にはこう記された。

「沖縄に関する特別行動委員会（SACO）最終報告の着実な実施が重要である」

そして、これに基づいた米軍と自衛隊との役割分担や、在日米軍の再編・再配置は「今後の数ヶ月」で集中的に協議し、早急に結論を出すことが確認された。翌週には訪米した額賀《ぬかが》福志郎《ふくしろう》・自民党安全保障調査会長に、米政府は「普天間移設先の代替案が出れば、積極的に検討する」と伝えている。

県外移設も取り沙汰《とざた》され、大野大臣や町村外務大臣が「辺野古以外の可能性」を口にする中、小泉総理が「辺野古は難しい」と発言したのは三月十七日だった。参院予算委員会での答弁で、すでに防衛庁と外務省に検討を指示していることも明かした。

四月二十日になって、普天間基地移設先の五案が提出された。私は翌日になって真《ま》部《べ》朗《ろう》調査課長から知らされたのだったが、予算委員会での答弁通り、これは小泉総理の指示を受け、官邸と防衛庁、外務省の三者によって内々に進められていたものだった。細田官房長官、大野大臣、町村外相が出席した三閣僚会議で報告された。

①　現行案（軍民共用空港案）
②　嘉手納統合案（在日米軍の嘉手納基地内に普天間基地の機能をすべて移す）
③　嘉手納統合案＋普天間の併用（嘉手納基地内に滑走路と格納庫を作り、普天間基地は米軍の宿舎、住宅などの機能のみとする）
④　伊江島移設案（在日米軍の伊江島パラシュート訓練場に普天間基地の機能を移す）
⑤　シュワブ陸上案

私はこの作業には参加していなかった。小泉総理に直接意見を述べたことや、前に触れたがマスコミリークの疑いがかけられていたため、大野大臣から「しばらく関与しないように」と言い渡されていたからだった。飯島秘書官の情報によりいったんは納得したものの、大野大臣自身、私を完全に信じていたとはいえなかった。

「君に対する不信感があるうちは、この件からは外れてくれ」

大野大臣からはそう告げられていた。

三者会議が進展していないことはすでに耳にしていた。二橋官房副長官、飯原一樹・防衛庁防衛局長、海老原紳《しん》・外務省北米局長が集まっては会議を持っていたが、新たな代案は出てこない。飯原防衛局長は財務省から出向してきて四年足らずだ。しかも以前、自治省（現・総務省）に出向していた時の上司が二橋副長官だった。

　こうして三閣僚会議に出された五案だったが、どれも私が考えていた案の中にあり、驚きもしなかった。この程度の案しか出ないのかとさえ思った。私が推していたのは唯一《ゆいいつ》新しい考えである「シュワブ陸上案」だった（図3）。

図3 キャンプ・シュワブ陸上案

滑走路長	1300m（敷地長 1500m）
設置場所	演習場内に建設
敷地面積／埋立面積	90ha ／ 0
建設工法	現地において切盛工事を行う
特記事項	進入経路直下に射撃場と弾薬庫があり、移転必要

　キャンプ・シュワブの辺野古崎沖合二・二キロのリーフ（サンゴ礁《しょう》）上に二千五百メートルの滑走路を建設するという軍民共用空港案は、すでに実現不可能な状況だった。この案はサンゴ礁を埋め立て海上空港を建設するというもので、台風による波の影響を受けやすい。海上施設との連絡橋も米軍専用と民間専用と二本作らねばならない。試算によれば、

その費用も莫大《ばくだい》なものになっていた。そもそも選挙公約にあげて当選した稲嶺知事は日米両国が合意したにもかかわらず計画の推進には消極的で、知事になって七年目に入っているのに、建設予定水域でのアセスメント作業も実現できていない状況だった。

嘉手納統合案は新たにヘリ専用の滑走路が必要となる。低速のヘリと高速の戦闘機の航空管制は異なり、発着回数の激増が飛行場運用を難しくする。現状でも嘉手納は町の八十パーセントを米軍基地が占めている。さらに町民の負担が増すような案は、理解を得るのがきわめて困難だということもあった。

沖縄本島の北西に位置する伊江島は、飛行場として米軍が長らく使用していなかったため、その米軍用地をずいぶん前から地元の人が農地として使っていた。米軍用地として国が彼らに借料を支払っているにも拘《かかわ》らず農地として使用出来てきたのは、米軍が耕作することを黙認していたからだった。ここに基地を移設するとなると、その農耕地を潰《つぶ》さないでくれという交渉が今後、発生する。困難な交渉になるのは目に見えていたし、島に渡るための橋の建設費も巨額になる。

小泉総理が国会で答弁したのは、それからひと月後のことだった。予算委員会の席上、社民党の東門《とうもん》美津子衆議院議員（大田県政で副知事、現・沖縄市長）が普天間飛行場移設問題について質問に立った。東門議員は、四月二十六日のボーリング調査のための機材搬入作業に触れ、「なぜ政府はボーリング調査を強行しようとするのか」と質《ただ》した。大野大臣が「辺野古への移設をやり遂げていくことが県民に対する負担の軽減につながっていく」「SACO合意を着実にやっていきたい」と述べ、続いて小泉総理が答弁に立った。

「地元とも話し合いをして、協調できるような解決がないものかということを真剣に考えている。もう少し時間がほしい。今、交渉最中であり、結論が出ていない中で、こういう意見もある、ああいう意見もあると言うのは、政府として控えなければならないと思う。よく検討したいと考えている」

すでに軍民共用空港案を見直ししていたことは述べた通りだが、五案はマスコミには伏せていた。公《おおやけ》の場で小泉総理がそれを示唆《しさ》したのは、この時が初めてだった。

二〇〇五年六月四日、シンガポールで開かれた「シャングリラ会議」。オーチャードロードからしばらく行った閑静な地に立つ高級ホテルを会場とするその会議には、各国の安全保障担当の首脳が出席していた。

日本からは大野防衛大臣が、アメリカからはラムズフェルド国防長官とリチャード・ローレス国防副次官（東アジア・太平洋担当）が参加していた。日米の会合の議題となったのは、懸案の普天間移設と在日米軍再編問題だった。

米側が普天間の移設先として提案したのは次の三つだった。

① キャンプ・シュワブ陸上案

② 嘉手納弾薬庫案

③ 読谷補助飛行場案

そしてこの席上、ローレス副次官はこう言い放った。

「ヘノコ・イズ・デッド（辺野古案は死んだ）」

米国防総省の代表であるリチャード・ローレス副次官がそう口にしたのは、SACOから九年近くも経《た》つのに少しも進展しない現状に対する苛立《いらだ》ちが元になっていた。このローレス副次官の一言によって、辺野古沖に海上空港を建設するという軍民共用空港案は日米間で消えたといってもよかった。

日本側の見解はこうだった。

「②の嘉手納弾薬庫跡に移すという案は住宅地に近く住民へのあらたな騒音問題を起こしかねないし、貴重な動植物の生態の保護の問題や、すぐ下の海岸地域で行われているモズクの栽培に影響を与えることが予想される。③の読谷村案はＳＡＣＯですでに返還が合意され、読谷村にある跡地において利用計画の事業が始まっている」

この後、紆余《うよ》曲折を経ることになる移設先だが、新たな移設先を最初から検討し始めるこの時点で、実はアメリカ側は「シュワブ陸上案」を提案していた。日本側の五案はアメリカに伝えられていないから、日本側の提示によってではなく、アメリカ自身が「シュワブ陸上案」を独自に言い出していたことになる。そして同様に、私もまた独自に同じ案を考えていた。

私の推していた「シュワブ陸上案」のポイントは、米軍基地キャンプ・シュワブの敷地の中に飛行場を建設するという点だった。私は十年ほど前から懇意にしていた沖縄の首長から、以前、聞いた言葉を思い出していた。この首長は、米軍と沖縄県民との「付き合い方」を熟知した人物だった。

「既存の基地の中に作れば、基地の新設は認めないという沖縄の県是は守られる。また基地の中に無断立入りをすると法律で罰せられることになっており、いくら反対している住民でも、基地に入って建設工事を妨害することは出来ない」

一九九五年に起きた米兵による不幸な事件の際、反対運動の象徴となったのが、「象のオリ」と呼ばれた楚辺通信所だった。

通信所内の土地はほとんどが民有地だったから、国が契約をして米軍が使用していたが、一部の人はその契約に応じなかった。そのため国は「土地収用法」と同様に土地を強制使用出来る「駐留軍用地特別措置法」に基づき、手続きを進めていた。その実施のためには、大田知事による土地調書への署名押印など、沖縄県側の協力が必要不可欠だった。

しかし、大田知事や県の土地収用委員会はこの協力を容易に行わなかった。国はじゅうぶん余裕のある期間を見積もって使用権限を取得する手続きを進めていたにもかかわらず、通信所内の土地使用期限が切れるまでに新しい使用権限を得ることが出来なかった。このため一九九六年三月に強制使用の期限が切れると、米軍基地の中に所有者である反戦地主が入り込む事態となり、国はアメリカに対する「施設提供の義務」という国際約束を履行できない状況が作られた。

これは安保条約を締結して以来、初めてとなる事案で、国際条約を守れないことを当時の橋本内閣は深刻に受け止めた。このような事態を二度と起こさないように「駐留軍用地特措法」の改正が行われたのが、一九九七年四月だった。強制使用手続きを進めている土地については使用期限が到来しても、収用委員会の裁決が出るまでの間、引き続き使用を継続出来るという法案だった。

これが圧倒的多数で国会で成立していた。以降、沖縄ではこの種の事案はまったく発生することはなくなった。また一方でＳＡＣＯの合意により、楚辺通信所についても全面返還し、キャンプ・ハンセン地区に移設されることになった。そして楚辺通信所が移設される際には、住民たちはキャンプ・ハンセンの基地内にまで入って抗議行動を展開することはなかった。

普天間飛行場や嘉手納基地では、住民運動が盛んだった頃、住民たちは手を繋《つな》ぎ「人間の鎖」でフェンス越しに基地を囲み、基地反対を訴えた。「ところが最近では、手を繋ごうにも基地を囲めるだけの人間が集まってこない」と、その首長は言った。米軍基地負担の軽減に日米両政府が真剣に取り組み、事件・事故が少しずつ減ってきており、米軍も「善き隣人」の対応をするように心がけている。それらのことがあって基地問題に対する沖縄県民の意識が年々変化してきていることも、彼は教えてくれた。

それまでの十年あまりで基地反対運動にはこうした経緯があった。普天間移設は住民や反対派の実力行使によって、環境影響評価作業のためのボーリング調査がストップしている。海上に滑走路を建設するのではなく、「基地内移設」であればその事態が避けられると、私は考えていた。

ローレス副次官のシュワブ陸上案では、五百メートルの滑走路を嘉手納弾薬庫の跡地に先に建設し、ヘリ部隊を暫定的《ざんていてき》に移して、そこで飛行訓練を行う。その間に千五百メートルの滑走路をシュワブ内に建設するとなっていた。滑走路が千五百メートルとされているのは、ヘリだけでなく航空機（連絡機）も離着陸するからである。

しかし弾薬庫は先に述べたように希少動植物の生息地であり、周辺の水源涵養林《かんよう》でもあった。また、ヘリポートの運用によって汚水がモズク養殖場に流れ込む懸念《けねん》があった。シャングリラ会議の後日、この点を次官室を訪ねたローレス副次官に伝えたところ、彼は納得したようだった。

私が次官に就いてからその夏で、丸二年が経とうとしていた。慣例に従うならそろそろその職を譲らなくてはならない。私自身もそう考えていた。防衛施設庁の山中昭《しよう》栄《えい》長官が次期次官と見られていた。

山中長官は一九九四年に自治省（現・総務省）から防衛庁に出向してきて、内局の人事教育局、長官官房、防衛施設庁の職務に就いていた。仕事はよく出来て、自衛官からの評価も高かった。しかし事件事故が起きたとき、その都度「収拾が上手に出来ない役所だ。防衛庁は二流官庁だ」というのが口癖だった。自治省という国民の支持が得られ、基盤が出来上がっている役所に育った官僚の質の違いが、庁内では認識されていた。

山中長官は軍民共用空港案を進めるべきとの考えだった。

「県と名護市の賛成を取り付けるのに、どれだけ苦労したか。その成果を維持して進めるべきだ。廃案にするのはこれまでの国の努力を無にすることになる。軍民共用空港で沖縄県の協力を引き出すように頑張るべきだ」

そう主張していた。これは大野大臣や私の考え方とは異なっており、二橋官房副長官の考えに合っていた。山中長官は自治省時代には二橋副長官の部下という旧知の仲だった。

七月三十日、山中長官の退任が決まった。これを決断したのは大野大臣だった。山中長官が官邸で大臣の方針と異なる方向で内々の会合を繰り返していることが、新聞に出たのだった。

「おまえは二橋の部下か、俺の部下か」

そう言って山中長官に迫り、退任を決めたのだった。山中長官の後任には、北原巌《いわ》男《お》官房長が就いた。

そしてこれ以降、具体的な移設先を巡り、アメリカ側との攻防が続くことになる。

　八月一日、シャングリラ会議で三案を提示した、米国防総省副次官リチャード・ローレス氏が来日した。しかし二ヶ月ぶりの日米協議の場でローレス副次官が示したのは、まったく新しい案だった。しかも以前の三案ともに陸上部に滑走路を建設するというものだったにも拘らず、今度は千五百メートルの滑走路を辺野古沖の浅瀬に造るという。軍民共用空港案に逆戻りするような案だったが、これが「名護ライト案」（図4）だった。「ライト」は浅瀬のことを指していた。

図4 浅瀬案(名護Lite案)

滑走路長	1300m（敷地長1500m）
設置場所	リーフ内の浅瀬に建設
敷地面積／埋立面積	90ha ／ 90ha
建設工法	購入土による埋立工法
特記事項	購入土を揚陸するため大浦湾への仮設港湾建設が必要

　意表を突かれた日本側だったが、私には心当たりがあった。これには元となった案がある。それは六月十三日に、自衛隊の民間の親睦《しんぼく》団体である「沖縄県防衛協会」の北部支部（名護市）がその総会で、普天間飛行場の早期移設を図るために決議したものだった。北部支部の会員は、

ほとんどが沖縄県北部の建設業者だった。

沖縄県と国が以前の交渉で、二年八ヶ月かけて検討した軍民共用空港案の三工法八案の一つである「埋め立て工法リーフ内案」を基にしており、そこから民間部分を削除して軍用部分だけを抜き出した縮小案だった。さらに滑走路を千五百メートルに短くする。ローレス副次官の「名護ライト案」とは、民間の建設業者が作ったに過ぎないものだった。

どうしてこの程度の案に、ペンタゴンともあろうものが乗っかり、米国の案として日本政府に主張してくるのか――?

「沖縄がこれなら賛成だと言っている」

ローレス副次官の理由はその一言に終始していた。つまり沖縄側は埋め立てを望み、アメリカは地元が呑《の》まない案は実現性がないと考えている。その両者の思惑が合致したのが「名護ライト案」ということだった。

この裏には沖縄県防衛協会北部支部会長の仲泊弘次《なかどまりひろつぐ》氏が絡《から》んでいた。名護市で総合建設業「東開発」を経営する仲泊氏は、沖縄の有力者だった。建設業のほか、生コン工場も持ち、石油や土砂の販売、不動産業、ボウリング場、宝くじ販売などを手がける「東開発グループ」を広く展開していた。市長、市議会にも顔が利《き》き、商工会議所などでもその発言力は大きい。また、仲泊氏は在沖米国総領事や沖縄駐留の第三海兵師団司令官のウォレス・グレグソン中将（オバマ政権下では国防次官補）とも懇意にしていると、沖縄勤務の自衛官からは聞いていた。

敗戦で塗炭の苦しみを強いられた日本人の生活の中に登場した米軍基地は、豊富な物質文明の象徴だった。ハンバーグ、コカコーラに代表される食事、ジャズなどの文化に日本国民は憧《あこが》れ、米軍基地に出入りするものも多かった。占領終了から半世紀以上が経ち、現在、米軍基地は沖縄を除くと東京、神奈川、青森、山口、長崎の一部にしか残っていない。沖縄は戦後になっても二十七年間、米軍施政権下にあった。今でも沖縄では基地に出入りする住民がいる。

仲泊氏がキャンプ・シュワブ、キャンプ・ハンセンの海兵隊の幹部を名護市にある広大な自宅に招いて、よくホームパーティーを主催しては彼らをもてなしているとも、私は聞いていた。

驚くことに仲泊氏は、ワシントンにまで出向いていって、沖縄に勤務したことのある米国防総省関係者にこの案を説明し「理解を得られた」と公言していると、私は部下から報告を受けた。同時に東京においても仲泊氏を始めとする県や名護市の首脳が官邸や外務省、内閣府、与野党の国会議員、沖縄と親しい財界人、マスコミにも自らの案を熱心に説いて回っていた。

ローレス副次官は日米協議の席上で、「現場の海兵隊の航空部隊も地上部隊も納得しているのだから、この案でいいのではないか」と理由を述べた。外務省も防衛施設庁も同じ理由でこれに賛成し始めていた。

この頃、再編協議の全体像が固まってきたので、大野大臣は沖縄の稲嶺知事と何度も会い、普天間移設問題などの対米交渉について話していた。沖縄は「政府は頭越しの日米協議をして、その結果を沖縄に押し付けてくる」と批判することが多かったから、そうならないようにと心がけていた。その大野大臣から「稲嶺知事はもっと詳しい説明がほしいと言っているので、君から説明をしておいてほしい」と指示をされ、私が稲嶺知事に会ったのは八月四日だった。

〈8月4日（木）18時、全日空H608号室で稲嶺知事と意見交換。稲嶺「大規模返還は望まない。誰も那覇、牧港、瑞慶覧《ずけらん》は問題にしていない。困るのは普天間と嘉手納とレンジ4（注・キャンプ・ハンセン内にある都市型戦闘訓練施設）だけ。これを何とかしてくれ」〉

私は「今回の米軍再編によって沖縄県民の長年の思いが実現される」「大きな歩み寄りをするようアメリカ政府を説得している」ことを、稲嶺知事に説明していた。しかし、知事は「県民は誰も大規模返還は望んでいない」と口にしたのだった。さらに過去の大規模返還の例を挙げ、こう付け加えた。

「返すにしてもただポンと返すのではなく、環境の問題や地料の問題も含めて、国がやるべきことはきっちりやってほしい。返還するのはそれをちゃんとやってから」

私は、アメリカと合意してもすぐに返還されるというものではないことを説明した。

「これまでの沖縄の返還の例では、それは十年かかっています。今、知事の言われたようなことは、SACOの時に沖縄県から指摘されて、すでに措置をとっています。それでも不十分というのであれば、問題提起を政府のほうにして下さい」

稲嶺知事は明らかに困惑した表情を浮かべていた。九百億円の地代を貰《もら》っている地権者や九千人を超える駐留軍労働者のことが知事の念頭にあるのだろうと、私は推測していた。また、「経済人として基地がないと沖縄経済が支えきれない」という考えもあるのだろうと、私は思った。

〈8月12日（金）1024大臣室に呼ばれる。大臣、大変不機嫌。三閣僚会議で町村外務大臣「名護 Lite 案を検討すべき」と発言。大野大臣「①防衛庁はあれは難しいと言っている。②現地の知見がないのに、地元の嘉数《かかず》代議士がやれると言っているだけで外務省は意見を言っている③それなら外務省だけでやれ、と言っておいた」。その上で「政府要人に名護 Lite 案がどうしてダメなのか、丁寧に説明してほしい」と指示。1529町村大臣の指摘に対して名護 Lite 案は問題がある点を外務省の事務方に説明させる〉

「名護ライト案」はキャンプ・シュワブの辺野古沖の浅瀬を大きく埋め立て、そこに滑走路を作るというものだった。一見、集落からの距離はとれるので「集落から離れれば離れるほど騒音が低くなる」というのがアメリカ側の言い分だった。しかし、それは辺野古地区の地形を知らない者をその気にさせる説明だった。

防衛庁の陸上案は集落がある海岸の低地よりも高い山地に作るので、集落までの距離は短いが、騒音はその地形の特性から抑えることが出来た。以前にヘリを飛ばして騒音の分布を調べたデータから、それは検証出来た。もちろん、航空機騒音について定めた環境省の基準をクリアしていた。

一方、「名護ライト案」は集落からの距離は陸上案より長くなるが、同じ高さに位置し間に山などの遮蔽物《しゃへいぶつ》がないことから、騒音は防衛庁の案よりも大きくなる。何よりも、きれいな海が損なわれ、ジュゴンの餌《えさ》となる藻場やサンゴの喪失の問題があった。環境派の反対は目に見えている。

しかしこうしたことを何度説明しても、細田官房長官や外務省だけでなく、身内の北原防衛施設庁長官や担当の施設部長までもが政府内での孤立を恐れて、「地元がいいと言っていてアメリカもいいと言っているんだから、いいじゃないですか」と、アメリカの選択を重視していた。

〈8月18日（木）1116山内防衛局次長「外務省は名護Lite案にこだわっている」1133大古《おおふる》防衛局長を呼び河相《かわい》北米局長に「3閣僚会議で合意していない案をなぜ日米協議の場に出すのか抗議するよう」指示。

8月24日（水）1010米トラ庁内対応会議。北原施設庁長官「施設庁で名護Lite案が実現性高いと見ている」と発言。私より「①知事は協力しない②環境団体の理解得られるか③反対派の抵抗に対応できない④大丈夫と言っている人が責任をとらないのが沖縄だ」と言って説得する〉

名護ライト案を推す米側と、シュワブ陸上案を推す防衛庁との直接交渉は九月十八日、港区のホテルオークラで行われた。別館の二階、「桔梗《ききょう》の間」だった。

「陸上案はアメリカに責任を押し付けるものだ」

そう主張するローレス副次官に対し、大野大臣も引くことはなかった。

「逃げることはしないから、副次官、心配するな」

大野大臣はローレス副次官にそう言った。

翌々日もまた米側と会議を持った。

〈9月20日（火）　ホテルオークラでローレス氏との会議　1000名護Lite案をまだ主張。沖縄の基地問題の経緯を具体的に話して、理解を求める。最後には「うまく行く案なら米国はどれでもよい、それを議論して決めよう」というところまで追い込む〉

私はヘリパイロットである陸上自衛隊（陸自）の山口昇陸将補（防衛研究所副所長）に依頼し、ワシントンのペンタゴンの近くにある海兵隊本部に出張させた。彼は在米日本大使館の首席防衛駐在官（アタシェ）の勤務経験があった。海兵隊に日本側の案を説明し、文民の私にはわからない技術上の問題点がないのかどうかについて、直接、聞いてもらうためだった。シュワブ陸上案を補強するためには、飛行場を実際に運用する米軍の航空部隊の意見が欲しかった。二十二日、私は山口陸将補の報告を聞いた。

「この程度の障害物だったら、自衛隊の飛行場の設置基準では我慢するのですが」と前置きして、帰国した山口陸将補は報告した。

「航空機が飛行場に安全に離発着出来るように、滑走路の両端から五十分の一の勾配《こうばい》（五十メートルごとに一メートル上がる）を設定し、高度制限を充《み》たす空域が確保されることが必要です。また、飛行場で事故が発生し滑走路が使えなくなった際には、着陸しようとした航空機が機首の方向転換をせざるを得ないという状況が想定されますが、この場合もまた滑走路の両脇《わき》から七分の一の勾配（七メートルごとに一メートル上がる）をつけることで高度制限が確保されます。この前者を進入表面、後者を転移表面と言います」

山口陸将補の説明では、防衛庁のシュワブ陸上案は進入表面の基準はクリアしていたが、転移表面については海側はクリアなのに山側に基準を充たさない山地があるとのことだった。また二千ヘクタールある演習場でも、「進入表面と転移表面の規制がかかると地上部隊の砲射爆撃の訓練に支障が出ると心配している」という。

「つまり、航空機が離着陸する際に必要とされる空間に、現状ではいくつか突起物が出ているということです。海上は問題はないが、飛行場に進入する際、山が飛行の邪魔になる。また航空機が旋回する際に、その下に地上部隊の訓練施設があることも問題視されました」

図5 キャンプ・シュワブ宿営地案(L字案)

滑走路長	1600m（敷地長1800m）
設置場所	キャンプ・シュワブ突端地区とその沿岸部を埋立
敷地面積／埋立面積	130ha ／ 105ha
建設工法	購入土による埋立工法
特記事項	—

国内の自衛隊の飛行場ではいくらでもあるこれらの障害物は、米軍の飛行場の設置基準ではクリアできなかった。私はシュワブ陸上案の滑走路をずらし、新たな案を考えざるを得なかった。米側の飛行場の設置基準を満たし地上部隊の訓練に支障のない場所で、かつ騒音基準をもクリアする位置まで、滑走路をずらさなければならない。

キャンプ・シュワブ内には地上部隊の宿舎、食堂、厚生施設などがある。それが宿営地地区で、占領期に作られたものや、中には日本の「思いやり予算」で建てられた建築物もあった。これらを取り壊し山の手の演習場側に新築する。跡地に千六百メートルの滑走路（敷地の長さは千八百メートル）を持つ百三十ヘクタールの飛行場を建設する。海上には百五ヘクタール施設が突き出すから、これなら埋め立てにこだわる地元も文句はないはずだった。

十月十日、その図面が完成した。これが「宿営地案」（図5）だった。

十月十二日、私は飯島秘書官に電話をかけた。「では来てくれ」と言われ、私は市ケ谷の庁舎から永田町に向かった。

午前十一時、飯島秘書官に指示された通り、官邸の赤坂門から車を入れた。赤坂門ならば記者は張り付けない。官邸に入ると、すぐに小泉総理と面会となった。警察庁から出向していた小野秘書官も外し、総理執務室で私は総理と二人きりになった。

「アメリカの提示した名護ライト案は、実現不可能なことがわかっているのに合意しようとしているものです。地元は賛成しているということでアメリカ側も、加えて外務省も自民党の国会議員もこれを推していますが、これはきれいな海を埋め立てるもので国民の支持を失うことは明らかです。その上、結果的にまた実現出来なければ、日米の信頼関係も損なうことになります。

宿営地案で海上に出る部分は百五ヘクタールと大きくなりますが、藻場やサンゴの少ない大浦湾側に大部分の八十二ヘクタールを寄せて建設します。これならサンゴ礁《しょう》や藻場に与える影響も少なくて済みます」

小泉総理は「いくら地元の首長が賛成したからといって、環境団体は抑えきれない。池子《いけご》がいい例だ」と、自らの経験を語り始めた。

戦前、日本海軍が所有していた神奈川県逗子《ずし》市にある池子弾薬庫は、戦後になって米海軍に接収されていた。朝鮮戦争やベトナム戦争の際には、使用する弾薬はここに貯蔵され、池子全面返還の市民運動が巻き起こった。一九八八年、米軍はここに家族住宅建設を始め、九八年までに八百戸を超える住宅が完成している。

この計画が明らかになった際に「池子のきれいな自然を壊すな」と環境団体が反対運動に参加し、地元に住む主婦たちの支持を得た市民運動に拡大していった。小泉総理はこの米軍住宅建設に、地元の選挙区で新自由クラブの田川誠一議員とともに賛成し、地元住民の説得にまわった。その後も選挙を重ねたが、小泉総理の逗子地区での得票数は、反対運動が起きる前のレベルに戻ることはなかったという。

「環境という言葉に国民は弱い。環境派を相手に戦っては駄目だ」

総理はそう漏らした。

「それほど住民運動は怖いんだよ。執念深い。絶対に海に作るのは駄目だ。陸上案が海兵隊の訓練に支障をきたすというなら、君の言うように宿営地に作ればいい。金は多くかかるが、辺野古沖の埋め立てよりいい。俺の考えははっきりしているから、君の考えで案を作ってくれ。事務方で交渉をまとめられないなら、俺がブッシュと話をしてまとめるから」

その後、総理は「自民党で防衛庁案に反対している奴《やつ》の名前と、その理由がわかったら教えてくれ」と付け足した。私は数人の閣僚と前閣僚、そして沖縄選出の議員の名前をいくつか挙げた。

「何だ、俺の身内じゃないか」

と、総理は笑っていた。

飯島秘書官は、「名護ライト案には政局にしようという旧橋本派の意図を感じる」と言っていた。いうまでもなく「小泉おろし」を指していた。日米関係を混乱させたという理由はいくらでも付けられる。

小泉総理の言葉を庁に戻り大野大臣に伝えると、大臣は「元気が出てくる」とご機嫌だった。「町村、細田は、だから間違っているんだ」とも口にした。

夕方になって私は平河町にある山崎拓・元自民党副総裁の事務所を訪ねた。

山崎拓元副総裁は二〇〇三年十一月の衆議院選挙で落選していたが、二〇〇五年四月の福岡補選で返り咲きを果たし、九月の衆議院本選でも当選していた。第二次小泉内閣では総理補佐官に任命されていた。山崎元副総裁は一九八九年の宇野内閣で防衛大臣を務め、一九九九年には衆議院日米防衛協力指針特別委員長にも就任していた。

山崎元副総裁は、「昨日、民主党の前原誠司代表が事務所に来て案を置いていった」という。

「前原によれば、その案は東村長も地元も了解したものだというんだ」

名護市に隣接する東村の宮城茂村長が了解したというその図面を見ると、それは宿営地案と比べて百メートル、滑走路が辺野古の浅瀬に出ているものだった。浅瀬埋め立ての面積も大きい。つまりその分、地元の建設業者が儲《もう》かる一方、環境派の反対を受けて建設が難しくなる。

沖縄側から頼まれてその案を山崎事務所に持ってきた前原代表は、「どうして守屋次官はこの案を呑《の》まないんですかねえ」と、山崎元副総裁の前で不思議そうだったという。

庁に戻ると、額賀福志郎元防衛大臣が訪ねてきた。日米協議の状況はどうだというのだった。額賀元大臣は一九九八年に防衛庁長官に就いていたが、防衛施設庁施設部長だった私を官房長に引き上げた人だった。

この日、七時過ぎになって通信社の記者から電話があった。

「守屋さん、降りるの？」

記者によれば「守屋が名護ライト案で妥協するのは時間の問題」と、外務省が言いふらしているということだった。

同時期、日本経済新聞では「社説」まで使って私を名指しで批判していた。


沖縄を含む日米安保関係の最前線には、陸上、浅瀬案をめぐる防衛庁と米側の対立は、陸上案を推進した守屋武昌防衛次官の「暴走」の結果との声がある。両案とも基地反対派の妨害には直面するが、陸上案は名護市、米軍、沖縄県とすべての当事者が反対するからだ。

（「日本経済新聞」二〇〇五年十月九日）

十月十三日、私はローレス副次官と話し合いを持つことが決まっていた。これは当初予定になかった会談だったが、私から申し入れた。約束の時間は午前十時三十分だった。場所は六本木の全日空ホテル（現・ANAインターコンチネンタルホテル東京）、三十七階の「アリエスルーム」を防衛庁で予約していた。

この日、すでに私は朝八時に同ホテルにいた。前夜、民主党の前原代表から電話があり、彼もローレス副次官と会う約束をしているのだが、その前に私と会いたいという。朝食をとりながらの会談となった。前原代表によれば、「キャンプ・シュワブ宿営地案であれば、民主党は受け入れる。地元も同じだろう」とのことだった。後に政権与党となり、沖縄担当大臣でありながら普天間基地移設問題については明言を避け続けることになる前原代表だが、当時はこのような認識であった。

その後、いったん登庁すると、額賀元大臣から電話が入った。

「アメリカは宿営地案を呑まない、名護ライト案でいくと言っている。ローレスの決意は固い」

私が前原代表と話をしている間、額賀元大臣はローレス副次官と話をしていた。前日、私に協議状況を尋ねてきたのはこのためだった。

私は全日空ホテルへ戻り、ローレス副次官との会談に臨んだ。ローレス副次官は前原代表との会談が長引き、約束の時間よりも遅れ、海兵隊出身のティモシー・ラーセン在日米軍副司令官と山内千里防衛局次長を連れて部屋に入ってきた。「時間がない、十五分で済ませてくれ」と突き放した物の言い方だった。

私は「ライト案も検討したが、環境問題がクリアできない。何とかシュワブの宿営地案を検討してもらえないか」と訴えた。一方、ローレス副次官は「日本側はライト案を真面目《まじめ》に検討していない」と抗議し、日本側に対し不満をあからさまにした。

「十二時間前に初めて出された宿営地案を、なぜ私たちが検討しなければならないのだ？　ライト案を日本側が呑まなければ、そのときは我々は普天間に居座り続けるだけだ」

私は何とか宿営地案を検討してくれるよう、食い下がった。ローレス副次官もラーセン副司令官も「検討の余地などない」とにべもなかった。ローレス副次官は、さらにこう付け加えた。

「明日の新聞に『アメリカ、ライト案をあきらめ宿営地案を検討』という記事が載るんじゃないか？　ミスター・モリヤ、私はそのような事態は断固拒否する」

ローレス副次官は私がマスコミにリークし、これまでも情報操作をしていたと疑っていた。「記事にさせてアメリカを押し切る流れを作ろうとしているのだろう」というのだった。ローレス副次官とラーセン副司令官、山内次長は部屋を出て行った。あまりの態度の硬さに、通訳のために陪席していた林部員も衝撃を受けていた。

私も愕然《がくぜん》としていた。沖縄の地元の業者が出した案は、環境派や反対派の妨害を受けて実現出来ないことがなぜ分からないのか。外務省、内閣府や与野党の国会議員だけでなく、計画通り出来なければ最も困る立場にある沖縄の海兵隊、そしてアメリカ政府までもが浅瀬案でまとまっていた。

会談は物別れに終わり、私はこの結果を大野大臣に電話で報告した。大臣は「海兵隊の現場レベルの要求が出ており、ローレスだけでは判断が難しいのだろう」という認識だった。

私はそのままホテルに残った。ローレス副次官が、次は山崎元副総裁との会談を予定していたからだ。山崎元副総裁にその結果を聞きたかった。ホテルの従業員に頼んで、二人の会談が終わったら知らせてくれと伝えた。

十二時、ローレス副次官がエレベーターに乗る姿を確認し、私は山崎元副総裁とローレス副次官の会談が終わったばかりの六〇四号室へ飛び込んだ。「決裂でしょうか?」と聞くと、「繋《つな》いだよ。それにしても、ローレスは嫌な奴だなあ」と山崎元副総裁は言った。

「ローレスは会談の前半、君の悪口ばかり言っていたよ。モリヤはマスコミに情報を漏らして自分の守りを固くしていると批判していた。総理は来年度の予算案で米軍再編の予算を考えているから、それをあなたが自分の手柄にしたらいい、俺からはそう言っておいた。そうしたら風向きが変わってね。ミスター・ローレス、宿営地案もあなたのアイディアということにしたらどうだと提案したら、機嫌もよくなっていた」

要はローレス副次官に花を持たせるということだった。予算案の話など私には出来ないが、山崎元副総裁ならそのカードが切れる。山崎元副総裁にはこういう交渉の上《う》手《ま》さがあった。

ホテル内で昼食をとり、大古和雄防衛局長に電話をした。この後、米国大使館で日米審議官級協議がある。そこに出席して「宿営地案を米側と協議させてほしい」と交渉するよう、指示をした。大古局長からはその後、返事があり、「アメリカは受けたが、一週間で詰めたい」と求めてきたという。二十九日に再び「2プラス2」が控えていたから、アメリカはそれまでに片を付けたいという意味だった。

その後、官邸の深山延暁《みやまのぶあき》総理秘書官（内閣参事官）から電話があった。深山秘書官は防衛庁から官邸に出向している部下だった。総理が額賀元大臣と夕方六時に会うので、その前に本日のローレス副次官との会談の結果を教えて欲しいとのことだった。

私は電話でその内容を伝えた。また森勉《もりつとむ》陸上幕僚長に電話をし、カウンターパートとしてフレンドシップの付き合いがある第三海兵師団司令官に宿営地案を検討してもらう依頼した。

山崎元副総裁から電話があったのは、午後二時三十分を過ぎたころだった。ローレス副次官が話した「アメリカは宿営地案に反対である」という内容を、額賀元大臣がマスコミに流しているという。大野大臣にそのことを伝えると、「詰めの話をなぜ話すのか」と不快感をあらわにしていた。

それは官邸も同じ事で、深山秘書官から電話があり、総理が額賀元大臣の「記者レク」に怒っているとのことだった。私は大臣と話し、ぶら下がりの記者たちにも一切アメリカとの協議内容は明らかにしないことを確認した。

このとき、額賀元大臣がマスコミを前に自らの案として「杭《くい》打ち案」を披瀝《ひれき》していた。が、それは新日鉄からのアイディアだということが、大野大臣から聞いて分かった。海上部分の滑走路を埋め立てでなく杭を打って支えるというものだった。海底に杭を打ち込み櫓《やぐら》を作りその上に滑走路を乗せる「桟橋方式（QIP）」は、「浮体方式（メガフロート）」とともにすでに橋本総理の時代に検討され、消えた経緯がある。いずれも埋め立てではない点が、沖縄側の賛同を得られなかった。

その後、額賀元大臣から再び電話が入る。総理と話したら「守屋とよく相談してやってほしい」と言われたとのことだった。また山崎元副総裁からも電話が入り、「総理が、守屋は方々から叩《たた》かれているので慰労してやってほしい、守ってやってほしいと言ってたぞ」とのことだった。

私は「うれしくて感激を覚えた」と日記に記した。

〈10月24日（月）1318大臣室、米国への反論ペーパーの審議。1430山崎先生よりTELあり、総理の考えまったく変わっていないとのこと。1920ニュー山王ホテルでローレスと会議①米国の新しい案は環境を壊すので呑《の》めない②日本側は譲歩している③今度は米国が譲歩すべき→ローレスは応じられない。外務省の梅本北米局参事官は「私たちにはどちらがいいかわからない、まとまってくれればいい」2040大臣報告　2107山崎先生に報告、「降りなくてもいい、頑張れ」と励まされる　2200会議終わる〉

翌十月二十五日、この日、朝から防衛庁ではアメリカとの再交渉に向けて、検討を重ねていた。しかしこちらからアプローチを重ねるも、アメリカ側からは夕方になっても何の返事もない。アメリカの対応が硬いため、記者クラブでは記者たちが「このまま防衛庁はアメリカに押し切られるだろう」と予測していたようだった。

午後八時前になって、ようやくアメリカから返答があった。ローレス副次官が「日本と話し合うことは可能」と言い始めているという。ただし、「会談には応じるが、それはすなわち防衛庁が出している宿営地案に妥協するということではない」と、但《ただ》し書きが付いていた。

その晩十時からの、日米間での会談がセッティングされた。本来、官邸、外務、防衛の三閣僚が出席するところを、細田官房長官、町村外務大臣はそれを見送るという。どうして二人は欠席なのかと私が尋ねると、大野大臣は言った。

「アメリカが推している名護ライト案でいいじゃないかと、細田も町村も言うんだよ。何しろ地元がそれでいいと言っているじゃありませんかとね。誰も防衛庁の案なんかに賛成していない。内閣府も外務省も反対しているのに、そんなに頑張るなら大野さん一人で行って下さい、ローレスと直接やって下さいよ。二人にはそう言われたよ」

私は大野大臣と、あくまで陸上案は死守することを確認していた。キャンプ・シュワブ宿営地案でアメリカと交渉するしかない。先々、環境派、反対派の妨害活動に遭い、政府として現場での強制排除を行えば政府が批判されるだけでなく、アメリカ政府も巻き込まれることになる。この点をアメリカに理解してもらうことを大臣と打ち合わせた。しかし再来日したローレス副次官も、当然、作戦を練り直しているだろう。

会談はいったん物別れに終わっている。本来、十三日にまとめたかったのに、名護ライト案に日本を歩み寄らせる予定がまだ中間地点で止まったままだ。2プラス2を前にしてこのまま交渉が決裂した状況が続けば、今度はローレス副次官自身の立場が危うくなる。ペンタゴンで無能呼ばわりされかねない。

午後十時、六本木の全日空ホテル。およそ二週間ぶりに同じ場所で開かれた会談は、最初から激しい応酬が繰り広げられていたようだ。庁にいた私はその様子を時々、会談に同席している部下たちからの電話報告で聞くだけで、具体的にはどういう状況かわからない。始まってから三十分ほどしたころ、ある記者から情報が入る。

「ホテルオークラに外務省の幹部たちが部屋を取って話し合っている。谷内《やち》（正太郎・外務事務次官）、西田（恒夫・外務審議官）、河相（周夫《ちかお》・北米局長）がその中にいる。防衛庁はこれでもう宿営地案から降りる（主張を譲る）だろうと、笑い合っている」

記者によれば、外務省は「楽勝ムード」だという。

その間にも報道各社から、全日空ホテルでの状況を問い合わせようと庁には取材が殺到していた。私自身、中で何が起こっているのか把握できない。大野大臣はがんばってくれているだろうか、そう念じるばかりであった。記者たちにはいくら聞かれても、私は何も答えなかった。

それにしても時間がかかり過ぎではないかと思った私は、日付が変わってから全日空ホテルに向かった。車から降り運転手に待つように伝えてから〇時二十六分、その三五二〇号室に入ると、中にはもう誰もいなかった。机の上には空のビール瓶が六本載っていて、部屋の中はタバコの煙で霞《かす》んでいた。直前まで会議をしていた様子が伝わってきた。大野大臣はヘビースモーカーだった。

外務省が取っているホテルオークラの部屋にローレスが加わったとの記者情報が入る。海老原紳官房副長官補（前北米局長）もそこにいて、みんなで「よくやりましたね」とローレス副次官を慰労しているという。

「なんか、大野さんを押し切ったという感じですよ」

記者はそう教えてくれた。

一方、大野大臣はホテルオークラの別の部屋で細田、町村の両大臣に迎えられ「米国は日本側にまったく歩み寄る考えなし」と報告していた。これは会談に同席していた大古防衛局長からの報告だった。

誰もいない全日空ホテルをあとにして、私は庁に戻った。電話口で大古局長は、「ぜんぜん駄目でした」と漏らしていた。「明日、朝七時に集合してくれ」との大野大臣からの言づてを大古局長から聞き、午前三時に解散となった。

翌朝は、大臣室での大野大臣との打ち合わせから始まった。

「俺は2プラス2を優先するべきだと思う。残念ながら、普天間はまとまらなかった。だからといって、そのために2プラス2を止めることになるのは惜しいじゃないか。RMC（日米両国の役割・任務・能力）とか、ほかに決めることはいっぱいある。だから普天間については、この後も引き続きの協議事項ということにしたい」

大野大臣は、普天間移設案の決着を先延ばしにしようというのだった。

「山崎さんとも話したんだよ。山崎さんは、もう引き時だという判断だ。名護ライト案でいいんじゃないかと言っている」

アメリカとの交渉を戦い抜いた大臣の言葉には凄味《すごみ》があった。私は「これから小泉総理のところに説明に行かせて下さい。大臣が行われた交渉の報告をする必要がありますす」と大臣に言い、飯島秘書官に連絡をとった。飯島秘書官に総理の時間をとってもらうようお願いし、その返事を待っている間に山崎元副総裁から電話が入る。私が大野大臣の方針を伝えると、山崎元副総裁は「それは止《や》むをえないなあ」と感想を漏らした。

午前十一時にいつものように官邸の赤坂門から車を入れ、深山総理秘書官の案内で長い通路とエレベーターを使って五階の総理秘書官室に入ると、中で飯島秘書官が待っていた。私が「たいへんでした。普天間についてはアメリカと物別れになりました」と報告を始めたところ、飯島秘書官は「いや、官邸に入ってきた情報と違うよ、それは」と私の言葉を遮った。

「たった今、アメリカ大使館の（マイケル・W・）メザーブ公使から連絡があったんだ。日本案でいいというんだ。防衛庁はよくやったと、今、総理と話していたところなんだ」

「ちょっと待ってほしい」と言って飯島秘書官は総理執務室にいったん一人で入り、戻ってきてから総理執務室へ私を招き入れた。「よくやった」、総理は開口一番そう言った。私は前日の経緯を報告した。

「昨日の晩、遅くまで協議が続きましたが、アメリカ側は降りないと言っていました。かなり厳しい対応だったと、大野大臣からも聞いております」

「そうか、じゃあ君の言っているほうが正しいのかもしれんな」

総理はそう言いながらも「防衛庁の案で今、決めるべきだ」と続けた。その考えはまったくぶれていなかった。

「決まらないなら、2プラス2は無理してやらなくていい。延期してもかまわない」

総理の話を聞いていて、アメリカは腹の中では防衛庁案で決めていて、大野大臣の

「本気度」を会談の場で計っていたのかもしれないと、私は読んでいた。よくローレス副次官が使う、突き放して相手の対応を見る手法だ。「アメリカは防衛庁のキャンプ・シュワブ宿営地案を呑《の》んだんだ。大臣の粘り勝ちだ」と、私は確信した。私は総理に尋ねた。

「私が入る前に、細田官房長官と二橋副長官が執務室から出て来られるのを秘書官室で見ておりましたが、総理はアメリカの話と2プラス2の開催の話はお二人にされたのですか？ 総理はお二人に予定通りの2プラス2開催にオーケーを出されたのではないですか？」

「いや、俺のところに細田は来ていない。二橋なら今までいたけれど。俺は2プラス2について何も指示は出していない。延期してもかまわないと、今、伝えるから」

総理は秘書官に「細田を呼べ」と命じた。

「それなら先に大野大臣を呼んで下さい」

私は総理にそう頼んだ。これを勝ち取ったのは「大野大臣の頑張りであること」を、私はまず示したかった。

総理にそうお願いしてから官邸を出ると、大古局長から電話が入った。大古局長は興奮した様子で「今、アメリカ側から連絡がありました」と言う。

「ローレスが防衛庁案を呑むと言ってきています。今、先方より電話がありました」

官邸とは時間差で、アメリカ側は防衛庁に同じ情報を伝えてきたのだった。

午前十一時五十二分、私は大臣室で総理のところに入ったアメリカ政府からの情報と、2プラス2についての総理の考え方を報告していた。そこに官邸から大野大臣に電話が入った。午後一時にローレス副次官と三閣僚との会談がセッティングされていたが、「それを延ばしてすぐに官邸に来い」というものだった。

「がんばったかいがあったよ」

大臣室で、大野大臣はそう喜んでいた。

十二時三十一分、テレビでは「普天間移設、防衛庁案で決着」とのテロップが流れていた。

「記者クラブは悲喜こもごもです」

金沢博範報道官が記者情報を伝えてくれた。

外務省の情報に乗り、防衛庁案はアメリカに拒否されるだろうと読んでいた記者たちは、みなデスクから大目玉を食らっているという。特に朝日、毎日、読売、共同の記者は、金沢報道官によれば「気の毒なくらい」落ち込んでいる。一方の外務省では、外務省の首脳たちが私に対する「聞くに堪えない罵詈《ばり》雑言《ぞうごん》」を記者たちの前で怒鳴り散らしているとの記者情報が入った。

官邸に詰めている深山総理秘書官からも連絡が入る。総理と大臣の会議が終了したとのことだった。

「総理は飯島さんとの立ち話で、次官のことを褒めていました。守屋は信念の男だ、あいつを信じてよかったと、総理は言ってました。私はその話を聞いて、防衛官僚としてうれしくて仕方がありませんでした」

深山秘書官はそう電話口で伝えてきた。

新聞ではこう報じた。

普天間移設　辺野古崎で合意　海上突き出し型に

在日米軍再編協議の焦点となっている普天間飛行場（沖縄県宜野湾市）の移設先をめぐり、日米両政府は26日、同県名護市の辺野古崎にある米軍キャンプ・シュワブの兵舎地区から海上に突き出す形でヘリポートを造ることで基本的に合意した。米側は辺野古沖の浅瀬を埋め立てる「辺野古沖縮小案」を主張していたが、最終的に日本側に歩み寄った。日米両政府は29日にも外務・防衛担当閣僚による日米安全保障協議委員会（2プラス2）を開き、在日米軍再編の「中間報告」をまとめる方向だ。

（「朝日新聞」二〇〇五年十月二十六日夕刊）

一方、悪意としか考えられない次のような報道（社説）もあった。

守屋武昌防衛次官は沖縄問題に九六年当時からかかわってきた唯一《ゆいいつ》の高官であり、九六年合意がたなざらしになっている現実への危機感から陸上案を提示し、事態の打開を試みたが、特に米側の反応を読み誤り、混乱を招いた。

（「日本経済新聞」二〇〇五年十月二十七日社説）

これにより沖縄県が認めていた軍民共用空港案は、何ら進展しないまま、七年の期間を経て白紙化された。

日米合意を伝えるNHKの夜七時のニュースで「最後は讃岐《さぬき》うどんの粘り腰でアメリカと交渉した」と、地元香川の名産を挙げてコメントしていた大野大臣は、この二日後、2プラス2出席のため、アメリカ・ワシントンに向けて出発した。2プラス2は延期されることなく、予定通り開催された。

この二〇〇五年十月の2プラス2では、在日米軍再編に関する「中間報告」が発表されている。「弾道ミサイル防衛」「テロ対策」「人道救援活動、復興支援活動、平和維持活動および他国の平和維持の取組みに対する能力構築」「相互の後方支援活動」などが二国間において向上すべき活動と確認され、自衛隊の役割が拡大された。

またこの中で普天間移設先は「沖縄県内」と明記され、代替施設は五年を目処《めど》に建設することも確認されたが、「①沖縄の兵力削減②土地の返還③沖縄における米軍と自衛隊の施設の共同利用」については次のように合意された。

○キャンプ座間に米陸軍第一軍団司令部を改編した統合作戦司令部と、陸上自衛隊中央即応集団司令部を設置する。

○米軍横田基地に航空自衛隊航空総隊司令部を移し、共同統合運用調整所を設置する。

○米軍厚木基地の空母艦載機部隊を岩国基地に移転する。

○米軍普天間飛行場をキャンプ・シュワブ沿岸部に移設する。

○在沖海兵隊七千人を削減、グアムなどに移す。

○グアムへの移転を実現可能とするための、適切な資金的、その他の措置を見出《みいだ》すための検討を行う。

○ 嘉手納飛行場以南の人口が集中している地域にある、相当規模の土地の返還を可能にする。米国は日本国政府と協力して、この構想の具体的な計画を作成し実施する。

○ 自衛隊がアクセスを有する沖縄の施設が限られており、その大半が都市部にあることを認識しつつ、米国は日本政府と協力して米軍施設の共同使用を実施する。

これにより日米合意という形をもって、スモール・パッケージは消え、トータル・パッケージが両国の方針として認められた。

またこの2プラス2では、「日米同盟：未来のための変革と再編」と題した共同文書がまとめられている。この中で普天間飛行場移設についてはこう明記された。

キャンプ・シュワブの海岸線の区域とこれに近接する大浦湾の水域を結ぶL字型に普天間代替施設を設置する。同施設の滑走路部分は、大浦湾からキャンプ・シュワブの南側海岸線に沿った水域へと辺野古崎を横切ることになる。北東から南西の方向に配置される同施設の下方部分は、滑走路及びオーバーランを含み、護岸を除いた合計の長さが千八百メートルとなる。

その形状から「宿営地案」は「L字案」と呼ばれるようになる。

私は辺野古崎で日米が合意した翌日、赤坂御所で行なわれた秋の園遊会に招かれていた。

各省次官は二年に一度、夫婦で招待される。私は次官になった年にも呼ばれていたが、就任から三年目に入ったため、二度目の園遊会となった。

この三ヶ月前に、陛下に防衛全般についてご進講をしていた。防衛次官がご進講するのは二十年ぶりのことだった。

両陛下がお通りになる際に陛下から、「この間はありがとう」とお言葉をいただいた。

第二章

「引き延ばし」と「二枚舌」

辺野古住民による県内移設反対集会

二〇〇五年十月三十日は日曜日で、茨城県の百里《ひやくり》基地で航空観閲式が行われた。これは自衛隊記念日記念行事として観艦式（海上自衛隊・相模湾）、観閲式（陸上自衛隊・朝霞《あさか》訓練場）、そして航空自衛隊の航空観閲式という順で毎年、持ち回りで開かれている。

観閲官として、自衛隊の最高指揮官である内閣総理大臣が招かれる。大野防衛大臣はワシントンでの2プラス2で不在だった。私は市ヶ谷の防衛庁からヘリで百里に向かい、式典に出席した。

壇上に立った小泉総理は訓示を述べた。

「自衛力の保持を明記した憲法の改正が必要である。これまでに一発も相手国の人々に弾を発射したことのない自衛隊を、私は誇りに思う」

演壇を見ると、額賀元防衛大臣がその一番前に座っていた。

翌日発表された内閣改造では、その額賀元大臣が防衛庁長官に就いた。

その日、アメリカから帰国し、昼に大臣室で会った大野大臣からは「俺の再任はないよ」と伝えられていた。私は大野大臣の続投を望んでいたから、それは残念だった。大臣送辞の文章はその夜、自宅に帰ってから二時間をかけて私自身が書いた。率先垂範《そっせんすいはん》して自らアメリカとの交渉の先頭に立つ大野大臣の指導力がなければ、アメリカとの合意はなかった。そのことを私は隊員に知らせたかった。

額賀新大臣は皇居での認証式に出席した後、非公式で防衛庁を訪ねてきた。もう日付が変わろうとしている夜中のことだった。私たちは幹部総出で額賀大臣を待ち、挨拶《あいさつ》を受けた。着任後すぐに、普天間移設についての地元沖縄への説明が予定されていた。日程を説明し、すぐに調整を始めた。

額賀大臣は七年前、防衛庁長官に就いた人だった。その際には防衛庁調達実施本部の幹部が十七億円にも上る背任容疑で逮捕され、防衛庁に強制捜査が入るという不祥事に見舞われた。事務方の用意した答弁の不備で集中砲火を浴びた後、問責決議案の採択により、額賀大臣は就任後四ヶ月も経《た》たずに辞任に追い込まれていた。

十月三十一日午後、第三次小泉改造内閣が発足していた。

首相は31日夜の記者会見で「『改革続行内閣』という気持ちで人事を行った。適材を適所に配置できた」と語った。首相は昨年9月に発足させた第2次改造内閣を「郵政民営化実現内閣」と位置づけ、関連法成立まで陣容を変えなかった。今回の改造は残り1年を切った任期で構造改革を仕上げ、後継者に引き継ぐ布陣となる。

（「朝日新聞」二〇〇五年十一月一日）

返り咲きとなった額賀防衛大臣のほか、官房長官に安倍晋三、外務大臣に麻生太郎、経済財政大臣に与謝野馨《よさのかおる》の各議員が就任した。沖縄・北方担当大臣の小池百合子議員は留任だった。自民党の政務調査会長には中川秀直議員が起用された。

就任会見で、直前の「2プラス2」中間報告については「地域の意見も聞いて、お互い納得できる環境を作りたい」と発言した額賀大臣だったが、すでにこの時期、早くも各地では反対の声が上がっていた。そして、それはまるで燎原《りょうげん》の火のごとく広がっていった。

中間報告で在日米軍の移設先として名の挙がっていた神奈川県や岩国のほか、鹿児島、小松、千歳《ちとせ》、三沢といった県や地域が「受け入れ難い」と表明する中、沖縄は再び動きを見せ始めていた。

内閣改造と同日、名護市の岸本建男《たてお》市長が日米合意のL字案を拒否する考えを表明、同じ日、稲嶺恵一沖縄県知事も記者会見で「従来の移設案以外というなら県外移設を求める」と発言していた。

この発言に合わせるように、名護市の辺野古、豊原、久志の三区長が北原巌男防衛施設庁長官にL字案拒否を伝えたのは、翌十一月一日だった。二日には沖縄県漁業協同組合連合会（県漁連）が那覇防衛施設局にL字案反対を訴えた。七日には宜野座《ぎのざ》村で村議会がL字案反対を決議しているが、同じ日、稲嶺知事が上京し安倍官房長官に「容認できない」と伝えていた。

この日、官邸を訪れた稲嶺知事に私は会っている。「軍民共用案が決まっていたのに、あなたは七年間、何もしなかったじゃないか」、私がそう詰問《きつもん》すると、稲嶺知事はこう答えた。

「守屋さん、沖縄では大きな仕事は二十年かかるんですよ。石垣空港もそうだったでしょう。あの時だってそれだけ年月がかかっても誰も困らなかった。今回はまだ七年です。たいしたことないじゃないですか」

私は呆《あき》れるしかなかった。

「それなら、沖縄の県民の前でそう言いなさい」

そう稲嶺知事に伝えた。

そして翌日には額賀大臣が沖縄を訪れた。

「私は橋本龍太郎さんと同じ派閥。政治家として、沖縄県民と同じ気持ちで基地問題に取り組みたいと考えている」

そう沖縄県側の協力を求める額賀大臣に対し、稲嶺知事はこう答えている。

「政府案は悪いものを足して二で割ったようなもの」

翌日の記者会見では額賀大臣は「日米合意に沿って理解を得る最大限の努力をしたい」と語っている。会見に先立ち岸本建男名護市長と面談しているが、早稲田大学で額賀大臣の先輩にあたる岸本市長は「L字案は論外」と厳しい口調で修正を求めていた。同じ九日、宜野座村区長会もL字案反対を決定している。

沖縄のやり方は方々で反対の声をあげることで、防衛庁案は駄目なものだと国民に印象付けるという狙《ねら》いだった。何か動きがあればマスコミもまたそれに乗り、報道する。これだけ反対されているんだから何か防衛庁案に問題があるのではないか、そういう流れを作ろうとしたものだった。この戦術はこの後の「北部振興策」を閣議決定から外す際にも用いた手だった。

こうした動きが広がる中、十一月十五日に陸上自衛隊ＯＢが何の前触れもなく私を庁に訪ねてきた。名護市で撤去可能な海上施設を受け入れるか市民投票が行なわれた時（一九九七年）に沖縄地方連絡部長の職にあり、地元情勢をよく話してくれた人物だったが、嵩《かさ》のある段ボールの箱を台車に載せて運んできた。私の前で開けると、それは大きな甕《かめ》に入った沖縄の泡盛だった。

私が尋ねると「東開発の仲泊さんからだ」という。聞くと「三十年ものの古酒」だった。もちろん私はそんなものを受け取るわけにはいかないから持ち帰ってもらった。高価な酒を送ってきた事実よりも驚いたのは、仲泊氏のそのやり方だった。

米国防副次官のリチャード・ローレス氏の向こう側に、私は常に仲泊氏の影を見てきた。「名護ライト案」の知恵をローレス副次官に授けたのも、仲泊氏だったはずだ。

沖縄県防衛協会北部支部の会長でもある仲泊氏とは、それまでSACOの際か何かに、一回か二回、顔を合わせた程度の面識しかなかった。未《いま》だに顔もわからない。浅瀬案が潰《つぶ》れると、私を知っているOBを使って私の対応を見る手段に出てくる。手強《てごわ》い相手だと私は思った。

沖縄選出の衆議院議員、無所属の下地幹郎《しもじみきお》氏からは「沖縄は十二月にL字案反対で仕掛けてくるぞ」という情報を耳打ちされていた。下地氏は沖縄県宮古島出身の衆議院議員で、一九九八年からは沖縄開発庁の政務次官を務めていた。この後、二〇〇八年には国民新党に入り、翌年八月の選挙で四回目の当選を果たしている。

下地議員は言った。

「沖縄の企業は銀行に弱いから、各頭取たちにL字案反対運動を抑えてくれるよう、頼むというのはどうだろう。沖縄には沖縄、琉球、海邦《かいほう》と三つの銀行があり、沖縄の政財界に力を持っている。その頭取たちに頼んで稲嶺知事の協力を取り付けることを考えた方がいい。琉球放送の小禄《おろく》（邦男《くにお》）会長もいいと思う」

その下地議員から十一月十七日の夜九時に電話が入った。元沖縄副知事の吉元政矩《まさのり》氏と会っているから来ないかと、誘いがかかった。吉元氏は大田県政で「基地返還アクションプログラム」を作成していた。沖縄県から基地をすべてなくすという構想で、その象徴的存在として位置付けられていたのが普天間基地の返還だった。

場所は銀座の料理屋だった。

「今回の日米合意案は、私が副知事時代に主張していたことを、ほとんど取り上げてくれている。いよいよ、基地なき沖縄経済の自立を、政策として主張できるかが問われる正念場の時を迎えたことになる。ただし、今の沖縄の県政にはこれを推進する力はないのが問題だね。自民党も社会大衆党（沖縄の革新政党）も実現することはできないと思う。だから現実的に対応できる県政を作らなければならないね。当面は来年一月の名護市長選が大事」

そう言うと吉元氏は、自民党国会議員の具体的な名を挙げ始めた。

「彼らは沖縄では利権の色が付き過ぎているね。だから問題外だよ」

六名ほどのそれらの名にはすでに政界を引退した人物も一名含まれていたが、それ以外は今回の沖縄との交渉に少なからず顔を出してきている議員たちだった。政府の要職に就いている人物もいた。吉元氏は続けた。

「いいのは麻生、額賀、小池だね。この人たちを軸にして沖縄は新しい党を作るべきだと、僕は思う。県民党だね。自民でも公明でも民主でもなく、県民党が基地問題には対応していく。それには知事に若い人を立てないと駄目だろうね」

沖縄県知事選は一年後に予定されていた。吉元氏は「仲井真《なかいま》は絶対駄目」と言い切った。沖縄県商工会議所連合会会長・仲井真弘多《ひろかず》氏は、稲嶺知事の後継者として名前が取《と》り沙汰《ざた》されていた。吉元氏は下地議員の「三頭取と小禄会長に頼む」という案についても乗ってくれた。

政府は沖縄対策を練るため、それまでの三閣僚会議をやめて六閣僚会議を開くことになる。安倍官房長官、額賀防衛大臣、麻生外務大臣の三閣僚に、与謝野馨経済財政大臣、竹中平蔵総務大臣、そして小池百合子沖縄開発担当大臣が加わった。一方、防衛庁も人事を刷新する必要を感じ、防衛局次長の山内千里を金沢博範に、那覇防衛施設局長の西正典を佐藤勉に代えることにした。

十一月十日、真部朗《まなべろう》防衛政策課長がローレス副次官から大古防衛局長に手紙が来て、「陸上自衛隊のサマワ撤退についてアメリカ、イギリス、オーストラリア、日本の四ヶ国協議は十二月一日まで応じられない」と伝えてきたことを報告に来ていた。真部課長が何か言いたそうな感じに私の目には映ったが、そのことは翌日、河村延樹《かわむらのぶき》防衛計画課長が説明に来て分かった。

ローレス副次官からの手紙には悔しさの滲《にじ》む内容が綴《つづ》られていたという。交渉の窓口になるはずの山内次長が本来知らせるはずの情報を与えず、「大臣も次官もそのうち降りてきますよ」とローレス副次官に伝えていたようだった。官僚には「いい子ぶる」癖があるが、それがアメリカ側が「読み」を間違え、ローレス副次官が「強気に攻めた原因だ」という不満だった。

河村課長は来日中のジョン・ヒル国防総省日本部長とは旧知の仲だった。ヒル部長はローレス副次官の部下だったが、そのヒル部長からこう明かされたと、河村課長は言った。

「防衛庁と外務省の交渉担当者からは、アメリカが浅瀬案で頑張っていれば日本政府は降りてくると聞いていた。しかし大野大臣、守屋次官の考えを聞いて、『これはポーズではない。防衛庁の担当者は大臣の考えを正確に伝えてないのではないか』とローレス副次官に伝えたところ、ローレス副次官は驚いていた」

またその年、秋の自民党役員人事で、安全保障調査会長に就任した山崎拓元副総裁は米軍再編を進めるためにほとんど毎週沖縄に入り、地元関係者と頻繁に会談を持つようになっていた。十一月二十五日の金曜日、沖縄入りした山崎元副総裁からは次のような苦情が寄せられていた。

「西局長が政府案に反対するよう、沖縄の中で言って歩いている。これでは沖縄側と戦えない」

沖縄に何度も赴任している佐藤なら沖縄の事情に通じ、沖縄対策も立派に果たすのではないか、そう考えての人事だった。これに対し、安倍官房長官が電話で「西君はよくやっているじゃないか、何で代えなきゃならないんだ」と突然、反対してきた。西局長ならば扱いやすいと考えた沖縄側からの要請が、安倍官房長官にまで及んでいると思わざるを得なかった。

また沖縄側は十月の日米合意の「中間報告」について、「中間ということは最終ではないのだから、L字案については変更の余地があるということだ」と勝手な解釈を始めていた。これに対し私は釘《くぎ》を刺す意図で、「そういう意味での中間ではない」とマスコミに話した。これは防衛庁首脳のコメントとして報じられた。

ローレス副次官が来日したのは十二月十二日だった。翌日、ローレス副次官と私は米軍再編について話し合いを持った。

「沖縄の地元にはこれまで概略の内容は話してきた。年明けからは合意を取り付ける交渉になるので、アメリカ側の作業を年末までに終わらせてほしい」

日本側はアメリカに、滑走路や附帯施設の諸元（細部）を提示するよう求めていた。私がそのことを督促したところ、ローレス副次官は「それは難しい」と反論し、この後、激しいやり取りが続いた。そしてローレス副次官は大臣室に入り、額賀大臣もまた同じ対応をローレス副次官に求めていた。大臣との会談が終わると、ローレス副次官は次官室に立ち寄った。

「私はミスター・モリヤについて悪い話ばかり聞いていた。政府内、与党、沖縄からどのように見られているか、日本から私のところに伝えてきた資料をすべてお渡しする」

ローレス副次官はそう言って、私に紙の束を渡した。それはメールや手紙の文面だけをコピーしたもので、発信者名は削除された十枚綴りの文書だった。すべて英文で書かれていた。通訳担当の部員がそれをいくつか訳した。

「守屋は米軍を占領軍だと考え、追い出しを画策している」

「中国寄りだ。アメリカには出向いていないのに、次官になって中国にばかり行っている」

「参議院選挙に出るため、防衛産業や沖縄の業者から選挙資金を集めている」

この中の三つ目の「選挙資金」の話は「米戦略国際問題研究所（CSIS）」のキャンベル副所長のところにも流されていたようで、この半年前にCSISで研修中の日本のマスコミ関係者から「キャンベル氏が心配していますよ」と伝えられたことがあった。

その時にはそんなありもしない話がどうして流れるのかと不思議に感じたが、ローレス副次官から提供された資料を見て、その陰湿さに驚くばかりだった。ちなみにこの翌年の秋、大野元大臣からも同様の噂《うわさ》を聞いていたことを私は明かされ、「だから君を使うのをためらった時期があった」と告白されてもいる。

それらは外務省から流されたものではないか、と私は直感した。ローレス副次官はそれらの人たちから、ありもしない情報を与えられていたということだった。

「だから私は、ミスター・モリヤのことを信用していなかった」

そうローレス副次官は告白した。つまり日米交渉の最中、私は「ネガティブ・キャンペーン」を張られていたということだ。

その晩、額賀大臣が「気分転換」と称し、一席設けてくれた。大臣がアメリカ側に「銀座で飲んだことがあるか」と尋ねると、ローレス副次官は「まったくない」、メザーブ公使は「最近、誘われることがない」と答えていた。

私はラムズフェルド長官の例を出した。ラムズフェルド氏は若いときに「日米太平洋議員連盟」のメンバーとして来日し、銀座でよく飲んでいたと聞いていたからだった。

額賀大臣が案内してくれた銀座のクラブは広い店で、女性がついた。日米合わせて十六人で飲んでいた。ローレス副次官を見ると、隣の女性とよく喋《しゃべ》っている。それが韓国語で、しかもあまりに流暢《りゅうちょう》だった。

「ローレスは実は日本語も話せるのではないか？　交渉の際、分からないふりをしているけれど、目の前で日本サイドが日本語で打ち合わせしているのも、理解していたのではないか？」

ローレス副次官のその様子を見て、私はそう推測していた。

ローレス氏は官僚ではない。アメリカでは政権が代わるたびに、スタッフは民間との間を行ったり来たりする。

もともとはCIAで韓国に赴任していたと聞いた。噂ではCIA時代、朴政権のときには大統領に代わり韓国の要人と交渉し、核開発を中止するよう求めていたという。アメリカに留学し核開発計画を学んで帰国した韓国人から、「核開発のチームに入れられ悩んでいる」と相談されたのがきっかけだった。ローレス氏がそのことを米国政府に伝えたところ、「大統領同士の話では表沙汰になるから、それならば若造の君が交渉してほしい」と依頼されたとのことだった。

「核開発を止めるなら、アメリカは核兵器に関しては援助する」

そう言って交渉をまとめたと、関係者の間では噂されていた。ローレス氏は現在、民間で会社を経営しているという。

二〇〇六年は不可解な情報から年が明けた。一月五日、夕方に突然、鈴木宗男衆議院議員から直接、電話が入ったのである。

「検察が防衛庁を狙っているから気をつけろ」

電話口で鈴木議員はそう忠告した。

鈴木議員には、沖縄のキャンプ・ハンセンで行われていた「県道104号線越え実弾射撃訓練」を本土の演習場に分散移転させる件で、防衛庁は助けてもらっていた。キャンプ・ハンセン演習場では、県道104号線を閉鎖して実弾射撃訓練が実施されていた。これは危険だから即時中止してほしいという要望を受けて、橋本内閣はSACOの中で矢臼別《やうすべつ》（北海道）、王城寺原《おうじょうじがはら》（宮城県）、北富士（山梨県）、日出生台《ひじうだい》（大分県）の陸上自衛隊の演習場に分散移転する案を打ち出した。それぞれの地元との調整に入ったが、その対応は冷ややかで、どの県も受け入れないという状況が一年近く続いた。北海道知事を説得してその状況を打開したのが、鈴木議員だった。そしてそれを契機として、他の県知事たちも受け入れの立場にまわった。

鈴木議員とはそのような関係があったが、突然、何の前触れもなく連絡してきて、かつ事が事だけに、私は驚く以外になかった。しかも私にはまったく心当たりはなかった。

鈴木議員は国後島《くなしり》の「日本人とロシア人の友好の家」建設をめぐり秘書二人が有罪判決を受け、自身も後援企業から千百万円を受け取ったとされる斡旋収賄《あっせんしゅうわい》、受託収賄などの容疑で起訴されていた。二〇〇四年、東京地裁から実刑判決を下されている。衆議院議員を退任した後には参議院選に出馬し落選もしたが、新党大地を旗上げし、この前年九月、衆議院に返り咲いていた。

鈴木議員は官僚には「とてもきつい政治家」と言えた。三度にわたり防衛庁政務次官も務め、以前、沖縄開発担当大臣だったときも仕事に厳しかった。事件の後、二年ぶりに国政の場に復帰したときには、私は議員会館に挨拶《あいさつ》に行っていた。北海道の選挙区に自衛官が多くいることもあって自衛官の思いにはよく通じていたし、有事法制や後の省昇格の際には尽力してもらった。

翌日午前十時、再び鈴木議員から私に連絡があった。今度はかなり具体的な内容だった。ちょうど防衛施設庁では談合の噂が流れていた。

「私の事件で、三井物産から巨額の献金が出ていると、検察は話題にしただろう。それで取り調べたけれど、結局は地元の企業を闇《やみ》献金で御用にした。本丸は違うところを狙《ねら》っているということだよ、守屋君。くれぐれも注意するように」

この七年ほど前、防衛庁では調達不正請求事件があった。調達実施本部（調本）が防衛庁に通信機器の工数を上乗せし、損失分をカバーしていたというものだった。実際に製造にかかった工数より過大請求して、その契約単価を跳ね上げる。それが額賀大臣が辞めることになった一九九八年の事件だったが、それ以降、防衛庁にはこの手の経済事件は起きていなかった。

「施設庁の関係だろうか」

談合の噂を耳にした際は、そう思った程度だった。

この時期、政治家たちを通して名護の修正案を通そうと、沖縄が動いていた。鈴木議員からの電話で、私はネガティブ・キャンペーンの「防衛庁包囲網」も形成しようとしているのではないかと、一瞬思った。

鈴木宗男議員から二度目の電話をもらったその日の午後、自民党の中川秀直政務調査会長から呼び出しがあり、私は個人事務所に赴いている。

「名護市から修正案が出ているだろう。あれな、何とか応じるよう工夫をしてくれ」

私がすでに日米で合意していると答えると、中川政調会長は「それを工夫するのが官僚の役目だろうが」と、にべもなかった。

沖縄には中川政調会長の沖縄後援会があり、その会長は知念榮治氏で、沖縄セルラー電話会長だった。知念氏は沖縄県経営者協会の会長も務めているが、この後援会には同協会副会長六人が名を連ねていた。また中川政調会長の公設秘書の父親は、沖縄の高橋土建社長・高橋昇氏だった。沖縄と中川政調会長とは深い繋《つな》がりがあるといってもよかった。

週が明けて議員たちからの応援の電話や修正の要請が続いた。

〈1月10日（火）細田国対委員長「地元の意向を聞いてやってくれ」

1月11日（水）森前総理「政府案で頑張れ」。安倍長官「那覇施設局長を今、動かすのは反対である」

1月12日（木）山崎先生「沖縄が名護ライト案にこだわる理由わからない」

1月16日（月）小泉総理「防衛庁の考えでいい。小泉の考えを踏まえて防衛庁はやっていると言え」

1月20日（金）自民党本部で日米協議と米軍再編について報告→中川政調会長に修正応じられないと説明、「それでも考えなさい」と言われて平行線〉

そして鈴木議員が口にしていたことを裏付けるかのように、一月三十日、防衛施設庁の審議官らが逮捕された。

防衛施設庁発注の空調設備工事をめぐり、東京地検特捜部は30日、同庁ナンバー3で技術系トップの技術審議官ら3人を刑法の談合容疑で逮捕し、空調設備メーカーなど関係先を家宅捜索した。審議官らは施設庁ＯＢの天下り実績を基準に自ら工事配分を決めていたとされ、特捜部は悪質な官製談合と判断した。メーカー側は在宅で捜査する。特捜部による官製談合事件の捜査は中央官庁の上層部が刑事責任を問われる事態に発展した。

（「朝日新聞」二〇〇六年一月三十一日、すでに刑期を終えているので名は伏せた）

二〇〇三年一月に「官製談合防止法」が施行されたが、確かに国土交通省の橋梁《きょうりょう》談合など、官僚やOBが関わるこの手の事件は跡を絶たなかった。施設庁のこの事件では、市ヶ谷庁舎などの三件の新設空調工事で特定の空調設備メーカーの担当者と入札前に話をつけていた。落札価格は十億五千万円から十二億六千万円に上っていたと報道された。

落札当時（二〇〇四年十一月〜〇五年三月）には、逮捕された技術審議官は施設庁建設部長、同時に逮捕された施設調査官は建設企画課長だった。もう一人の逮捕者は財団法人「防衛施設技術協会」理事長で、談合当時には防衛庁に在職し技術審議官の要職に就いていた。

その日の夜中、未明になって、額賀大臣が記者会見に応じている。「誠に慚愧《ざんき》に堪えない事態だ」と陳謝した大臣は、すぐに後任人事を発表している。技術審議官には防衛庁から増田好平防衛参事官が就いた。

「守屋次官は親中派ということになっています。内調がそう流しています」

審議官らの逮捕と同じ一月三十日に、その情報を教えてくれたのはある新聞記者だった。内調とは内閣官房内閣情報調査室のことである。

「守屋は日米同盟を潰しにかかっている。アメリカとの交渉であれだけ強硬に戦ったのが、何よりの証拠。しかも次官になってからこの二年六ヶ月で中国には三回も行っている。アメリカにはその間、一度も出張していない」

聞くと、内調は「守屋次官の件で、防衛庁関係者にも内々で事情聴取をしている」とのことだった。ローレス副次官などアメリカ側に渡ったネガティブ・キャンペーンの情報が、今度は国内で流されているのかと思うと、どうしてこんなことになるんだと嘆息せざるを得なかった。

私が中国を訪問したのは事実だが正しくは二回、これは総理の靖国《やすくに》参拝で中断されていた防衛次官級協議が再開されたからだった。交互開催が原則のところ中国で二年続いたのは、中国側の日本と親しくなったところを見せようとの意図からだった。三年目は日本で開かれていた。またアメリカを訪問するのは局長クラスであって、この間、私は米軍再編だけでなく、イラク派遣、ＢＭＤ（Ballistic Missile Defense＝弾道ミサイル防衛）の導入、北朝鮮への対応に忙殺されていたから、実際、渡米する機会も時間もなかった。

内調は内閣の重要政策に関する情報を集める組織で、警察庁からの出向者が多い。防衛庁と警察の仲の悪さは確かにある。

遡《さかのぼ》れば警察の「怨念《おんねん》」は、一九三六（昭和十一）年に起きた「二・二六事件」にあった。説明するまでもないが、この事件では軍の前に警察は無力だった。官邸などを警護していた警察官たちの前で、日本軍の力は歴然としていた。

六〇年、七〇年の安保闘争では、治安出動で自衛隊が対応するという法制があるにも拘《かかわ》らず、その存在について国民の意見がわかれている自衛隊を国内の治安維持に投入することの政治的ハードルは高かった。警察は機動隊を増強し、自らの組織を大きくして対処した。海外では軍隊が出動するのは当たり前のことなのに、日本では国民感情を前に自衛隊に治安出動の命令は出されなかった。その後も国民生活の場への自衛隊の出番は少なかった。

それが一九九一年の長崎県雲仙《うんぜん》・普賢岳《ふげんだけ》の火砕流災害で、自衛隊の活動が世の中の注目を浴びる。雲仙では火口を観察し、いつ火砕流が発生するかを日々分析しなければならなかった。その上で市民に危険を通報し、いち早く避難させる必要があった。そのために雲仙岳に近い山の上に監視所を設けたり、ヘリを飛ばして火口の状況を調査してデータを集めることが求められた。それを研究者に送り、分析して火砕流の発生を正確に予知するためだった。

それには山の上でも泊り込みで観測を続けられる自給自足出来る体制と、ヘリと監視所と災害対策本部を結ぶ野外の通信システムの構築が必要であった。それが出来るのは自衛隊に限られていた。警察は災害地で寝泊りが出来ない。食事も自分たちでは作れない。野外の通信設備もない。現場で発生した火砕流から退避することが間に合わず、民間人と警察・消防の方が亡《な》くなられた。雲仙ではそれ以降、自衛隊は火砕流の観察システムを作り上げ、住民に対し災害情報を速報するようになった。

雲仙は自衛隊がその存在力を示した災害だった。その後に発生した北海道奥尻島《おくしりとう》の大地震（一九九三年）では、警察は船を所有していなかったため被災地に救援に向かうことが出来なかった。また、車両を吊《つ》り上げて、遠隔地まで迅速に運ぶ能力を有する大型ヘリも持っていない。そして自衛隊の災害地での必要性を決定付けたのは、一九九五年の阪神淡路大震災だった。

一九九六年の北海道積丹《しゃこたん》半島豊浜トンネル崩落事故では災害派遣に警察と陸上自衛隊の部隊が出たが、トンネル内で被災者の救出作業が進まなかったことから、姿を見せることのなかった自衛隊員に対して、「ちゃんと仕事をしているのか」との批判的な報道が流れた。その時に、被災現場の映像が官邸に持ち込まれた。

そこにはスコップで土砂を掘り被災者を救出しようとする自衛隊員を、警察官が囲んで座って見ている姿が映し出されていた。現場では警察官が自衛隊員に「ここを掘れ」と命じていたから、当時の橋本総理が「これでは自衛隊があまりにもかわいそうだ」と感想を漏らした。

「俺は運輸大臣のときに、海上保安庁を国民に知らしめた。災害地で自衛隊員が撮影した映像を防衛庁提供でマスコミに出せ。そうすれば自衛隊の苦労が国民に伝わる」

こうした災害派遣を通して、自衛隊は国民に認知されていったと私は感じている。

冷戦が終わり、もう軍隊は不要だと考えていた国民に対し、自衛隊の必要性はじゅうぶんに伝わっている。

二〇〇四年八月に警察庁の佐藤英彦長官が退任の挨拶に訪れた際、佐藤長官からはこう言われた。

「ここ数年の治安環境の変化で、警察の自衛隊に対する見方は劇的に変わった。対立ではなく協調を軸に考えるようになった。県警と自衛隊が共同訓練してみると、自衛隊は団体活動が中心で、攻撃する側と支援する側が機能的に構成されていて自己完結的である。使用する地図の縮尺、地図記号、命令の仕方も警察とは異なり、文化の違いがある。共同で対処するにはお互いの文化の違いを理解することが不可欠。自衛隊に対する国民の認知度も深まり、警察の中でも協同対処に慎重であるべきだという人は少なくなっている。縄張り争いみたいなことはしたくないし、すべきでないと思う」

そうした経緯が警察側とはあった。

内調が「守屋は親中派だ」と流しているという情報を聞いたその週末の金曜日、二月三日の朝にはさらに不可解な情報がもたらされた。広報課長から連絡があり、「地検が狙っているのは次官です」とはっきり言われる。

「もっぱら記者クラブではその話題が広がっています」

「何で私なんだ?」

私にはまったくその意味が理解できなかった。防衛施設庁では三人の逮捕者を出していたが、私はあの件にまったく関与していない。

その日の夕方のクラブ詰め記者からの情報で、事件は具体的になってきた。

「佐世保の米海軍基地ジュリエット・ベイスンの工事で、守屋次官が久間元大臣から談合を頼まれた、という話になっています」

同じ話は翌日、他社の記者からも当てられた。

佐世保の基地ジュリエット・ベイスンには在日米軍の艦隊基地隊があり、揚陸艦、掃海艦、救難艦が配備されている。ここの沿海を埋め立てて新しい岸壁を竣工《しゅんこう》するという計画が、確かにあった。

「しかし、あれは二年か三年前のことだ」

私は俄《にわ》かには思い出せなかった。

その話を持ってきたのは、記者の情報でも名前があがっている久間元防衛大臣の秘書だった。久間元大臣は長崎選出で、一九九六年、第二次橋本内閣では防衛庁長官を務めていた。秘書はこう言った。

「佐世保でしばらくなかった大工事になりますね。でも、今まで施設庁の建設部に食い込んでいるのは、大手のゼネコンばかりじゃないですか。地元の企業はぜんぜん入れてもらえなかった。空母エンタープライズの寄港など佐世保の米軍基地反対運動が激しかった頃に、米軍や自衛隊を支えてきたのは地元の人たちですよ。地元の企業に能力がないのなら諦《あきら》めます。もしそうでないのなら、東京の大手企業にばかり仕事をやって、地元の建設業者を入れないというのは、おかしいじゃないですか」

私は当時、官房長だった。秘書からの依頼を受けて、施設庁の技術審議官に話を通した。

「ジョイントベンチャーに地元企業は入れられないのか？　技術上、地元企業が出来ないというなら話はわかるが、それはどうなのか？　久間先生は防衛庁長官も務めた人だ。まったく何もしないで、この件を放っておくというわけにもいかないだろう。先生のところに説明に行ってくれ」

私が繋いだのはそこまでだった。工法上の技術がまったくないという企業を入れても仕方がないが、長崎の地元企業もその後、ジョイントベンチャーに加わったと私は聞いていた。記者からの情報では、その一件が検察の捜査の対象になっているというのだった。

見返りをもらったとか、供与を受けたとか、そういったことも一切ない。しかし一方でこうした企業は長年、施設庁建設部の天下りの温床になっていることも事実だった。

このような建設工事の予算を財務省に要求し、説明して予算を取ってくるのは、内局と陸海空の各幕僚監部であり、彼ら技術職はその予算を執行するだけの部署である。予算の執行という「一番おいしいところ」を握っていて、工事を各企業に割り振っていく。先に逮捕された施設庁の役人たちもそういう立場にあった。

さらに彼らは審議官だけを残して、五十代半ばに入るとまもなく役所を離れていく。

そしてゼネコンなどの企業に再就職していく。防衛庁・自衛隊は独立行政法人を一つ（「駐留軍等労働者労務管理機構」）しか持っていないから、そうした企業に行くしかないという言い方もできた。

防衛施設は演習場、飛行場、港湾、営舎などがあるが、その土地面積は国土面積の約〇・三七パーセントを占めている。これは在日米軍（三百九平方キロ）も含んだ数字であるが、自衛隊だけでも千八十五平方キロの土地を所有している。これを差配するのが防衛施設庁だった。

ちなみに官庁で建設工事を執行する機能を持っている役所は、防衛庁と国土交通省しかない。防衛庁の施設だけで他省庁を全部合わせたのと同じだけの施設面積（国公立大学所有の施設を除く）があるが、他省庁の施設を建設するのは国交省が一括して行なっている。

佐世保の談合疑惑については、その後、動きはまったくなかった。記者たちから聞かれることもなく、もちろん取り調べもなかった。一部の新聞では米軍・岩国基地の巨額工事を取り上げて「談合捜査、次の舞台は米軍基地」と記事にしていたが、続報はなかった。

ただしある民放の報道番組のプロデューサーからは、こう知らされた。

「守屋おろしが始まっていますよ」

次の課題は念願の省昇格だ、その前にグアム移転の経費折衝を片付けなければ、そして陸上自衛隊はイラクからは撤退させよう——。

普天間移設問題でアメリカとの合意をみた際に、私はそう考えていた。特に、三年目に入ったイラクでの陸上自衛隊の活動は、早期に撤退させることを前提に対策を練らなければならない。サマワの治安はイラクの他の地域よりはいいと言われても、陸上自衛隊のサマワ駐屯地へのロケット弾や迫撃砲の攻撃は、月に一、二回のペースではあるが止《や》むことはなかったからだった。

ところがアメリカの次は沖縄を相手にしなければならなかった。そこへ降って湧《わ》いたように、防衛庁には不祥事が相次いだ。

談合事件に続き起きたのは、海上自衛隊情報のネット流出事件だった。ファイル交換ソフト「ウィニー」を通じて、私物パソコンから海上自衛隊の艦船コールサインや戦闘訓練の計画表などがネットに流れたというものだった。

防衛庁のイメージが悪くなっていく。これは普天間問題にも少なからず影響が出ると、私は危惧《きぐ》した。

「五月会」は防衛庁の将来を担《にな》う、課長になる前の若手官僚の話を聞きたいと、太平洋セメントの諸井虔《もろいけん》相談役から話があったので作った勉強会だった。月に一回、防衛庁に関心のある経済人やマスコミなど三、四人を諸井相談役が招いて、その前で例えば中国勤務の経験とか自衛隊情報通信システムの整備とか、国家情報の利用のあり方などについて若手官僚が話す。出席者たちからは「その説明の仕方は独りよがりだ」などと、忌憚《きたん》のない意見が出される。将来のための訓練にもなると考え、二年ほど前から始めていた。これは朝食会も兼ねたものだった。

諸井相談役は日本経団連副会長や税制調査会委員、地方制度調査会会長などを歴任したことで知られるが、私が防衛政策課長の時に細川内閣が始めた「防衛問題懇談会」の委員でもあった。同懇談会は冷戦後の防衛力の在り方をまとめるために創設されたが、諸井相談役は沖縄問題にも精通している経済人で、沖縄の政財界からも頼りにされていた。私はその頃、L字案に対する沖縄県の協力を取り付けるためにはどうしたらよいか、諸井相談役によく相談していた。

二月二十一日の朝八時、その「五月会」の場で、私は諸井相談役からこう言われた。

「政府は沖縄に悪い癖をつけてしまったね。米軍基地の返還などが進まなくてもカネをやるという、悪い癖をつけてしまったんだよ。もうそれでは立ち行かないと沖縄の目を覚まさせるようなことを、国はやらなければ駄目だよ」

諸井相談役はこの年十二月に七十八歳で逝《い》かれた。

翌日、官邸にいる深山総理秘書官から連絡があり、「沖縄選出の自民党国会議員が総理に会う予定」という。

「沖縄の議員五人が明日、官邸に総理を訪ねるようですね。政府案反対ということで総理に陳情するそうです。二橋さんがこれを受けました。五人には石破先生も付き添うとのことです」

私は苦々しい思いだった。日米両政府はL字案で合意済みなのに、与党の議員が修正を求めるのか。

「それについてはもう決まったことだから、陳情は受け付けない」

そう言ってその申し出を断るのが官房副長官の役目であり、それが筋だ。陳情を認めることは、すなわち沖縄側に政府が柔軟であると誤ったイメージを与えることになる。しかも日米合意を早急に進めなければならないことをよく承知しているはずの石破元防衛庁長官が同行するというのも、何とも奇異な話だった。

続いて山崎拓元副総裁から電話があった。

「沖縄の仲泊さんが事務所に来たよ。辺野古の修正案を持ってね」

沖縄の一建築業者が副総裁まで務めた政治家に自分の案をプレゼンに出向くこと自体どうかと、私はこれには呆《あき》れたが、同時期のこの動きは明らかに連動したものだった。仲泊氏はこの後、修正案を方々で見せていた。その案は前年六月に沖縄県防衛協会を通し防衛庁に伝えてきた、浅瀬案そのものだった。

日米が合意する前に、頭越しの交渉にならないよう、大野大臣は稲嶺知事にL字案の構想を話していた。L字案は地元住民の騒音問題や危険感などの生活環境に配慮し、埋蔵文化財包蔵地を避け、かつサンゴやジュゴンの生態に影響を与えないよう、自然環境の保全に十分注意して作られていた（図6）。その意味で微修正はあっても、大幅な修正の話はまったくないと私は思っていた。

沖縄選出の五議員に総理が会うこととなった二月二十三日、私は朝八時にホテルオークラで屋部《やぶ》土建の前田雅康社長と朝食をとっている。屋部土建は仲泊弘次氏の東開発と沖縄北部では双璧《そうへき》をなす、大手ゼネコンである。前田社長は癌《がん》の手術を終えたばかりで、少しふらついていた。残念なことにこの一年半後、六十五歳で逝かれた。

「次官、今回の動きは二ヶ月前から始まっている沖縄の一大オペレーションですよ。日米合意のすぐ後に準備し、練りに練った沖縄側の作戦です。名護市と沖縄県の政財界の主流が関与して動いています」

前田社長の言葉に私は驚いた。前田社長の解説はこうだった。

「沖縄全体が日米両政府が合意したL字案に反対で、政府がL字案を修正して地元の推す浅瀬案に少しでも近づけば賛成にまわると、中央の政財界の人たちに思い込ませるのが狙《ねら》いです。しかし浅瀬案のように海に作るのは、環境派が反対し実現不可能というのが沖縄では常識です。沖縄の一部の人々は代替飛行場を作るのが難しい所に案を誘い込んで時間を稼ぎ、振興策を引っ張り出したい。作るにしても反対運動が起きて時間を稼げるようにしたい。それで修正案を国に提示している。国を誤った方向に誘導しようとしているんですよ。地元は疲れ果てて、どちらでもいいと思っている」

前田社長によれば、沖縄の政財界のメンバーが手分けして浅瀬案をもって、中央の政財界の要人やマスコミに、「この案なら沖縄は呑《の》みますよ」と説明に行っているという。

年が明けてからの「L字案修正」の動きと重なっている。しかし、沖縄県や名護市はそのような考えをなぜ防衛庁には伝えないで、外務省や内閣府、国会議員、中央の経済界だけにしているのか。官邸には情報は、はたして入ってきているのか。私はそれを確かめる必要があると考えていた。

前田社長から沖縄の浅瀬案をもらうと、それは前年十月の日米交渉のときに見たことがあるものだった。名護ライト案とL字案（宿営地案）の間をとって「防衛庁の案を二百メートル海側に寄せてくれ」と、ローレス副次官が言い出し、あらたな案を提示したことがあった。つまりあの時も沖縄はアメリカに接触し、その案を米側に提供していたという図式が見えてくる。

午前九時四十分、官邸の表玄関ではなく赤坂門から入ると、飯島秘書官は「何か危険な動きを感じる」と言う。私は「五議員に会う前に、総理に沖縄の動きを説明しておく必要があります」と伝えた。飯島秘書官は総理の執務室に入り、しばらくして出てくると、「直接、話してくれ」と私に指示した。

総理は私を見るなり、「わかってる、沖縄から出ている修正の動きは利権だから」

と言った。立ち会っているのは山崎裕人秘書官と深山秘書官の二人だけだった。

私は報告した。

「沖縄の浅瀬案は、去年の日米協議の過程でアメリカが持ち出してきた案です。当時はアメリカ側が独自に作成したものと思っていましたが、地元が関与していた可能性があります。あの案では埋め立て面積が増えます。環境派の抵抗を受けて建設が難しくなります」

総理は「わかった、俺から（五議員に）話す」と即座に了解した。そしてその後は、海上自衛隊の情報流出事件について叱責した。

「機密、極秘が漏れるのは大問題だ。機密・極秘レベルの情報を海曹クラスが扱うことが問題じゃないのか。取り扱い基準をすぐ見直せ」

総理執務室を出ると、二橋官房副長官が私に言った。

「防衛庁の事務方は総理と大臣にばかり任せていて、汗をかいていないじゃないか。地元の反対に口実を与えないように、防衛庁はあそこまでやったと言われるぐらい、頑張ってもらわないと」

私が、「何度も話をしましょうと持ち掛けています。しかし、防衛庁には沖縄県や名護市は応じてきません。今日、初めて浅瀬案があることを知ったばかりです」と答えると、二橋副長官は驚くことを口にしたのである。

「この浅瀬案のことは額賀大臣も知ってるよ。後から事務方に降りてくるよ」

額賀大臣には沖縄の考え方がすでに上がっているということだった。巧妙に防衛庁の事務方だけが外されていると、私は思った。

十二時三十分から総理と沖縄の議員たちとの会談が始まった。五議員は仲村正治《せいじ》、嘉数知賢《かかずちけん》、西銘恒三郎《にしめ》、安次富修《あしとみおさむ》、西銘順志郎の各議員で「五ノ日の会」を名乗っていた。これに石破元大臣が同席している。

陪席した山崎秘書官から二橋副長官とともに受けた報告では、嘉数議員が「L字案をほんのちょっと動かしてほしい」と総理に陳情すると、石破元大臣は「アメリカも地元が意見を出し、合理的なものなら聞くと言ってます」と、それに賛同したそうだ。

これに対し総理は次のように答えたと、山崎秘書官は言った。

「そのちょっとが、君らの想像もつかない困難な状況を作り出すんだよ。今の案に協力して欲しい。特に嘉数君、君は沖縄問題を担当する内閣府の副大臣だよね。君は小泉内閣の方針に違反しているということをわかってないの？　小泉内閣はL字案だよ。反対するなら副大臣を辞めてくれ」

さらに、付き添ってきた石破元大臣には「石破君、何かあるの？」と付いてきた理由を尋ねていた。石破元大臣は総理に何も言えなかったそうだ。官邸から帰る際にも入る時と同じように五人とは別れて、ひとりだけ別の通用口から出て行ったとのことだった。

こうした五議員の陳情も、先に触れた仲泊弘次氏の動きも、一大オペレーションの一環だったということだ。この後も政権与党森派ルートには政治家を通して、社会大衆党には全駐留軍労働組合（全駐労）沖縄地区本部を通して「環境を破壊するから反対だ」と、また県には辺野古の住民を使ってL字案反対運動を起こしていくことになる。

各方面で反対の声があがることで、「沖縄県民はみんな反対しているのだから、防衛庁のほうがおかしいのではないか」という流れを作ろうというのがその狙いだった。前田社長の言葉を思い出し、私は沖縄のしたたかさを理解した。

五議員の陳情の動きを受けて、この日の午後、次官室では幹部会議を緊急招集している。今後の対応策を練るためだった。この席で、北原防衛施設庁長官と大古防衛局長の二人が、早くも「修正に応じることは『やむなし』」との考え方を示す。

私はその日朝からの経緯を出席者に説明し、「総理不退転の決意」であることを伝えた。この件の当事者である北原長官と大古局長は、特に意欲がない。「修正やむな

し と考えていたなら、どうして私に進言しなかったのか」と私は二人を問いただした
が、防衛庁幹部でさえ、沖縄側の主張を受け入れる各省庁や与党の動きを知って、すでに弱気になっていたのだった。私は彼らに「しっかりせい」と発破をかけた。

その後、彼らだけで話をしたのだろう、夕方になって出席者の一人だった金沢博範防衛局次長が報告に来た。

「今日の会議で幹部は迷いが消えたようです」

その後、大臣室に呼ばれた。

「今日、総理に会った際に、防衛庁の今のごたごたの区切りがついた時点で省昇格に取り組みます、小泉総理のときでないと出来ませんから、と伝えたよ。総理からは、公明党を説得してくれとの返事だった」

額賀大臣はそう言った。

総理が五議員に釘《くぎ》を刺し、修正案を否定する発言を繰り返しても、沖縄の攻勢は止まらなかった。総理が駄目だといったら、常識的にはそこで終わるはずだと私は思っていた。ところが与党の国会議員たちの、修正への動きは加速していった。

〈3月7日（火）山崎先生「辺野古3区から案が出ているので防衛庁の考え示してほしい」

3月8日（水）記者連日20人、近所の評判になる。沖縄県議団との激しいやりとり①沖に出すのは当たり前②修正すべき理由③修正に責任は持てない④地元は皆反対と言うが、誰が反対か具体的に言えない。山崎先生よりTEL「中川先生より俺の方にTELがあり、沖縄県議団に対する守屋の対応、激しすぎると憤慨していた」

深山より「中川先生、明日小泉総理に会う」との情報。冬柴先生より普天間の説明要求。夜、総理、二階、山崎、冬柴「総理より普天間は変えない」

3月13日（月）冬柴先生「沖縄に行って、200m沖合に出してほしいと陳情を受けた。大臣にも話している」

3月14日（火）久間総務会長「事情はよく承知、支援する。防衛庁案がベスト。つらくても頑張れ」1605名護市の辺野古区の行政委員三人にL字案を説明。「①住宅の上を飛ぶからうるさい②海は死んでいる、ジュゴンはいない（から埋め立ててしてよい）③反対派を実力行使で抑えるべき」と激しいやり取りになる〉

こうした動きが続く中、額賀大臣自身が修正を口にしたのは三月十五日だった。

「滑走路の向きを変えることで決着したい」と言い出したのだった。私はこれに対し、「やる必要があるかどうかは、交渉の結果で判断すべきです」と諫《いさ》めている。まだ沖縄との直接交渉すら始まっていない段階での大臣のこの発言に、私は驚いていた。

その日は皇太子殿下が航空自衛隊が運用に当たっている政府専用機で海外視察に出発する日で、私は羽田空港に見送りに出向いていた。そこで私は小泉総理に手招きされた。

「中川、山崎、額賀に次官の判断がすべてと伝えた。判断に迷うときは、直接、俺に電話してこい」

私は小泉総理のその言葉に頷《うなず》いた。

〈3月16日（木）22時ホテルオークラ別館2階「撫子《なでしこ》の間」、額賀・麻生・谷垣・安倍・小池の五閣僚と二橋副長官、沖縄米軍のグアム移転経費と対米方針の協議の場に出席。米側の負担要求に対して、どこまで応《こた》えるかを議論。終わって、谷垣・小池の二閣僚出る。

麻生「例の件、小池にいつ言おうか」

安倍「閣議決定の直前でしょう」

私は、何かあるなと直感。麻生大臣は私を見て、「環境省よりも防衛事務次官が環境を大事にするんだからな。ミスタージュゴンと言われているよ」と発言。そばにいた二橋副長官は、「ジュゴンは、もっと可愛《かわい》いです。色も白いです」とまぜ返す。

私は聞いていて、この余裕は二閣僚と副長官は修正で合意していると思った。麻生大臣の次の発言でなおさらその確信を深めた。「沖縄の五ノ日の会が俺の所に来た時に、事務方を引かせてから、オメーラ、まさか梯子《はしご》はずすことはしないだろうなといったら、アイツら皆下を向いて、うつむいているの」

3月17日（金）産経1面Ｔｏｐ「政府２００〜３００ｍ沖合に出すことで地元合意」。私は昨日の麻生外相の話を聞いた時の予感が的中したと思う。飯島秘書官よりＴＥＬ「額賀さんが弱気になっているのではないか」。山崎先生「産経の記事で反対派が息を吹き返した」私より「総理の意思まったく変わっていない」

3月19日（日）ＮＨＫの日曜討論で中川、公明党の井上、政府案修正もやむなしとの発言↓山崎先生より「中川・井上の話で沖縄の空気変わってしまった、やってられない」と激しい口調。

3月20日（月）大臣より「中川・井上両氏に、防衛庁にまかせて静かにしていてほ

しいと依頼するよう」指示〉

山崎拓元副総裁からは何度も電話が来ているが、この件でもっとも早く連絡してきたのは、「日曜討論」でも「修正やむなし」と語った中川秀直政調会長だった。前述したが、私はすでに一月には、中川会長から呼び出しを受けている。その後も頻繁に口を出してきていた。

沖縄には中川会長の後援会があることはすでに触れたが、山崎元副総裁の後援会「沖縄拓政会」もあった。設立者は「金秀本社《かねひで》」取締役創業者の呉屋《ごや》秀信氏。同氏は復帰前の沖縄で小さな鍛冶屋《かじや》から身を起こした人物である。鉄工所を設立し建設機材を販売、スーパーマーケットなどの経営も手がけて財をなし、その年商は八百億円と言われていた。金秀グループは本社の他、金秀商事、金秀建設、金秀鋼材、金秀アルミ工業など十一社となっていた。

「三閣僚と副長官の間で修正の話をしていたからには、修正案の作業をしている者がどこかにいる」と考えた私は、図面の引ける渡邉一浩土木課長を呼んだ。「次官、怒らないで下さい」と渡邉課長は前置きし、こう明かした。

「大臣から言われて、今、いくつかの案の図面を引いています。大臣からは次官には言うなと口止めされています。大臣からの注文は『住宅上空を飛ばない案を考えてくれ』とのことでした。その注文をクリアするには、滑走路を二本にして着陸用と離陸用を使い分けるしかありません。これがそのうちの案のひとつです」

そう言って渡邉課長が私に見せたのは二本の滑走路が交差する案、「X字案」だった。私を外して大臣が事務方に指示していることが気になったが、これなら埋め立ての面積を増やさないで、集落の上空を通過させないでほしいという名護市の要望をも入れることが出来た。

仔細《しさい》な図面を作成するのは、その案が案として成り立つかどうか、埋め立て面積はどれくらいになるか、サンゴや藻場などの自然環境に与える影響を出来るだけ正確に把握する必要があるからだった。

沖縄側との話し合いは、名護市との協議という形で進めることになっていた。

この年一月二十二日、病気で引退した岸本建男氏に代わり、名護市長には島袋《しまぶくろ》吉和氏が就いていた。名護市議会議長、国頭《くにがみ》郡農業共済組合組合長を務めた島袋氏は、立候補した三候補の中で唯一《ゆいいつ》、移設については修正を条件としながらも、その受け入れには柔軟姿勢を示していた。日米が合意したL字案は米国の浅瀬案よりも住宅地に近いということで、これには反対していた。

基地反対を掲げた他の候補が当選しなかったことで、日米合意案の白紙化ということは避けられたが、島袋市長は岸本前市長の後継で、なおかつ稲嶺知事の支持を受けている。L字案の修正を迫られる現状は変わらなかった。

名護市側がL字案に反対しているのは、滑走路の延長線上三・六キロに豊原地区があり、その下には住宅があって危険だという理由だった。しかし、飛行場からこの程度離れた場所に住宅があるのは日本の飛行場では当たり前のことで、騒音基準上も私たちの調査では問題なかった。何よりもその建物は住宅ではなく、人が住んでいない農作業用の小屋であった。

名護市との第一回協議は三月十九日、この日は午前十時から横須賀にある防衛大学校では卒業式が行われていた。会場で額賀大臣から「今日、名護市長と話をするから同席せよ」と突然言い渡された。私は大臣の代わりに在校生が卒業生を送る分列行進の観閲式の観閲官を学校長から頼まれていたが、それを取り止《や》めて、大臣の車に同乗し東京に引き返した。

以降、名護市との交渉は、国側が額賀大臣と私、市側は島袋市長と末松文信助役が出席し行なわれることになった。名護市側は前年アメリカ側が提示し、その後、消えたはずの浅瀬案（L字案より五百五十メートル沖合）を主張した。

〈3月19日（日）13時全日空ホテル、私より「名護市の浅瀬案では近隣の自然環境に与える影響が大きいし、騒音や危険性を回避するために海に出す理由がない。話に応じられない」（1回目協議）

3月21日（火）20時、ニューオータニ（1332号）で大臣、島袋、末松と会議同席、名護市の案に合理性がないことを説明。市民のリコール、住民投票、島ぐるみ闘争をしかけると脅す、私はそうならないと激しくやり返す（2回目協議）

3月22日（水）1115島袋市長と末松助役、議論は押しまくる。島袋・末松は「地元の案にしてくれ」。私は「さんざん議論して理がないと分かっているのに、拘《こだわ》るのは何だ」と激しく攻める。末松が「国から何もなくてはどうしようもない」と言うので、私は「交渉ではなく一回切りの提案をする」と言って、そのまま二人をつれて大臣室に入る。「了解を得たい」と私が言い、滑走路を10°ずらす国の考えを提示（3回目協議）

1900広尾のレストランで大臣に同席。シーファー大使、ローレス国防副次官と会食。

大臣「総理からお前がまとめろと言われている」

ローレス「難しい仕事をしているのに笑みを絶やさないのは、自信がおありなんですね」

3月23日（木）1845那覇空港着、空港内待合室。比嘉沖縄県参与、府本統括監。名護市と合意が取れた後の手順を話す。参与より「①孤軍奮闘、よく頑張っておられる②L字案しかないと思う③県としては知事のアキレス腱《けん》となる軍民共用空港を決めた99年の閣議決定を廃止してほしい④その沈静化に半月は必要と考えている」。22時50分終了、東京へ帰る。

3月25日（土）20時 Hニューオータニ（1535）島袋・末松と会議、「防衛庁より収め案として示された10°滑走路をふる案、カヌチャに近くなり宜野座の街中を通り、受け入れられない」、高度300メートル通過は全く問題ないと反論、「取引しないと言っていたのに二枚舌だ」とやり返す（4回目協議）

3月26日（日）家の前は休日というのに大変な記者 10時協議。大臣「今まで積み上げてきたことを議事録としてサインしよう」と提案。私より市長に言うが「嫌だ」と言って受け入れられない。大臣に相談し、対外応答要領として基本認識をまとめることには了解が得られる。次回の会合は大臣の強い意志で29日にセットで合意。1430市長は帰る。大臣室で今後の対応を協議、いよいよV字型の滑走路を出すこともやむを得ないとの考え、至急米国の了解取りつける必要、荷物用エレベータ

ーで記者を撒いて帰る〈5回目協議〉

この五回目の協議には額賀大臣は欠席している。L字案から反時計回りに「10度滑走路をふる案」を大臣が提案したにもかかわらず、前日の四回目の協議で名護市側がその案を拒否したためだった。

「俺は今日は出ないよ。君らだけでやってくれ。俺が怒っているところを見せといたほうがいいから」

それで、三月二十六日は私と北原巖男防衛施設庁長官が対応している。私は大臣室にいる大臣から指示を受けては、名護市側に伝えていた。

協議は普通、回を重ねると中身が決まっていくものだが、名護市との交渉ではまた同じ話が蒸し返される。前回、決めたはずのことなのに「反対だ」と振り出しに戻る。「地元にきちんと説明していないでしょ」と突けば、「いや、話してますよ」と適当に返事をする。その繰り返しだった。これを繰り返さないために合意議事録を作成し提示したが、名護市側はそれにもなかなか応じることはなかった。この日、大臣は渡邉土木課長に検討させていた「V字案」のアイディアを私に話した。

こうした中、政府は変更の考えがないことを示したのは、三月二十八日の小泉総理の発言だった。この日、夜七時から帝国ホテルの「なだ万」で会合が開かれた。総理が主催したこの席には山崎元副総裁、額賀大臣、そして私も入るように言われていた。

〈1900帝国ホテル地下「なだ万」女将《おかみ》が総理の迎えに出て、昨夜は中華を召し上がっておられますから今宵は日本料理、腕を揮《ふる》いますと挨拶《あいさつ》。総理は本店が大阪だと思っていて、ホテルニューオータニの庭園の中にあるのが本店と女将から聞いて驚く。

総理、山崎先生、額賀大臣、私の4人で会食しながら議論。

額賀　名護の連中　中々手強《てごわ》い。

山崎　歴代の内閣が甘やかしてしまったからだ。

総理　地元の意見を聞いてもチョットだけだ。1㎝だ。

山崎　1㎝というのは相手をバカにしている。1mにしましょう。

総理　今　俺がそれを言ったら大幅に緩めることになり、収拾がつかなくなる。1㎝たりとも動かさないの表現でいい。

守屋　今回の日米合意案の進め方は、過去の経験に学ぶ必要があります。長い時間と多額の経費を必要とします。内閣が代わっても、担当の官僚が2年単位で代わっても、政府としてぶれないで仕事をやりぬける枠組が必要です。地元が協力しなければ国の予算が投入されることはない法律を作る必要があります。

大臣・山崎先生同意され、総理は、党と政府との間で早くまとめよと指示。最後に山崎先生より省昇格の話を出したら、それはやる、これも与党内でまとめよと指示。しかし、今日の会議でそれを話したことは出さないでくれ。

2100総理が帰り、黒山のマスコミ対応の打ち合わせ　山崎先生が対応する〉

この日の昼、官邸からはこの席で総理が話すことを事前に詰めておきたいとの連絡が入っていた。その結果、「対山崎」には「百メートル動かすという提案は駄目だ」、「対額賀」には「地元に期待感を抱かせるようなことは言うな」と、総理から伝えることが決まっていた。実際、日記にもあるように、山崎元副総裁は「なだ万」で「一メートルくらい、いいでしょう」と総理に提案し、一蹴《いっしゅう》されている。

一方の額賀大臣はこの一週間前、総理と会談した後に「総理が微修正を容認した」と、会談後の記者の取材に対して話していた。これは翌日の紙面で大きく取り上げられていたが、その中で「政府案から一センチも譲らないということではない」と額賀大臣は総理の言葉として語っている。修正に応じる可能性について初めて発言したとして、マスコミでは受け止められていた。内々の話をなぜ漏らすのかと、これには飯島秘書官が立腹していた。

この「なだ万」での会合に私を入れたのは、沖縄、アメリカ、永田町（自民党）に総理がL字案は変えないというタイムリーなメッセージを示したいと考えたからだったと思われる。守屋はその小泉の指示を受けて動いているもので、守屋個人の「面子《メンツ》」で動いているのではないと明らかにするということだった。

翌日、この会合の一件は次のように報じられている。

小泉首相は28日夜、額賀防衛庁長官や山崎拓・自民党安全保障調査会長らと東京都内のホテルで会談し、在日米軍再編で焦点となっている沖縄の普天間飛行場（宜野湾市）の名護市辺野古崎への移設問題について意見交換した。首相らは、名護市側との修正協議について①政府案を原則とするが、1センチも譲らないわけではない②実現可能な案とする、との方針を改めて確認した。

（「朝日新聞」二〇〇六年三月二十九日）

「なだ万」での会合が終わると、私は六本木の全日空ホテルに向かった。午後十時から五閣僚会議が開かれるからだった。この会合は普天間問題ではなく、在日米軍のグアム移転経費負担要求についてどう対応するか話し合うものだった。

アメリカとの交渉も早急に進める必要があり、夜の会議となっていた。三五三〇号室に集まったのは額賀防衛大臣のほか、安倍官房長官、麻生外務大臣、与謝野経済財政大臣、小池沖縄担当大臣だった。ベッドルームが二つもある広い部屋で、大臣だけでなく各省庁五人くらいの幹部が付いていていた。

「真水を断り続けるのは難しい」

「その場合、負担額は国民感情からすると、五十くらいではないか」

「全体の所要見積もり額を、アメリカとの間で早急に詰めるのが優先」

そのようなことがここで確認されている。「真水」というのはキャッシュのことで、「グアム移設は日本の要請なのだから、移設費用は全額出せ」というのがアメリカの理屈である。それに対して所要額を詰めるのが先だということ、また、「相場観」として五十パーセントが上限だということを話し合っていた。

その後、経済財政、沖縄担当の両大臣が帰り、続けて三閣僚会議が行われている。

防衛費と中期防衛力整備計画の関係はどうするか、中期計画の中に在日米軍再編費用に充《あ》てるため一千億円の調整財源が入れてあるがそれをどうするか、安倍官房長官がイニシアティブを取り、この夜の話し合いは続いた。

この晩、帝国ホテルから全日空ホテルへ向かう途中、私は日比谷公園でいったん車を降りている。沖縄の状況を知りたかったからだった。誰もいない夜の公園で、私は儀間《ぎま》光男浦添市長と電話で話した。

このままでは名護市との協議はまとまらないばかりだと考えた私は、この数日前から儀間浦添市長や北部首長たちに連絡をとっていた。電話口で儀間市長は、沖縄の様子をこう伝えた。

「沖縄は政府案の受け入れを表明するべきだと、私は北部首長会のメンバーに言っています。政府は変わんないんだから、早く振興策の話を始めるべきだと。ところが名護市の島袋市長は、政府はそんなに急いでない、時間はまだまだあると、北部首長会のメンバーに説明している。島袋市長は政府の考えを地元にはきちんと伝えていない。だから沖縄では、政府のL字案を変えないという認識とは大きなギャップがありますよ」

北部首長会（沖縄県北部市町村会）は沖縄北部の十二市町村長で構成されていた。普天間移設問題で政府と交渉を始めた頃から、名護市は北部地域全体の問題であるとして北部首長会と緊密な連絡をとって対応してきていた。浦添市は中部だが、儀間市長は宮城茂首長会長と昵懇《じっこん》だった。

儀間市長の話から分かるのは、つまり、地元の意見だとして「反対派はリコールや住民投票を仕掛けてきかねない。島ぐるみで戦うつもりですよ」と口にしていた島袋市長の説明は、地元の総意でもなんでもないということだった。私は儀間市長に言った。

「それでは、島袋市長と末松助役は二枚舌交渉で決着を長引かせようとしているということですね。島袋市長が東京で言っていることと北部で言っていることとは違う。これは北部の首長と国が一緒の場で話し合わないと、解決はありません」

儀間市長によれば、島袋市長も末松助役も「焦《あせ》ることはない。政府は必ず名護の案に歩み寄ってくる」、地元ではそう言って、自信を持っているとのことだった。彼らの自信がどこから来るのか、私にはわからなかった。

北部首長にも東京に来てもらい、北部首長が集まった場で議論するしかない、そう私は考えていた。

この二日後の三月三十日、北部首長の宮城茂（東村村長・北部市町村会会長）、儀武剛《ぎぶつよし》

（金武《きん》町長・北部振興会会長）、志喜屋文康《しきやふみやす》（恩納《おんな》村長）、東肇《あずまはじめ》（宜野座村長）の四氏が防衛庁を訪れ、額賀大臣と会談を持っている。儀武金武町長は「政府案（L字案）のどこに問題があるか、地元では議論したこともない」と口にした。

この席では防衛庁が名護市側に伝えていることをあらためて説明し、島袋市長らが彼らに伝えていることとの違いを示した。支持してくれるよう要請すると北部首長たちは「みな政府案でいいと思っている」と、そろって同意した。

四月二日、岸本前名護市長の市民葬が地元で執り行われていた。島袋市長は「前市長の意思を受け、私は今でも政府案には反対」と表明していた。一方の額賀大臣は葬儀に出席する前に足を伸ばし、カヌチャを視察している。

カヌチャは名護市にある高級リゾートで、いくつものコテージが高台に並んでいる。フロントに顔を出さなくても泊まれるので、地元では有名人が使用していた。SACOの時に、古川官房副長官から大田知事と連絡が取りたいので捜すように言われたことがあった。手を尽くして調べたら大田知事はここに滞在していた。土日には連絡が取れなくなる大田知事が、ここで週末を過ごしていたとも噂《うわさ》されていた。

その上空をヘリコプターが通過するから危険だと、額賀大臣が言い出したのはつい数日前のことだった。ただし上空といっても二百三十メートルの高さがあり、その高さが確保されていれば、仮にヘリコプターにエンジントラブルなどの不具合があっても回避行動が出来、まっすぐ下に墜落することはない。

そもそも、L字案ではカヌチャの上空飛行の問題は発生しない。名護市豊原や安部の集落の上空通過を避けてほしいという要望を実現するために額賀大臣が出した「10度滑走路をふる案」とした場合に、その上空通過問題は発生するのである。額賀大臣はここを国が買い上げ、米軍のゴルフ場にしようというのだった。そのために岸本前市長の市民葬の前に、カヌチャを視察していたのだった。

沖縄から帰ると、大臣は私を呼んだ。

「君は自分の考えに合う人たちの意見ばかり聞いていないか？　沖縄の比嘉鉄也さんから、君を普天間問題から外してくれと抗議もあったよ」

比嘉氏は名護総合学園の理事長で、一九九七年まで名護市長を務めていた人物だった。普天間飛行場代替施設の受け入れの是非を問う市民投票の結果、反対が多かったにも拘《かかわ》らずヘリポートを受け入れると表明し、市長を辞任した経緯があった。

そして迎えたのが四月四日だった。この日、第六回目となる名護市との協議が行われた。

早朝八時に自民党の沖縄基地対策委員会が開かれていた。これは自民党の議員が自由に参加する会合だが、この席上、町村前外務大臣、石破元防衛大臣の二人が同じ意見を言っていた。

「防衛庁の面子で、日米関係や沖縄との関係を壊すべきではない」

委員会ではこの意見が主流をしめていると、そこに出席していた大古防衛局長から報告があった。委員長は大野功統前大臣だったが、山崎拓元副総裁が「防衛庁に強行しないよう求める」と結論づけたという。「なだ万」での様子はすでに述べたが、総理が修正には応じないと発言しているにも拘らず、与党の委員会では「修正に応じる」という議論が行われていた。

与党には沖縄側から接触があり、彼らと通じている議員がいることはよくわかっていた。大古局長は「防衛庁の旗色は悪い」、一方、官邸にいる深山秘書官は「飯島秘書官が山崎先生の発言を気にしている」と伝えてきていた。防衛庁が「面子」に拘《こだわ》っているというのは、彼らの発言をそのまま伝えたマスコミでも同じ論調となっていた。

たとえば四月二日のテレビ朝日「サンデープロジェクト」では普天間移設問題が取り上げられ、番組の中で外交防衛問題評論家の森本敏《さとし》氏（二〇一二年六月、第二次野田改造内閣で防衛大臣に就任）が「防衛庁は面子にこだわり過ぎ」と発言していた。「名護は受け入れの苦渋の決断をしたところ。そこが浅瀬案でOKと言っている」と発言していたのは、石破元大臣だった。唯一《ゆいいつ》、下地幹郎議員が「これは地元の巧妙な誘い水、応じたらまた普天間飛行場の移設は出来なくなる」と発言し、的を射ていた。

防衛庁の正門にはマスコミだけでなく反対派が押しかけていた。そのため、敷地の西口にある薬王寺門から名護市の一行を迎え入れている。この日、名護市に隣接する宜野座村では基地反対の村民決起大会が開かれ、約千人が集まっていた。

午後七時から名護市との協議が始まった。冒頭だけマスコミのカメラを入れ、大臣室で額賀大臣と私で島袋市長、末松助役と向かい合う。いつものことながら、末松助役は最初から喧嘩《けんか》腰《ごし》だった。

「浅瀬案のバリエーションでなければ、名護市は呑《の》めない」

それに対し、私が「L字案には騒音の面でも航空機事故の危険性を回避出来る面でも、問題はない。名護市がどうしてもと言うなら、建物の上空通過にならないよう配慮はする」と話している最中に、末松助役は「そんなの駄目だよ」「話になりませんよ」「それじゃ、交渉できませんよ」と、立て続けにチャチャを入れてくる。まともに話し合う気すらないようだった。

額賀大臣がそれを制した。

「政治家たる大臣が、市民から選ばれた市長と話をしている。末松さん、事務方は言うべきことをもう言ったんだから、ちょっと黙っていてくれ」

そう末松助役に言うと、大臣は島袋市長の方を向いた。

「お互い大臣の立場、市長の立場がある。オール・オア・ナッシングの考え方ではまとまらない。こちらは政府案を大きく変える案を考えているのだから、市長さんも譲るべきところは譲らないと。図面はアメリカと今、調整中なので、次の機会に渡します」

私は一瞬、耳を疑った。「政府案を大きく変える」と額賀大臣は言ったのだ。

この一言でその場は丸く収まった。「次回に修正案を見せる」、沖縄側に期待を持たせる内容だったからだ。ただしその後にもうひと悶着《もんちゃく》があった。次回、合意書にサインしてもらうと額賀大臣が提案したときだった。

「それは合意書ではなく、確認書にしてもらいたい。地元に示すのに合意書では説明できない」

「国としては今まで話し合い、合意した内容を文書にするのだから、合意書でいいのではないかと考える」

私はそう反論したが、名護市側は一歩も譲らない。合意書か確認書か、その点については引き続き話し合うことにして、いずれにせよ文書にサインするということを決めた。

私からは今日の会談の内容は「秘」とすること、マスコミには対外応答要領を国が作成するのでそれに基づいてお互いが答えることを要請した。同じ内容の対外応答要領を持っていないと、名護市側はまた「そんなこと言ってない」「国の考え方なんか聞いてない」などと、勝手なことを言うからだ。共通の応答要領は、五回目の協議から作成するようにしていた。

協議は午後九時三十分に終了した。

名護市側が地元に会談と違うことを伝えないよう、この日はすぐに北部首長会の一員である儀武剛金武町長に会い、会議の内容を伝える手筈《てはず》になっていた。「いままでの国との協議内容を私は名護市長から聞いてない」と儀武町長は言っていたので、東京に来てもらったのだった。

赤坂で儀武町長と合流し、私は虎ノ門《とらのもん》のホテルオークラに向かった。別館にあるバーで、大臣とともに先ほどまでの協議の内容を儀武町長に伝え、「地元にも説明して下さい」とお願いした。この場で私は「動かすのであれば」と断り、大臣にも自分の案を述べた。

「豊原の集落の十戸の建物の上空通過を避けるために、滑走路を百メートル海側に平行移動するという程度の修正は止《や》むを得ないかもしれません。そうすると航空機は、宜野座村の上を通ることになります。上空通過問題が起きるでしょうが、五百メートル以上の高度がある上空通過なので危険性の面からも騒音の面からも問題がありません。そのことを、宜野座の村長と議長には伝えておいたほうがいいでしょう」

大臣には宜野座村長との面談を持つことを了承してもらった。また儀武町長に頼み、その際には東村の宮城村長にも上京してもらうことになった。

「国の考えている案は、これではありませんか」

突然、儀武町長は折りたたんだ紙をカバンから取り出し、テーブルに広げ始めた。それは二本の滑走路が交差する修正案、「X字案」だった。儀武町長はその航空路が宜野座村の上を通ることも承知していた。設計士の資格を持つ儀武町長が自ら作図したものだという。驚いたことに、それは以前、渡邉土木課長から見せられた「X字案」そのものだった（図7）。ちなみに千五百メートル滑走路を一本新設すると、その建設費用として五百億円かかることを渡邉土木課長から説明も受けていた。

防衛庁の役人から、これが漏れるとは考えられない。私はなぜ儀武町長がこんな情報を持っているのか理解できなかった。手の内が読まれている。

額賀大臣は明らかに不快感を示していた。「いや、いや、こんなところで止めなさいよ」と儀武町長を制している。しかし、作成を命じたのは額賀大臣である。私は以前、官邸で二橋副長官が言っていた「大臣も修正案は知ってますよ」という言葉を思い出していた。

滑走路長	1600m×2本（敷地長1800m）
設置場所	キャンプ・シュワブ突端地区とその沿岸部を埋立
敷地面積／埋立面積	180ha／125ha
建設工法	購入土による埋立工法
特記事項	南側滑走路位置は、L字案の位置と同じ

その日、私が帰宅したのは午前零時をまわったころだった。

四月六日早朝、沖縄にいる佐藤那覇施設局長から連絡が入った。

「昨日、東京から帰った島袋市長や末松助役は、辺野古三区（辺野古、豊原、久志）と市議に初めて説明をしました。でもそれが信じがたいものなんです」

佐藤局長の報告では、末松助役は地元にこう話しているという。

「政府はもうひと押しで浅瀬案に降りてくる。だからL字案反対で市長一任を貰《もら》いたい」

ようやく市議たちに説明をしたかと思ったら、今度はまったく出鱈目《でたらめ》なことを地元には報告していた。

私はさっそく沖縄に電話をした。儀武町長を含む北部首長会のメンバーだけでなく、地元選出の国会議員、地元市議、県有力者、地元マスコミと、多くの人に防衛庁がまとめることに困っている状況を知ってもらって、対応策を教えてもらうためだった。

昼に定例の次官会議を終えると、頼んでおいた沖縄の情報が続々と入り始めた。「地元で説明させなさい」とみな同じ意見だった。名護市の「二枚舌」を封じるのが先決だとの考えだった。

東開発の仲泊弘次氏と面識のある人物は、こう知らせてくれた。

「仲泊さんは『政府と喧嘩するなと末松には言っている。押さえるのに必死だ』と話している。『末松が私の言うことを聞かなくて困っている』とも」

防衛庁を攪乱《かくらん》する情報が流されている。仲泊氏は地元で状況をそう言っておけば、まだまだ時間が稼げると思っていると私は見た。

また、官邸にまで沖縄側は情報操作を広げようとしていた。状況を説明し「明日、決着をつけます」とする私に、安倍官房長官は「地元はまとまっていない。難しいと思う」と答えた。地元がまとまらないも何も、それ以前に地元への説明が行われていない。市議たちに名護市から説明があったのも今日が初めてだ。

しかも、名護市が国と誠実に対応していないのにそのことは伝えられずに、防衛庁は名護市を説得出来ていないという話だけが伝わっていた。安倍長官には防衛庁以外からの情報が入っていた。しかしそれは交渉の現状を把握したものではなく、沖縄県と名護市の流す一方的な情報であった。

沖縄との合意はなるべく早く実現させたかった。この月末には再び「2プラス2」が予定されていた。米軍再編の第二段階「役割、任務、能力」、第三段階「在日米軍の態勢整備」について話し合うことになっている。

それもあって私は、ここで一気にかたをつけるのが「対沖縄」の最善策だと考えていた。この日昼には、渡邉土木課長を在日米軍に行かせている。沖縄の海兵隊工作部隊に大臣が作成させたX字案を説明させ、果たしてこの案が米軍も納得するものなのかの確認を済ませていた。海兵隊の感触は良かった。

ところがまた名護市側がごね出していた。佐藤局長からの報告で「明日昼に市長が名護市議に説明すると決まったそうです」と聞き、名護市長が私たちとの協議を先延ばしにしようとしていることを知った。それは明日の協議を市長が拒否するというサインだった。

「明日来いと俺は市長に電話しているんだが、いろいろ用事があるので四月十日以降にしてほしいと言ってきている。俺は明日でないと駄目だと押し切ったよ」

そう大臣は言った。私は「北部首長を呼びましょう」と提案した。名護市側がまた合意から逃げようとしている。大臣は「北部首長を呼ぶのは、合意してからでもいいんじゃないか」との判断だった。

「明日は一気呵成《かせい》に行うべきです。市長が応じようとしないときには、彼らの力が必要になります」

私は大臣の了承をとり、その場で儀武金武町長に電話をし、北部首長たち六人の上京を依頼した。二時間ほどして儀武町長から返事が来た。

「宮城村長に電話をしたら、今回政府がまとめるならば行くと言ってます。そうでなければ行かないと」

北部首長会は政府の決意がどれほどのものか、推し量ろうとしていた。確かに政府の優柔不断さは嫌というほど見てきている。加えて、沖縄の地元では「まとまらない」との情報が飛んでいた。私は強く頼んだ。

「必ず今回決めます。必要なので来て下さい」

「それなら北部の首長に明日、上京してもらいます。でも守屋さん、もう取り消しはききませんよ」

私は「分かってます」と答えて電話を切ったが、その電話のすぐ後に大臣から電話が入る。夜九時三十分のことだった。

「いろいろ考えたが、北部の首長を呼ぶのはまだ早い。取り消してくれ」

大臣はあの後、たぶん名護市長と話をしたのだろう。名護市長から「明日行きますから、北部の首長を呼ぶのは止めてください」と頼まれたのだろう、私はそう感じていた。

「儀武さんにはもう了解をもらいました。すでにみなさん自分の都合を断って、家を出て那覇に向かっています。いまさら変更することは難しい状況です」

沖縄の北部から那覇に出るには、車で数時間かかる。上京する際には彼らは那覇で一泊し、午前中の早い便に搭乗することになる。それをこの段になって引き返してもらうのはどうかと、私は大臣に意見した。

「しょうがないなあ、それじゃあ」

大臣は私の主張に折れた。

帰宅すると家の前に記者が十数人、張り付いていた。私は何も答えずに家の中に入った。その後、沖縄の佐藤局長から電話があった。

「さきほど八時、知事公舎で名護市長が知事に会いました」

先方も明日はそれなりの覚悟をして来るなと、私は思った。

第三章
十年の時を経て

大浦湾を挟みキャンプ・シュワブを望む

翌日、四月七日は朝六時に目が覚めた。朝刊を開く。

この日は民主党の代表選が、小沢一郎氏（前副代表）と菅直人氏（元代表）の二人が争う形で行われている。新聞一面に掲載された直前の代表選の予想記事の隣に、「普天間移設　国、再修正案提示へ　きょう最終調整」との記事が載っていた。また小泉内閣が戦後三番目の長期政権となったことも、同日、報じられていた。

記事の中で島袋市長は、「政府側から大幅な譲歩が得られた」「名護市側が受け入れるかどうかは、図面を見てから判断する」とコメントしていた。前日に知事公舎で稲嶺知事に会った際、「県としては政府案には応じられない」と改めて言われたことにも触れていた。

新聞の論調は、合意取り付けは難しいとのものだった。「防衛庁のお手並み拝見」「政府内も米国も沖縄の地元も様子見」、そのような書き方をしていた。私は大方の

「期待」に反して何とかまとめてやろうと、あらためて決意していた。

「力が湧《わ》いてきた」

日記にはそう記している。

儀武金武町長に電話をすると「北部の首長から島袋市長にずいぶん言ってやった。市長はまとめると言ってますよ」、儀間浦添市長からは「自信を持って決めてください、大丈夫、決めても島ぐるみ闘争にはなりません」との激励の電話をもらった。彼ら北部首長たちが島袋市長を説得してくれている。一方で沖縄の連合が「名護市の浅瀬案は環境を破壊する」と、運動を起こそうとしているとの情報も聞いた。

登庁すると官邸の深山総理秘書官から連絡があり、「飯島秘書官が牛肉問題でメザーブ公使と話す」という。この時期、BSE問題に端を発した日米食肉輸入摩擦が起きていた。「普天間問題で何か手助けすることはないか」との言づてだったので、私は深山秘書官に伝言を託した。

「防衛庁が名護市と合意する場合は、合意書に図面を添付することを考えています。その図面添付について、アメリカ側の了解を取り付けていただくとありがたいのですけれど」

米国防総省副次官のリチャード・ローレス氏がこれに反対していたからだった。

その後、アメリカ大使館に図面の件を説明し、ローレス副次官の許可に一応こぎつけた。ローレス副次官は「米国と交渉中であって、その図面は決定したものではない」と、名護市側に注釈付きで見せるよう、求めてきた。これを了解し、名護市側との会談に臨んだのである。

十二時三十分、沖縄にいる防衛施設庁の職員から、「島袋市長一行が沖縄を出ます」との情報が入っていた。協議の直前に様子見に訪ねてきたジェイムズ・アワー元国防総省日本部長は、私のネクタイを見てこう言った。

「普天間は今日、決めるつもりですね。顔の表情がとてもいい。明るいネクタイは決意を表していますね」

私はその日、いつもとは違い、オレンジ色のネクタイを選んでいた。上京を依頼していた北部首長たちも、防衛庁に到着していた。

こうして第七回目の名護市との協議は始まった。午後四時、大臣執務室にマスコミのカメラ八台が入り、百人を超す報道陣が集まった。頭撮りだけ許可し、その後、名護市側と向き合った。それまでの合意事項を確認した後、前回提示を約束し、用意していたX字案の図面を彼らの前に広げると、島袋市長、末松助役の二人が大声で異議を口にした。

「こんなのごまかしだ。こんなもの持って帰ったら、私らは吊《つ》るし上げられる」

加えて「浅瀬案のバリエーションで進めるべきだ」と言い始める。この対応には、さすがに私も声を荒らげていた。

「何のためにこれまで六回も協議を重ねてきたのか。防衛庁は浅瀬案は取れないと何度も説明しているじゃないか。L字案を基本にして考えると、再三再四、繰り返し言ったはずだ。それもこの大詰めになってから元に戻すなど、とても誠実な対応とは言えない」

一方、額賀大臣はやさしく持ちかける。

「名護市が一番気にしていた住宅の上空飛行を避けるというのが、私と市長の合意だったはずだ。なぜこれが駄目なのか、知りたい」

これ以降の名護市側とのやりとりは、メモしてある。

末松「滑走路の両端の延長が名護市の区域にかかっているから駄目である」
私　「二本の滑走路を使い分けるから、住宅の上は飛ばないようになっている」
末松「次官は米軍の飛行の実態を知らないから、そんな素《す》っ頓狂《とんきょう》なことをいえるんだ。米軍が飛行コースどおりに飛ばないことは地元では皆経験で知っている」

私「米軍を信用できないというならどうしたいのか」
末松「浅瀬案のバリエーションで３００ｍ沖合いに滑走路を出して欲しい」
私「それは計画の実現可能性（反対派の妨害活動）と海の自然環境をより大きく破壊するので、政府として応じられないと言っている。それに米軍ヘリコプターが飛行コースを守らないというなら、３００ｍくらい下がっても五十歩百歩の類《たぐい》の話ではないか」
末松「市長、これでは話にならない。協議はこれまでです。帰らせてもらう」
私「これまでの合意を無視して、一方的な主張をするのは誠意に悖《もと》る」
大臣「まぁまぁ角を突き合せないで、末松さん落ち着きどころを言ってみてよ」
末松「３００ｍ下げる案がベストである。しかしどうしてもと言うなら２００ｍ下げる案でもいい。しかし、この案では宜野座村の上に滑走路の延長線がかかる。その説得は国がやって欲しい」
私「その案は宜野座村が呑《の》まない。だから双方の立場が生きるように、滑走路を新たに一本増やし、Ｘ字に交差させて住宅地上空飛行を避ける案を考えたのだ」
末松「市長、市の事務方で検討する時間が必要だから休憩をとってください」

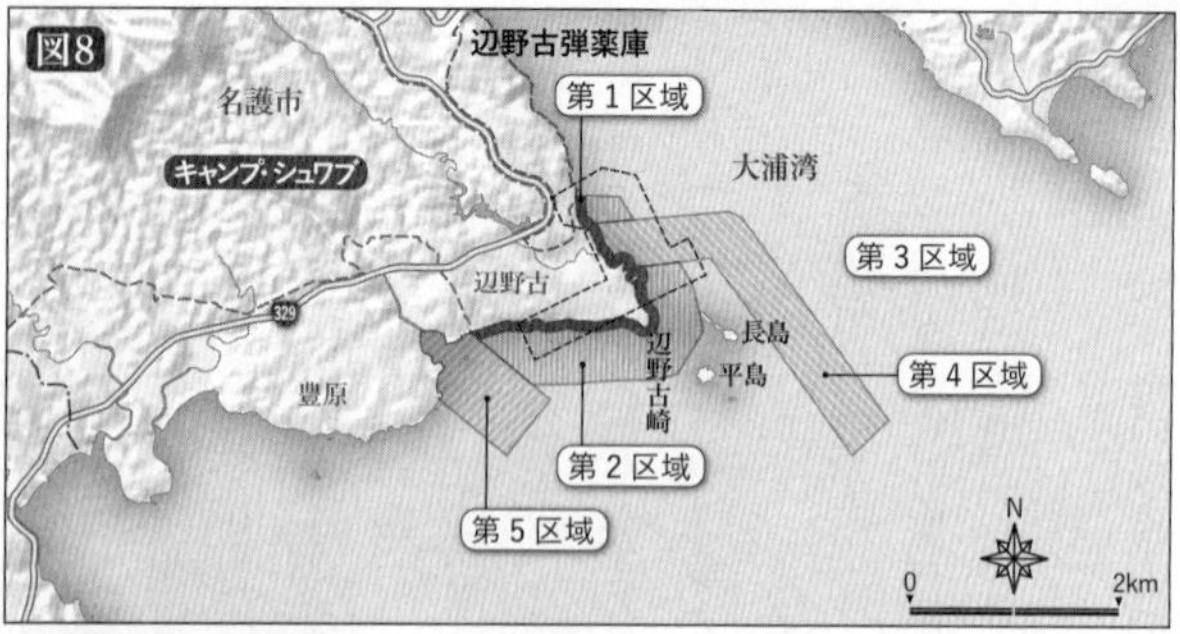

施設及び区域の範囲

第１区域	常時立入の禁止
第２区域	常時立入の禁止（ただし、妨げとならない小規模漁業は除く）
第３区域	船舶の停泊、係留などの禁止（ただし、妨げとならない漁業は除く）
第４区域	潜水などの禁止（ただし、妨げとならない漁業と船舶の航行は除く）
第５区域	妨げとならない漁業と船舶の航行に制限無し

大臣「それなら30分休もう」

名護市側が主張する「三百メートル沖合に」というのは、L字案よりさらに三百メートル海側に滑走路を出すことで、沖縄県防衛協会北部支部が提案し米国も受け入れた浅瀬案（名護ライト案、71頁《ページ》）に限りなく近づけることを意味している。その海域は日米安全保障条約第六条の「施設及び区域」（図8、L字案はクリア）として常時立ち入り禁止の制限が付いている海域から、建設される施設の大部分が離れることになり、環境団体や反対派の妨害活動を受ける結果を招く。

そもそも軍民共用空港は「施設及び区域」の外に作る計画で、環境団体や反対派の妨害活動を受けたのであった。そのために軍民共用空港案は手すら付けられないままに、八年近くもの年月が過ぎたのである。

その前提でこれまで話をしてきたのに、名護市側はまたそこに戻ろうとするのだった。しかも「米軍機は飛行コース通りに飛ばない」と言いながら、航空機の速度ではまったく意味のない「二百メートル、三百メートルの変更」を口にするのである。場は荒れたが、額賀大臣は終始、穏やかだった。

午後五時、いったん休憩に入った。市長と助役は隣の大臣応接室に引き上げた。私が「頑張れば政府は名護の案に降りてくると、彼らは考えていますね。事前の情報の通りでしたね」と言うと、大臣は「連中はまだまだ疲れていない。俺は今日は徹夜覚悟だ。朝までという思いで来た。先を急がず、ゆっくりやろう」と名護市の不実さを批判するでもなく、まったく応《こた》えていない感じだった。茶を飲み、飴《あめ》を舐《な》めている。ちなみに額賀大臣は飴が好きで、いつも近くに置いていた。

三十分後、応接室から島袋市長と末松助役が出てきた。滑走路の基点を同じにして、新たに作る滑走路を海側に大きく開く案を示す。一番大きく開いた滑走路の先は三百メートル沖合に移動した地点になる。それはL字案と名護市の打ち出した「滑走路五百五十メートル沖合移動案」の間を採った、バリエーション案であった。私は咄嗟《とっさ》に

「これでは駄目です」と言った。

それがV字案だった。辺野古崎の東南に位置する平島と長島の二つの無人島により接近し、L字案よりも埋め立ての面積が大幅に広がる。それはおよそ四十五ヘクタール、東京ドーム九個分、増えることになる。

大臣が私を通さず事務方に修正案を検討させていたことは前にも述べたが、このV字案も確かにその中にあった。それが大臣から出てくるのなら話は分かるが、名護市側から提示されたから私は驚いた。しかも、防衛庁で設計した図面と同じものを持って来てのことだ。そして末松助役が「折角歩み寄ったんだから、事務方同士で検討させてくださいよ」と大臣に哀願すると、大臣はそれを了承したのである。

大臣「いいよ、事務方を入れて検討しよう」

双方の事務方（防衛庁は渡邉土木課長　林部員　名護市は3人の部課長）を入れて検討を行なう。

渡邉「名護市案は藻場の喪失面積が大きく、提供施設の立入制限区域からはみ出す部分が多くなる。辺野古区民が大切にしている『平島・長島』にも近づくことになり論外です」

私「これでは、政府内で、防衛庁の今までの説明は何だったのだとなる」
末松「それなら陸上ギリギリまで近づいていいです」
渡邉「それでも浅瀬案のバリエーションで滑走路を２００m海側に動かしたのと同じことです」
私「豊原地区の上空通過を避けるためと言うが、そこにある10軒の家は人が住んでいないのだから飛行ルートがかかっても問題ない」
末松「ギリギリかかっていない格好ならいい。今回は合意するつもりですから正確に言っていただかなくていい」
私「それならギリギリで作図する」
1739次官室へ施設庁建設部の技官を入れて作業。
　ここに出てくる渡邉一浩土木課長本人が、以前、大臣から指示されてそのV字案の図面を引いていた。大臣の前で「それは私が作成したものです」とはさすがに言えない。渡邉課長は以前に私にしたのと同じ説明をして「この案は論外です」と名護市側に反論したが、その線で再び作図することになったのである。ここで決着まで持っていかないと、また名護市側が話を元に戻そうとするのは十分予想されていたからだった。

五分後、協議が再開された。引き直された図面を見て、末松助役が「滑走路の延長線が安部集落の上空を通るので、作図でいいから海側通過にして欲しい」と注文すると、これも大臣が了承し、再び次官室に戻り作業を始める。この妥協が後に名護市の「バリエーション議論」の根拠になっていくのだが、三十分ほどして出来上がった図面に対し名護市側は合意を口にした。

この後、食事を挟み、合意書の作成について協議した。前回主張した通り、名護市は確認書ベースで作成してきたが、「ここまで譲ったのだから合意書にしてくれ」と私が押し通した。名護市が用意してきていた確認書案の前文を取り入れて、合意書で作成することになった。

こうした経緯を経て、V字案（図9）に落ち着いたのだった。これに対し名護市側も「勝った」とは思っていないだろう。私も決して納得はしていなかったが、大臣が「いい」と言っている。官僚の私が「満足できない」と口を挟む話ではない。このあたりが落としどころではないかと、私も一応は納得していた。痛みわけというところだった。

名護市側が求めた「L字案を三百メートル海側にずらす」案よりも、浅瀬の埋め立

図9 キャンプ・シュワブV字案

滑走路長	1600m×2本（敷地長1800m）
設置場所	キャンプ・シュワブ突端地区とその沿岸部を埋立
敷地面積／埋立面積	205ha／150ha
建設工法	購入土による埋立工法
特記事項	環境アセス手続きで「準備書」まで了

て面積は半分の四十五ヘクタールで済んでいる。名護市側も「もうこれしかないだろう」と考えたのだろう。しかもその案は、額賀大臣が沖縄に譲歩した形で、しかも事前に示していたものなのだ。

　協議が終わった時、島袋市長と末松助役からは握手を求められ、お礼を言われた。私は内心、不愉快だった。あれだけ怒鳴りごね続け、失礼な言葉も散々、私たちに浴びせてきたのに、よく気持ちを切り替えられるなと不思議な気すらしていた。戦い終わればそれまでの確執は水に流す、恩讐《おんしゅう》の彼方《かなた》なのかと、彼らを見ながら考えていた。それが沖縄の人なのか。

官邸の深山秘書官から電話があったので、次官室に戻ってから妥結したことを飯島秘書官に伝えた。飯島秘書官は我がことのように喜んでくれた。「まとまるとは思っていなかった」と言われた。

「ようやく終わったな」

午後九時から始まった共同記者会見に立ち会いながら、私はホッとしていた。SACOの合意からは十年目、小泉総理に直接説明した日から数えると、すでに一年七ヶ月が経《た》っていた。前年のリチャード・ローレス副次官との交渉も骨が折れたが、沖縄もまた手強《てごわ》かった。何とかここまで漕《こ》ぎ着けた。

私は額賀大臣の隣に用意された椅子《いす》に座っていた。額賀大臣と島袋市長を中心にして、北部首長が並んだ。会見場には入りきれない記者たちが、廊下にまで溢《あふ》れているのが見えた。

続いて上空通過となる宜野座村との合意書作成。これには上京をお願いした北部首長たちに立ち会ってもらった。午後十時になって再開した会見で、宮城東村長はこう述べた。

「振興策と基地の受入れは別物という、本音と建前の時代は終わった」

この発言は記者の耳目を驚かしたようだった。

私は宮城村長の発言に接して、一九九七年十一月、内閣審議官だった頃、官房長官を退任して間もない梶山静六議員に同行を命じられた時のことを思い出していた。海上ヘリポートの是非を問う市民投票を控え、地域振興策を条件に建設を受け入れる人々の応援に行くためだった。辺野古での会合で梶山元長官は「愛郷無限」の言葉を出し、「郷土を愛している」ことを強調しながら自らの経験を語った。

「私が茨城県議だった時に、地域振興と安全確保を条件に東海村の原子力発電所の受け入れを決めた。その時は毒を飲む覚悟だった。美しい郷土の土地を提供し国の施策に協力してくれる辺野古の人々の思いに、国は必ず応えることを約束する」

会場の参加者は名護湾の「ヒートゥー（イルカ）狩り」になぞらえ「ユイムン（寄り物＝天から授けられた宝物）」が来たと喜び、会場はその熱気で満たされた。

あれから八年の時が過ぎたが、北部振興策は実施されても普天間飛行場の移設問題はまだ解決されていない。現に負担で苦しんでいる人がいるのにと思うと、胸の内は複雑だった。

次官室に戻った私は、額賀大臣から総理、官房長官、外務大臣への電話の手配を指示した。この日のような大きな案件が合意した場合、大臣自らが電話で直接、お礼を述べなければならないからだった。これに与党の幹事長、総務会長、政務調査会長も加える。こうした役職の人物には、漏れのないように大臣から電話を入れる必要があった。

事務方同士でその時間と手はずを整える。電話をする順番も、先方に失礼がないように調整することが肝要だった。それから与党の安全保障関係議員およそ二百人への連絡を今夜のうちに手分けして行なうよう、文書課長に指示をした。こちらは事務方で補うことになる。ミスがあったら後日、「なぜ俺のところに連絡が来なかったんだ」と叱《しか》られることになる。

手配をすると同時に、これまで世話になった人たちにも、私はお礼の電話をかけ続けた。一方、大野前大臣からは電話をもらった。

「守屋君、よかったな。人の対応を引き出す次官の思いに頭が下がるよ」

私はうれしかった。

この晩は十一時過ぎに、ホテルニューオータニのバーに額賀大臣が席を取ってくれた。大臣はたいそう機嫌が良かった。名護市長と北部首長を招待し、お疲れ様の乾杯をした。島袋市長は疲れている様子が見て取れた。当選後二ヶ月で、この交渉はよほどの心労だっただろう。

日付が替わり帰宅すると、記者二十人ほどに囲まれた。

四月八日、名護市と防衛庁との合意は、各紙で大きく取り上げられた。その扱いは民主党の小沢代表誕生のニュースより、はるかに紙面を割いて報じられていた。

一方で沖縄の稲嶺知事が前夜、「まったくの想像外」「合意は名護市の主体的な判断でなされたもの」「県は県のスタンスを堅持したい」と発言したことや、「合意案は事前に知らされていない」「沖縄県への押し付けだ」「ジュゴンの餌場《えさば》への影響がより大きくなる」「基地の苦しみを子孫に残してはいけない」といった、交渉の事実や合意案の内容を正確に伝えていない住民のコメントが紹介されていた。

この日、上京した稲嶺知事は額賀大臣と防衛庁で会談を持っている。

防衛庁と名護市が再修正を行うことで基本合意したのを受け、移設先の海面の埋め立て権限をもつ沖縄県の稲嶺恵一知事は8日午前上京し、額賀防衛庁長官と同庁で会談した。稲嶺氏は日米が昨年10月に合意した名護市辺野古崎への移設を基本とした再修正には応じられないとして、計画に反対する考えを伝えたとみられる。

（「朝日新聞」二〇〇六年四月八日夕刊）

以前、交渉の最中に私に沖縄県の比嘉良彦《ひがよしひこ》・県政策参与と府本禮司《ふもとれいじ》・基地防災統括監が「名護がOKなら、県もOK」と発言したことがあった。それならば一気呵成《かせい》に決めてしまおうと、私は額賀大臣と相談していた。午前十一時二十七分から二人の会談は始まっている。

額賀大臣はこの日、稲嶺知事を小泉総理に会わせようと考えていた。ところが会談は冒頭から緊張した雰囲気だった。稲嶺知事はあきらかに動揺が見て取れた。

「北部が合意するとは思っていなかった。県は反対というこれまでのスタンスは、様子を見る必要があるでしょうね。でもそれは今は変えられない」

稲嶺知事は終始、強張った表情だった。私は県のこれまでの主張を踏まえて、知事を総理に会わせることで一気に決着させてしまえると考えていたが、大臣は知事の反応を見てそれを見送ることにした。飯島秘書官に伝えると「稲嶺がそういう態度なら、無理に総理に会わせることはない」との考えであった。

同時に北部首長を総理に会わせるという案も、止《や》めることになった。ここで知事をあまり追い詰めることは避けようという判断だった。

名護の島袋市長も「帰りの飛行機の時間が迫っている」との理由で知事との面会を

断ってきていた。便を変更すればいいだけなのに、知事に会いたくないということだった。

夜になって琉球新報の論説委員から電話が入る。

「守屋さん、国を売りましたね。滑走路を二本にして基地強化を図るなんて、守屋さんらしくないじゃないですか」

私は怒りがこみ上げるのを抑えられなかった。

「俺じゃないよ、二本の滑走路にしたのは。沖縄じゃないか」

私は地元の要望に応《こた》えて妥協した案であることを説明した。

週が明けた四月十日、私は小泉総理に報告するために、額賀大臣とともに官邸に向かった。総理は「よくやった」と上機嫌だった。

「防衛・安全保障は国の専管事項だから、地方は国と対立すべきでない。条件闘争ならいいが。しかし国は頭越しでやっては駄目。我慢に我慢を重ねて合意を取るべき。その意味で防衛庁はよくやった。後は知事だ」

そう言うと、総理は私に向いた。

「次官、これは慌《あわ》てて知事に合意を取ることはない。ゆっくりでいいぞ。この二ヶ月間、アメリカも党もだらしなかった。ローレスという男は昨年十月の時も、今回もいろいろ言ってくるが、なぜか最後は脆《もろ》いね。党も同じ。医師会と同じで利権の代弁者となって発言しているのかね。みんなあれだけ反対したんだから、この決着では駄目ですと一人ぐらい俺のところに言ってくる奴《やつ》がいてもいいんじゃないかと思うね」

話はグアム移転経費の予算計上の問題と、米軍再編特別措置法案の立法化の話に及んだ。

「終盤国会になるべく法案を出さないという考えは多とするが、そういう説明では国民に判《わか》りづらい。今回のグアム移転はなるほど沖縄県民の負担軽減をしたいという日本側のイニシアティブで出したものであるが、米軍がこの地域に軍事力をおくというのは、アメリカの国家戦略・国益である。グアム移転によってより安定的にアメリカの抑止力が維持されるなら、それは日本の国益にも適《かな》うものであり、それに日本が協力しているという面もある。一方的なものでなく、日米協力事業と考えるべきであるという考えで交渉に臨むべきだ」

総理はグアム移転の経費について、アメリカ側が日本に負担させようとしていることへの反発に対して、そのような考えで政府は臨むべきだと明言したのだった。

私は説得力のある話し方に、総理の言葉の重みを改めて感じた。そして総理は、

「その交渉は額賀君に一任する」と最後に断言した。交渉を担当するのは、外務省ではないということだった。

執務室を出ると、もの凄《すご》い数の報道陣に囲まれた。額賀大臣に記者対応をお願いして、私はそれを潜《くぐ》り抜けた。

庁に戻ると、衛生課長から名護市への医官派遣について相談を受けた。この時期、全国的に産婦人科医不足が深刻な状況として報道されていた。「たらい回し」の末、妊婦が死亡するという事件が起こるに至り、国民の関心がさらに高まっていた。名護市および北部十一町村にはひとりも産婦人科医がいない。それで名護市は防衛庁に医官を派遣するよう、以前から要請してきていた。

その依頼は名護市から沖縄担当大臣の小池百合子議員に当初、持ち込まれていた。小池大臣は「自衛隊だったらお医者さんがいるでしょ。出してあげなさいよ」と、防衛庁にその話を振ってきたのだった。

防衛庁は防衛医科大学校病院を持っているが、さらに自衛隊は隊員及びその家族のために東京のほか、陸上自衛隊が札幌、仙台、富士、伊丹、福岡、熊本、別府、海上自衛隊が大湊《おおみなと》、横須賀、舞鶴、呉《くれ》、佐世保、航空自衛隊が三沢、岐阜、那覇の各地区にそれぞれ病院を持っている。これらの病院は当初は自衛隊員とその家族だけを診療対象としていたが、近年になって一般にも開いている。

そこには産婦人科医はいるが数が少なく、どこも手一杯の忙しさだった。しかし沖縄側と困難な交渉を続けている最中、国として少しでも地元の理解が得られるならばとの思いで大野大臣の時から検討を始め、額賀大臣がこれに応じることにした。

以前、沖縄の無医村である離島の伊江島に医官を三年間、一年交代で派遣したことがあった。村長から「何とかしてほしい」と大臣が頼まれたからだった。その時の経験から一年間通しての派遣は一人の医官にとって負担であるとして、名護市とは三ヶ月交代でと話をしていた。往復の飛行機代と食費、住宅費は名護市が出すが、派遣は長期出張扱いとし、その間の給与は防衛庁が持つことで話がついていた。

防衛庁の義務ではないが、こうした沖縄の依頼には政府は極力、応えてきていた。

一九九九年四月、小渕恵三《おぶちけいぞう》総理が九州単独開催が有力視されていたサミットの沖縄開催を決定したのも、普天間問題の早期解決を図るとともに、国際会議の場として沖縄を積極的に活用しようという思いの表れだった。

その後、総務部長から情報がもたらされた。

一月に発覚した防衛施設庁の談合事件に絡《から》み、「地検は福岡局案件にシフトした」という。前に触れた佐世保の米海軍基地ジュリエット・ベイスンの管轄《かんかつ》は、防衛施設庁の福岡局だった。その談合疑惑の捜査が本格的になってきたという情報だった。

四月二十一日、額賀大臣がワシントンに向かった。アメリカのドナルド・ラムズフェルド国防長官と在沖縄海兵隊のグアム移転費について話を詰めるためだった。大臣が庁から成田へ出発した後、私は帝国ホテルで講演を行っていた。それは額賀大臣が依頼されていたものだったが、自身が訪米で不在となるため、代わりに私に行くよう大臣から指示を受けていた。時事通信社の「内外情勢調査会」主催の講演会で、私は聴衆約三百人を前に米軍再編について話をした。

その後、会場にいた記者から、米軍再編経費の日本負担分について質問が飛んだ。

「総額二兆円くらいじゃないでしょうか」

私はそう発言したが、それが報道され問題となった。日米の会談が開かれる前にその金額を明かすとはどういうことだ、米国に押し切られたのかと、非難が政府内外からあがった。

ローレス副次官が「在日米軍再編経費総額は三兆円で、そのうちグアム移転経費は一兆円。日本側は移転経費の七十五パーセントを負担せよ」と発言していたのに対し、「それは精査された金額ではない。実際にはそのような金額にはならない」ということとを言っておく必要があると考えて、私はその額を口にした。政府内ではローレス副次官がそのタイミングで発言したのは、米側の予算承認権を握る米議会の理解を得るためではないか、との見方も広がっていたからだった。

二十三日（日本時間では二十四日）に、日米会談は開かれた。その中でグアム移転経費総額百二億七千万ドル（約一兆千九百億円）のうち日本は六十億九千万ドル（約七千億円）、五十九パーセントを負担することが合意された。六十億九千万ドルのうち、アメリカ政府に直接提供する資金は二十八億ドルで、残り三十二億九千万ドルは家族用住宅建設などのための資金として長期融資されるもので、日本政府に戻ってくることになっていた。これはその後、2プラス2を経て、在日米軍再編の「最終報告」で正式に合意する方向となった。

しかし私の発言についての批判は、尾をひいていた。二十七日になって、飯島秘書官からも注意を受ける事態となった。

「次官、そういう発言をすると、官僚が独走していると受け止められる。しばらくおとなしくして、沈静化をはかったほうがいい」

電話でそう伝えられた。

その日午後、事務次官会議が終わると安倍官房長官に呼ばれ、私はグアム移転経費について説明に赴いた。財務省から防衛庁に出向している門間大吉会計課長とともに、官邸に向かった。

「アメリカはグアム移転経費総額のうち七十五パーセントを、日本が負担するべきだと要望していました。それに対して額賀大臣は『米国はグアム移転経費の負担割合の話ばかりしているが、日本側には国内での米軍移転経費の負担の問題がある。その日本側の見積もりが二兆円もある』と言って交渉した、その結果の今回の合意です」

日本の負担額として挙げた金額はアメリカとの交渉のために作った数字で、もともとラフに見積もっている。本来ならアメリカ側の見積りを待たなければならないが、それもない状況で交渉せざるを得なかったので、日本側で粗い見積りをしたものだった。

「今後、国内における米軍再編経費を、日米間で交渉して詰めていくものだと考えています。仮に総額を確定しても、それがそのまま上乗せされて現在の在日米軍駐留経費が増えていくものではありません。今回の合意とSACO合意で返還が実現していないものと、SACO以前に合意して返還が実現していないものを合計すると、沖縄には五千ヘクタールの米軍基地が返還されます。それにより沖縄の米軍基地の地代や駐留軍従業員給与、光熱水料の大幅な削減が図られますので、実際の負担総額はずっと少なくなります。また十年近い期間をかけて実施されるので、各年度の在日米軍駐留経費が極端に増えることはありません」

日本は交渉で、手の内を明らかにし過ぎる傾向がある。なんでもオープンにしろというのは、交渉においてけっして得策ではない。それは政府も同じだと、私は考えていた。

あまり詰まっていない段階だから合意できるということもある。だから私は額賀大臣が国益を考えた上で、ラムズフェルド国防長官と厳しい交渉を渡り合い合意に至ったものであることを理解してほしいとの意図で、説明したものであった。

安倍官房長官は理解を示した。飯島秘書官にも同意をもらい、その上で総理執務室に門間課長と深山秘書官を連れて入り、総理に同様の説明をした。

総理の飲み込みは早かった。

「日本はこれからの問題だということで、まだその内訳に入らない方が相手を刺激しなくていい」

そして「額賀がよくやったということだな」と褒めていた。

庁に帰ると文書課の吉田企画官から、防衛庁の省昇格法案に対しての各省の反応が報告された。省昇格について、この時期、各省と協議を始めていた。

「外務省は防衛省の任務に安全保障の文言を入れることに反対です。また、国交省は海上保安庁を統制する文言が入ることに反対しています」

外務省と安全保障を巡って確執が続いていたことは、ここまでにも何度も述べてきた。安全保障はそれまで外務省の専権事項だったからだ。一方の海上保安庁は、自衛隊法第八十条で有事の際には防衛庁長官の統制下に入ることが決められている。海上保安庁を外局として持つ国交省はそれが嫌なのだった。

この日は夕方、赤坂のキャピトル東急に歴代防衛庁長官と政務次官が集まっている。同ホテルは議員会館のうしろにあり、国会議員が駆けつけるのには便利で、特に庁舎が永田町から離れている防衛庁はよく利用した。省昇格について額賀大臣より協力依頼をするためだった。省昇格に向けて彼らに士気を上げてもらうのが目的だった。

五月一日にワシントンで開かれた「2プラス2」では「再編実施のための日米のロードマップ」が取り交わされている。「再編を実施することにより、同盟関係にとって死活的に重要な在日米軍のプレゼンスが確保されることとなる」とした上で、再編についてのスケジュールが明記された。

○普天間飛行場代替施設の建設は、二〇一四年までの完成が目標とされる。代替施設への移設は、同施設が完全に運用上の能力を備えた時に実施される。

○約八千名の第三海兵機動展開部隊の要員とその家族約九千名は、部隊の一体性を維持するような形で二〇一四年までに沖縄からグアムに移転する。対象となる部隊はキャンプ・コートニー、キャンプ・ハンセン、普天間飛行場、キャンプ瑞慶覧および牧港補給地区といった施設から移転する。

○キャンプ座間の米陸軍司令部は、二〇〇八米会計年度までに改編される。その後、新しく組織された陸上自衛隊中央即応集団司令部が、朝霞駐屯地から二〇一二年度（日本国の会計年度）までにキャンプ座間に移転する。

○航空自衛隊航空総隊司令部および関連部隊は、二〇一〇年度に横田飛行場に移転する。施設の使用に関する共同の全体計画は、施設およびインフラの所要を確保するように作成される。横田空域の一部について、二〇〇八年九月までに管制業務を日本に返還する。返還される空域は二〇〇六年十月までに特定される。

○横田空域全体のあり得べき、返還に必要な条件を検討する。

○第五空母航空団の厚木飛行場から岩国飛行場への移駐は、F／A－18、EA－

6B、E－2CおよびC－2航空機から構成され、必要な施設が完成し訓練空域および岩国レーダー進入管制空域の調整が行われた後、二〇一四年までに完了する。

また普天間飛行場代替施設は、あらためてこう記された。

辺野古岬とこれに隣接する大浦湾と辺野古湾の水域を結ぶ形で設置し、V字型に配置される二本の滑走路はそれぞれ千六百メートルの長さを有し、二つの百メートルのオーバーランを有する。各滑走路の在る部分の施設の長さは、護岸を除いて千八百メートルとなる。この施設は合意された運用上の能力を確保するとともに、安全性、騒音および環境への影響という問題に対処するものである。

名護市との基本合意を見たことにより、日米双方もこの案で合意したのである。

ゆっくりやれという総理の指示を踏まえて事務方が何度か接触を試みたが、稲嶺知事は額賀大臣との会談に応じなかった。

この五月の下旬には沖縄で、外務省主催の国際会議「太平洋・島サミット」が開かれることが決まっていた。沖縄を日本の内外の人にもっとよく知ってもらうために各種の国際会議を沖縄で開いてもらいたいという、稲嶺知事の選挙公約の一つでもあった。毎年恒常的に国際会議が開かれるよう、国の努力が続けられていた。

十六ヶ国・地域の首脳が集結する同サミットは、名護市が会場となる。そこには総理も出席する。それまでに普天間問題を決めてしまいたいのは、沖縄側も同じはずだった。

大型連休が明け、五月九日に県から比嘉政策参与と府本基地防災統括監が防衛庁に来た。

〈5月9日（火）1037名護にいる門間よりTEL「内閣府の沖縄担当、慌《あわ》てて合意する必要ないと地元を煽動《せんどう》している」1306比嘉参与、府本。私より「県が要望していた通りの日米合意という条件を整えたので、今度は県が約束を果たすべき」。比嘉参与より「普天間移設に8年かかるので、その間、危険除去としてキャンプ・シュワブ内にヘリポートをつくる」。私より「①日米交渉は終わっている②この提案は後出しで、いたずらに混乱させるもの③危険性の除去については政府としても考えており、その案がベストではない」。比嘉参与「①沖縄に言わせるだけ言わせてほ

しい②〈ヘリポートはこだわらない」と言って帰る〉

「キャンプ・シュワブ内に暫定《ざんてい》ヘリポートをつくる」という比嘉参与からの申し出は、この五日前の沖縄での稲嶺知事の発言を受けたものだった。「普天間飛行場の危険除去のため」というのがその理由だったが、これは稲嶺知事が自らの政策の正当性と一貫性を県民にアピールするためのものだった。

すでに名護市との合意で代替施設は暫定のものではなくV字案と決まっているのだから、「それはできない」と私はこれを突っぱねた。比嘉参与は「それじゃあ、しょうがないですね。それにはこだわらない」と言って、自らの提案を簡単に引っ込めたのである。

その翌日の五月十日、山崎拓元副総裁からは「沖縄との調整はどうなっているのか」と催促の電話が入った。私は「進んでいない」ことを報告した。

その日、午後になって大臣室に呼ばれると、「今晩、稲嶺知事と会うことになった。基本合意書の作成作業をするから、事務方も来てくれ」と、何の前触れも無く額賀大臣から伝えられた。大臣は事務方とは別に、自ら稲嶺知事と連絡をとっていたようだった。

夕方になって、大臣から電話が入った。

「後で君に連絡するから、それから来てほしい。マスコミが張っているかもしれないから、気をつけてほしい」

私には遅れてくるようにとの指示だった。先に二人で話をするということだった。

再び大臣から電話を受けて、私が会談場所のホテルニューオータニ別館五階の日本料理店に着いたのは、午後九時半を過ぎてのことだった。マスコミに見つからないよう、注意しながら私は二人に合流した。

そこにはすでに私が呼んだ防衛施設庁の渡部厚・施設部長が到着していたが、沖縄県からは稲嶺知事に加え、花城順孝・知事公室長（政策調整監）、尚諭・知事秘書、前日に防衛庁で会ったばかりの府本基地防災統括監が同席していた。

私が加わりさっそく基本合意書の作成に入ろうとすると、途端に知事が嫌がる。

「合意書ではなく、確認書にしてほしい」

以前の名護市と同じ意見だった。

今期で辞めることを明言していた稲嶺知事を、額賀大臣は「沖縄の将来に道筋をつけたという、最高の結果を作ってほしい」という科白《せりふ》で説得し、それまでにも合意書での署名を求めていた。しかしここに来ても、稲嶺知事は譲らなかった。大臣がそれを了解し、確認書とすることとなった。

確認書の作成はそうして進んでいった。この中に追加事項として、沖縄県側からの要望で「普天間の危険性の除去」の項目を入れた。

「これで軍民共用空港と十五年の米軍使用期限を、ようやく廃止してもらえる。これでほっとした。一九九九年のあの閣議決定がある限り、私は米軍基地の新設を初めて受け入れた沖縄県知事との名前を沖縄県政の歴史に残すことになる。私が今回、確認書にサインすることで、閣議決定の廃止が決まる」

驚いたことに、稲嶺知事はそう言って安堵《あんど》の表情を浮かべていた。

「軍民共用空港と十五年の使用期限」は知事が八年前の県知事選でその実現を公約にあげ、県民の支持を受けたものだった。それを二期八年にわたり一歩も進めることのないまま、この日を迎えていた。そして普天間移設が決着するにあたり、「軍民共用空港を念頭に整備を図る」との政府の方針を記した閣議決定は廃止されることになる。

知事の傍らでその様子を見ていて、八年前、当選したばかりの稲嶺知事が上京した際に、「普天間問題の解決にご尽力いただきたい」と政府を上げてお願いしたことを、私は昨日のことのように思い返していた。

稲嶺氏を知事に担《かつ》ぎ上げたのは自民党だった。参議院議員だった稲嶺一郎氏の長男で、父が創業した琉球石油（現・りゅうせき）の社長だった稲嶺氏は、沖縄県経営者協会会長などを務めた県経済界の有力者だった。梶山静六元官房長官が作った私的諮《し》問《もん》機関「沖縄米軍基地所在市町村に関する懇談会」の副座長としても活躍していたから、これなら「推進派の知事にできる」と自民党の首脳は考えたのだった。

それまでの大田県政では革新が力を持っていたから、何としても与党に近い考えの知事が欲しかった。梶山静六元長官が頭を下げ、稲嶺氏でいくことが決まった。

選挙戦では当時、沖縄開発庁の政務次官だった下地幹郎議員が選挙対策を担当していた。政務次官室から毎日、沖縄の選挙戦の様子を聞き、稲嶺候補者の対応にきめ細かく指示を出していた。防衛施設庁施設部長だった私は、その様子を目撃していた。

選挙戦中盤に差しかかった頃から下地議員が朝、電話口で怒鳴っていることが多くなった。「ふざけんな」と激しく怒っている。聞くと、候補者本人である稲嶺氏が理屈をつけては朝起きてこないのだという。

「疲れているから嫌だ」

「低血圧で起きられない」

地元から「下地さんが言わないと候補者が起きてこない」と懇願され、毎朝、下地議員は稲嶺氏を起こすために電話をかけ続けていた。

一九九八年十一月十五日、自民党県連などが推した稲嶺氏は、現職で三選を目指した大田昌秀知事を破り、初当選した。普天間代替基地を県外に移すべきだと主張した大田氏を破った稲嶺氏は、このとき六十五歳だった。稲嶺氏が知事になったことで沖縄県との間で普天間協議が進むと、政府では期待していた。

稲嶺氏が当選すると、彼を励まそうということで官邸が十二月中旬に宴席を設けた。沖縄に関係する各省庁の次官、局長以下およそ六十名が、千代田区三番町の「蘭亭」という料亭に集められた。十二月二十日に長官官房長となっていた私も、これに呼ばれていた。

二階の大広間では稲嶺新知事、副知事、出納長などが上座に座った。稲嶺知事は両側を梶山元長官と古川貞二郎官房副長官に挟まれていた。梶山元長官が杯を手に、「稲嶺さん、よろしく。国のためにご苦労様です」と挨拶《あいさつ》をすると、稲嶺知事はこう言った。

「いやあ、こんなんじゃ、引き受けるんじゃなかったですよ。私と女房はカンフル注射を射ちながら、選挙戦を戦ったですよ。寿命が二年か三年、縮まりました。今までの人生の中で一番大変でしたよ」

場がしらけたのは言うまでもない。ところが一ヶ月後、今度は稲嶺氏のほうから

「また料亭で宴会をやってくれないか」と連絡があった。あんなことは言ったけれども一ヶ月が経《た》ち、少しは施策なども聞けるかと私は思っていた。同じ部屋にまた六十人、同じメンバーが集められた。

「いやあ、あの選挙はきつかったですよ……」

稲嶺氏の挨拶は一ヶ月前とまったく変わっていなかった。しかも同じことを何度も繰り返していた。梶山元長官はというと、これがいない。店の女性が「下にいるのでは」と言うので、私は階段を下りていった。

すると梶山元長官は一階の応接室で、店の女性を相手に一人飲んでいたのである。

「いやあ、守屋君、稲嶺を選んだのは党として失敗だったかもしれない。日米の間に横たわる困難な問題解決に当たるという覚悟が出来ていない」

私は梶山元長官のそんな言葉を思い出しながら、日本料理屋で確認書の文案に目を通す稲嶺知事を見ていた。

その後、基本確認書の作成には午後十一時三十分までかかった。翌日は朝七時に会議を再開し、続いて会見に臨むということを確認し合い、散会となった。

車に乗り、自宅に向かっていたときだった。私の携帯電話が鳴った。沖縄選出の下地議員からだった。

「県は地位協定の見直しを主張していましたか？」

「いえ、主張していませんでした。国として確認書合意書に入れる考えもありませんん」

これに対し、下地議員は「入れるべきだ」と主張を曲げなかった。私との議論はその後、午前二時まで続いた。

そして翌朝、私は六時四十分に登庁した。すぐに広報課長を呼び、記者会見の準備を指示した。六時五十四分、大臣室で沖縄との会議が始まると、沖縄はその場で「地位協定の見直し」を主張してきたのである。前日、下地議員が気にしていた条文だった。

「いまさら何だ。応じられない」

私はそう言って拒んだ。

交渉条件を変更したり追加してくるのは、沖縄の常套《じょうとう》手段だった。ところが額賀大臣は、「表現を工夫して入れてやれ」と言う。私は次官室に戻り、案文を書き上げた。続いて外務省の河相周夫北米局長に電話した。沖縄県と確認書を交わすまでに至っていること、確認書の中に地位協定の扱いを入れることが沖縄との残った問題になっていることを、その経緯とともに説明した。

前日までの沖縄県との交渉については外部に一切話していなかったから、河相局長は沖縄県と話し合いがついたことに声をあげて驚いた。が、「地位協定の問題を確認書に加えることには反対だ」と、続けて意見を口にした。地位協定は外務省の所管だったからだ。

「この表現で問題ない」

私がそう答えているところに、額賀大臣が入ってきた。直接、麻生外務大臣に説明するといい、自ら電話をし話をしていた。二人の大臣はとても仲がよかった。

「防衛庁の案でよいとのことだ」

受話器をおくと、額賀大臣は私に言った。

こうして八時五十分、大臣室で基本確認書に国と県がサインしたのである。ここでも稲嶺知事は書式に最後までこだわった。

「合意書の形をとることは、私がいかにも国に歩み寄った格好になり、県民の反発を呼ぶことになるから」

稲嶺知事は終始、合意書を拒み続けた。

出来上がった「在沖米軍再編に係る基本確認書」は、次の通りであった。

①在沖米軍の再編の実施にあたっては、日本の安全及びアジア太平洋地域における平和と安定に寄与する在日米軍の抑止力の維持と、沖縄の負担軽減が両立する方向で対応することに合意。

②普天間移設は政府案を基本として、①危険性の除去、②周辺住民の生活の安全、③自然環境の保全、④事業の実行可能性、に留意して対応することに合意。

③防衛庁、県、名護市及び関係自治体は、普天間代替施設の建設計画を誠意をもって継続的に協議することに合意。

④政府は在日米軍再編を実施するための閣議決定を行う際には、県、関係自治体と事前に内容を協議する。

⑤政府は日米地位協定の一層の運用改善等を検討。

第一庁議室に設けた記者会見場に移動し、九時十四分から共同会見が始まった。四月に名護市と会見を行った広い部屋だったが、再び記者たちで溢《あふ》れていた。額賀大臣と稲嶺知事が並んで握手をした。額賀大臣の確認書合意の報告に続き、稲嶺知事が「早期に解決する第一歩を踏み出せた」と述べた。その後、記者から質問が飛んだ。

「知事はあれほど政府案に反対と県民に言っておきながら、政府案に合意したのか」

怒気を含んだその質問をしたのは、沖縄の記者だった。信じられないことが起きたのは、その直後だった。

「いや合意はしていません。沖縄県の考え方は全く変わっていません」

記者の激しい口調に、稲嶺知事はそう答弁したのだった。

「県の考え方が変わっていないなら、なぜ会見をやる必要があるのか」

「訳が分からない」

「説明しろ」

記者たちの指摘は当然のものだった。私も耳を疑っていた。何度も交渉を経て、しかも県側の要望も呑《の》んで今日の署名にまでこぎ着けたのに、まさか会見の場になって合意していないというその態度を繰り返すとは、正直、予想もしていなかった。

矢継ぎ早の質問に、会見は収拾がつかなくなった。見ると額賀大臣は苦虫を嚙《か》み潰《つぶ》したような表情を隠さない。脇《わき》にいた私は大臣にメモを渡した。

〈確認書どおりの内容で、知事本人がサインしているということを強調して下さい〉

この間にも知事は、記者たちの前で言を左右にするような発言を繰り返すばかりだった。大臣は私のメモに目を通したが、「そんなことはしなくていい」と、私に返した。そして会見は紛糾したまま、わずか八分で終了した。

この日の評価はマスコミによって割れていた。

会見場から次官室に戻ると、山崎元副総裁から電話が入った。

「テレビで見ていたよ。よく沖縄県を落としたな」

そう電話口で驚いていた。山崎元副総裁にも事前には何も伝えていなかった。

山崎元副総裁は「合意」と報じるテロップを見たようだったが、一方、官邸に説明に行くと、テレビでは稲嶺知事が「合意していない」と繰り返す映像が流れていた。その言葉尻《じり》だけを捉《とら》えるものばかりで、基本確認書に署名した事実との整合性がとれていないことを指摘する報道はなかった。

私は総理と稲嶺知事との会談のセットを飯島秘書官に依頼するために官邸に行ったのだが、その映像を見て飯島秘書官は、「ちょっと様子を見よう」ということになった。これは総理と相談して決めたことだった。午後四時過ぎになって、ようやく官邸で総理と知事の会談が決まった。

会談は挨拶程度のもので終わったが、総理は「ご協力をありがとう。これからも誠意をもって対応したい」と知事に声をかけ、「前進」を印象付けている。この後には合意を受けての閣議決定が控えていたからだった。一方、稲嶺知事は会談後の記者会見で、十二月の任期満了で知事を退く考えであると語っている。

前の晩の深夜に電話で議論をした下地議員が店を予約してくれたので、ふたりで慰労会を兼ねて会食をした。下地議員は「これで沖縄の歴史が変わる」と言っていた。私はこれに、「これからは現実的な対応を引き出すことです」と応じた。

そこは青山のレストランだったが、偶然店にいた民放の女性論説委員が私たちを見つけ、「今日は宴会ですか」と声をかけてきた。


六月二十九日に日米首脳会談が控えていた。政府は在日米軍再編の最終合意を閣議で決定する方向で、動き始めていた。ところが移設についての基本確認書の締結は済んだものの、沖縄県側は再びごねていた。予定されている閣議決定では、七年前の「普天間飛行場の移設に係る政府方針」が廃止されることになるからだった。稲嶺知事が額賀大臣との日本料理店での会合で、安堵の表情を浮かべながら漏らしていたのが、このことだった。だが問題点は、この閣議決定が廃止されると「北部振興策」を継続する根拠がなくなることであった。

これは小渕恵三総理が一九九九年十二月に行った閣議決定で、翌年から二〇〇九年までの十年間、「普天間飛行場移設先及び周辺地域の振興」「沖縄県北部地域の振興」

として「特別な予算措置」が組まれることになった。これが「北部振興策」だった。その額は毎年度百億円に上った。

これを含めた国庫支出金により、沖縄北部十二市町村は潤《うるお》っていた。国庫支出金には基地関係の周辺対策費、基地交付金、「沖縄米軍基地所在市町村活性化特別事業費」なども計上されているが、その総額は一九九六年から二〇〇五年までに二千六十六億円に上っていた。そのうち名護市には八百四十六億円（四十一パーセント）が投入されていたが、このうち北部振興対策事業費として百四十八億円が振り分けられていた。

ちなみにこの年、二〇〇六年の北部振興事業は次の通りだった（沖縄民主連合政策懇話会資料）。

二〇〇六年度　事業費計百十五億六千七百万円（うち国費九十八億四千百万円）

○　特用林産物（ブナシメジ）施設整備事業　金武町、〇六年、九億一千万円（うち国費八億一千九百万円）

○　ＩＴ産業等集積基盤整備事業（みらい3号館）名護市、〇六～〇八年の三年間で十二億八千五百万円（うち国費十一億五千七百万円）

○　ＩＴ産業等集積基盤整備事業（第2サーバーファーム）宜野座村、〇六～〇七

年の二年間で十四億七百万円（うち国費十二億六千七百万円）
○　北部地域看護系医療人材育成支援事業　名護市、〇六〜〇七年の二年間で七億六千七百万円（うち国費六億九千万円）
○　運天港《うんてんこう》離島振興施設整備事業（サテライトポート）　伊是名《いぜな》村・伊平屋《いへや》村、〇六年、一億二千百万円（うち国費一億九百万円）
○　谷茶《たんちゃ》多目的交流施設整備事業　恩納村、〇六年、二億三千八百万円（うち国費二億一千四百万円）
○　北部広域ネットワーク整備事業（地域整備事業）　名護市、〇六年、九千万円（うち国費八千百万円）
○　北部地域循環器系医療支援施設整備事業　北部広域、〇六〜〇九年の三年間で二十三億五千八百万円（うち国費十二億六千七百万円）
道路や港湾なども北部振興事業として建設されたが、さらに名護市には以下のような「大きな箱モノ」が作られている。
○　人材育成センター（名桜大学）［目的］名桜大学における人材育成の支援及び

地域の人材育成　[施設概要]　多目的ホール、留学生センター、総合研究所　[総事業費]　十五億九千万円（うち国費十四億三千万円）

○名護市食肉処理施設　[目的]　新たな衛生基準をクリアする施設を整備し、安全で品質の高い食肉の生産や流通を目ざす　[施設概要]　一日の処理能力：豚六百頭、山羊《やぎ》八頭、牛五頭　[総事業費]　三十億五千万円（うち国費二十七億五千万円）

○名護市産業支援センター　[目的]　中心市街地の産業振興及び新たな雇用創出　[施設概要]　敷地約二千八百平米、RC造七階建て、延べ床面積五千六百平米、屋外に駐車場約四十台　[総事業費]　二十二億八千万円（うち国費二十億五千万円）

○スポーツ施設　[目的]　運動生理学に基づいたトレーナー・セラピストなどの人材育成、スポーツ関係者との交流、リハビリテーション施設等の運営による雇用機会の創出を図る　[施設概要]　RC造一部鉄骨造二階建て、延べ床面積四千二百二十平米　[総事業費]　十二億六千万円（うち国費十一億三千万円）

○IT産業等集積基盤整備事業　[目的]　情報通信・金融関連の企業の立地促進に資する施設整備を行い、地域の振興・活性化に資する　[施設概要]　一号館、

二号館、マルチメディア館等増設［総事業費］五十五億七千万円（うち国費五十億一千万円）

ほかに地区会館や生涯学習推進センター、国立沖縄工業高等専門学校なども作られている。これら施設の大半が東側にあたる辺野古地区とは山を隔てた西側にある名護市の市街地に点在し、肝心の辺野古地区にはほとんどない。名護市の人口は約六万人、北部十二市町村を合わせると十二万八千人あまりである。

沖縄県にはこの北部振興策を含め、「沖縄振興開発事業費」として年間三千億円前後が支払われている（二〇〇九年度は二千七百八十四億円）。これは一九七二年の沖縄復帰に際し制定された「沖縄振興開発特別措置法」で決められており、振興事業にかかる経費の九十五パーセント（他の都道府県では三分の一以下）を国が負担するという、特別な措置だった。

普天間移設は八年経《た》っても何も進まないのに、北部振興策だけは毎年予算がついていた。

「政府は沖縄に悪い癖をつけてしまったね。何も進まなくてもカネをやるという、悪い癖をつけてしまったんだよ」

以前、太平洋セメントの諸井虔相談役からそう言われたことを、私は思い出していた。日米関係の最大の焦点である普天間移設問題を早急に進めるためには、北部振興策は見直すべきだ、私はそう考えていた。振興策は基地移設の進捗《しんちょく》具合に応じて支払われるべきだ。

「普天間移設を受け入れてもらうのだから、地元の要望である北部振興策を、国が特別に財源を用意して実施するのだ」というのが、橋本内閣の考えであった。この考えは沖縄では沖縄県民に普天間飛行場の代替施設の受け入れを強制するというムチを打ちながら、地元を黙らせる北部振興策というアメを与えるもので、政府の方針は「アメとムチ」だとの批判が浴びせられた。

普天間飛行場の代替施設の受け入れ候補地として、キャンプ・シュワブ沿岸海域を政府は考えていた。それが決定した際に、受け入れ先となった北部の首長から振興策の実施を求められ、閣議でそのことを決めていた。その直後、訪れた沖縄のコンベンションセンターで集まった首長の一人から、「アメとムチで沖縄県民の心を引き裂くものではないか」と責められ、橋本総理は「そういう言い方をされるのは悲しい」と発言した。内閣審議官として官邸に出向していた私は橋本総理に随行し、この場に立ち合っていた。

沖縄では、基地問題と振興策がセットになっているという政府の方針に、反発する声があがっていた。基地建設によって沖縄の自然だけでなく、沖縄の心を失ってはいけないという「ヌチドゥ宝（命こそ宝）」の格言とともに、政府の二つの施策はまったく関係ないものであることを確認したいと、沖縄県や市町村に求めてきたのである。それを受けて「その二つは関係ない」としたのが、小渕総理の時に定められた閣議決定だった。

北部振興策にはこうした経緯があった。そしてその二つを再び「リンクさせる」というのが、今回定める閣議決定の大きな目的であった。

防衛庁は五月二十三日にも閣議決定の運びとしたかったが、それを沖縄側が遅らせていた。この時期、沖縄と交渉するために、門間会計課長がたびたび現地に出向いている。自らその役を志願した門間課長が「信頼できる交渉相手を教えてほしい」というので、私は知事秘書の尚諭氏の名を挙げた。尚氏は琉球王朝の末裔《まつえい》で、稲嶺知事の信頼が篤《あつ》かった。

五月十八日、前日に沖縄に発った門間課長から電話が入った。尚氏と会って二時間話したという。

「早期に閣議決定する重要性は理解してもらえたと思います。稲嶺知事に尚秘書から説明してもらうことになりました。尚秘書が言うには、二十三日にも閣議決定できるように額賀大臣に沖縄に来ていただき、知事や北部首長たちに会ってもらえないかとのことです」

「そんなにうまくいくわけがない。牧野（浩隆）副知事が閣議決定には強硬に反対しているという情報が入っている。大臣には君から沖縄の考えを伝えて、大臣の判断を伺った方がいい」

こうした沖縄との折衝が続く中、五月十五日、夜十時に帰宅すると大雨の中、朝日新聞の記者二人が自宅前で張っていた。二月に起きたウィニー情報漏れ事件で、私は私物パソコンによる「秘」情報の取り扱いを禁じる事務次官通達を出していたが、しかしこの件は収束するどころか広がりをみせていた。朝日の二人はその件で聞きたいことがあるという。一人は論説委員だったから、何かあるなと直感した。朝日がこの事件に、本腰を入れようとしているのが分かった。

その論説委員によれば、「今回、またウィニーを通じ情報が漏れたが、それは日米共同作戦計画そのものだ」という。七十ページにも及ぶ、流出したという資料の束を手にしていた。防衛庁の見解を知りたいと言ったが、私は何も答えなかった。

一九九七年合意の「日米防衛協力のための指針（新ガイドライン）」を受け、自衛隊の統合幕僚会議や在日米軍司令部が中心になって検討委員会を設けていた。ここでまとめていたのが「日米共同作戦計画」だった。それは日米両政府が合意・署名したものではないので、正確に言えば「作戦の研究案」だったが、その内容は防衛庁でも最高度の機密だった。

普段は担当課が厳重に文書管理をしており、私のような立場の者でも、手続きを取らないでその文書を見ることは出来なかった。それが漏れたとすれば由々しき事態だ。報道を分析し事実と確認されたならば、早急に対応策を講じなければならない。すぐに斎藤隆海上幕僚長に電話をするとすでに情報が入っており、海幕長は「朝日の記者が言っているのは過去にマスコミで報道され、調査して公表している事案で、まったく新しい話ではない」という。「それなら明日、説明してほしい」、私は問題になるであろう論点を伝え、同時に、明朝には対応策を出すよう指示した。深夜、関係各部署の担当者は庁に呼ばれることになった。

翌朝六時に朝日の記者から電話があったが、私は「それは新しいものではなく、流出は承知している」と答えている。午前十一時から海幕長が会見することも決まっていたので、そのことを知らせた。その後、庁では調査、運用企画、訓練、情報通信の各課長を交え、想定問答を審議した。

この日だけでも沖縄との交渉、日米首脳会談共同宣言案文の大臣への説明、防衛省昇格法案についての官邸との打ち合わせ、防衛施設庁統合後の各局各課の職務分担についての聞き取り、そしてグアム移転経費に絡《から》んだ私の発言に対しての国会での調整など、いくつもの案件に対応するため、私は庁の内外で動き回っていた。そしてそうした案件を抱えたまま、翌日の五月十九日に起きたのが、北朝鮮のテポドン発射疑惑だった。

朝七時のNHKニュースで発射準備の一報は流れたが、すぐに官邸から「アメリカがナーバスになっている。気をつけたほうがいい」との電話が入った。関係部署からの報告が続く中、大臣室では額賀大臣と私に各幕僚長を入れた対応会議が召集された。午後には大臣、副大臣、政務官、事務次官、統合幕僚長、陸海空の各幕僚長、防衛局長、運用局長、情報本部長などの幹部も加えた防衛会議も開かれている。

北原巌男防衛施設庁長官から「談合事件について大臣から処分を受けたい」と相談があったのもこの時期だった。

「実は今まで黙っていたけれど、一月の談合事件発覚後、大臣に辞表を出しました。大臣からはそれを止められたのですが」

北原長官は辞意をあらためて強調すると、その上で私に言った。

「次官も一緒に処分を受けてくれませんか」

あまりに礼を失した発言に、私は強い不快感を覚えた。

「事件の調査もしないで辞任を申し入れるというのは、責任を果たしていないのではないか。それに上司である私に相談することなく、なぜ大臣に直接申し上げたんだ。大臣にそう伝えたなら、それならそれで、辞職をするという考えをどうして貫かないのか。第一、自分が処分を受けるから私にも処分を受けろという、その考え方がまったく理解できない。君に言われなくても、私は自分が処分を受けるべきだと思ったら、そのときは自分で判断する」

北原長官は結局、この後、翌二〇〇七年八月の防衛施設庁閉庁まで辞めることはなかった。

談合事件の責任をとる形での処分は翌月の六月に出たが、北原長官は「戒告、給与一ヶ月の五分の一を自主返納」、額賀大臣が「大臣報酬一ヶ月分を国庫に自主返納」、私は「訓戒」で賞与がおよそ三十万円減額された。ちなみに北原元長官は損害保険ジャパンの顧問に就いた後、二〇〇八年七月には駐東ティモール大使となっている。

五月二十三日閣議決定との予定が日ごとに延びていく中、安倍晋三官房長官でさえ「沖縄は二枚舌と先延ばし、次官が言っていたような展開になっているね」と口にしていた。

「稲嶺さんはもう知事をやらないんだから、自分がこの問題をすべて被《かぶ》って、普天間問題を次の知事選の争点にしないということが、どうして出来ないのかね」

そう言って安倍長官は首を傾《かし》げていた。

額賀大臣が直接、稲嶺知事と電話で話し、閣議決定文書において北部振興策についての文言をどうするかについても会談を持っていた。

「すでに沖縄は大きな負担を受け入れているのだから、あらたな代替施設受け入れに関係なく、振興策を実施するという表現にしてもらいたい」

知事は大臣にそう伝えていた。両者の主張はすれ違ったままだった。

情報も入り乱れていた。

二十五日には「防衛庁は各省庁の理解が得られていると沖縄で公言して、強引に沖縄県や北部首長を治めにかかっているという話を、官邸に対して内閣府と外務省がしている」との記者情報が入る。官邸はこうした情報に関しては、各省庁やマスコミから聞いている。経済人や国会議員も、沖縄からのこの手の情報を鵜呑《うの》みにして官邸に伝えていた。

しかし官邸は確認のしようがなく、多くの筋から同じ情報が入ってくると、本当なのかもしれないと誤解する。沖縄側はそういう情報操作にも長《た》けていた。「官邸の中に動揺がある」と、官邸にいる深山総理秘書官から報告があがった。

また沖縄に出張している門間会計課長からは電話があった。

「県はあれほど時間をかけて国と作ってきた閣議決定の案文を、ここに来てチャラにしようとしています。県は名護市に出向いて、閣議決定案をご破算にするよう、説明してけしかけています」

これには額賀大臣が自ら名護市に電話を入れ、協力を依頼している。

五月二十八日は日曜日だったが、九時に大臣秘書官から電話があり、私は庁に出た。額賀大臣が十時に登庁するという。

大臣は来るなりまず、儀武金武町長と宮城東村長に続けて電話をしていた。

「三十日に閣議決定をしたいから、協力してほしい」

そう伝えると、大臣は次に稲嶺知事に電話を入れた。私はそれを目の前で見ていたが、その電話は一時間二十分にも及んだ。

電話を切った大臣が説明するには、稲嶺知事は「閣議決定に反対はしないが、私は了承はできないと発言します」と抵抗しているという。大臣はもともと感情的になるような人ではなく、この電話でも終始穏やかではあったが、これにはほとほと疲れたのではないかと思う。

閣議決定は「関係者の了解を得られなければやってはいけない」という慣例がある。稲嶺知事はそのことを十分知っているということだった。

その後、額賀大臣は島袋名護市長にも電話をかけた。島袋市長は「私は閣議決定はＯＫですが、どうか知事に『了承できない』と発言させないでほしい」と大臣に伝えてきた。「私は賛成ですが、県が反対というなら自分も反対にまわる」という立場を示《し》唆《さ》した言い方だった。大臣は再び稲嶺知事に電話を入れた。翌日、稲嶺知事は上京することとなり、その際に「言い振り（注・言い方の工夫）は調整する」ということで、ひとまず話がついた。

「外務省も沖縄担当も、閣議決定には反対しています」

そう情報をくれた門間会計課長は、「事務方はＯＫなんですが、両大臣が強硬です」と困った顔をしていた。麻生外務大臣と小池沖縄担当大臣が反対しているというのだった。沖縄側との交渉のため出張していた門間課長は、この日、庁に戻ってきていた。門間課長の情報を額賀大臣に伝えると、大臣は言った。

「そんなの俺じゃなくて官房長官がまとめてくれよ。君らでとりまとめてくれ」

大臣からそう指示をされ、私は安倍官房長官つきの井上義行秘書官に電話を入れた。経緯を説明し政府内のとりまとめをお願いする。

「いや、次官。それでしたら防衛庁の方で、麻生先生と小池先生は納得させて下さいよ」

どうにもならないので、私は別の手を考えた。いつもは官邸にいる深山総理秘書官が私の部屋に来ていたので、彼から飯島秘書官に連絡をとってもらうことにしたのである。

午後になって飯島秘書官と話をした。

前年、二〇〇五年九月の「郵政選挙」で、小池百合子議員を兵庫から東京へ鞍替《くらが》えさせたアイディアで当選に結びつけたのには、飯島秘書官も絡んでいた。そのことから飯島秘書官からは、「小池になにか沖縄のことで頼むことがあったら言ってくれよ」と私は言われていた。そのことを私は思い出して飯島秘書官に電話したのだった。

この選挙で「刺客《しかく》」第一号として自民党圧勝の先頭に立った小池議員が沖縄担当大臣に就いた後、私は一度、彼女に会っている。

「沖縄の問題をいろいろ教えてほしい」

新聞社の記者を通じ、そう依頼されたのだった。

深夜十一時に指定された広尾の焼肉屋で会った小池大臣は素直に「教えてくれ」という感じで、私は殊勝な人だなと感じていた。鼻っ柱は強そうだが、とくに悪い印象はなかった。

後発官庁の防衛庁は「お客」を選べない営業マンのようなもので、各方面の協力が必要だから、私も先入観を持って人を見るということをしてこなかった。すでに磐石《ばんじゃく》の礎にある他省庁のように、人が自然と集まってきて協力が得られるという役所ではなかった。そのためもあって、私はこうした依頼には極力応えていた。

飯島秘書官は「次官、君が直接やってくれよ。麻生さんも小池さんも」との返事だった。私は以前に聞いていた小池大臣の携帯電話を鳴らした。

「じゃあ、四時に来て下さい」

小池大臣ははきはきとした声で、二時間後に沖縄担当大臣室に来てくれという。私は門間会計課長と二人で、大臣室に訪ねた。

最初は小池大臣と私で二十分、話した。北部振興策が基地問題の解決の手段として作られたものの、今ではそのように運用されなくなっている点などについても説明した。

「小渕総理が決められた閣議決定から北部振興策を外すというのが、今回の主旨です。

北部振興策は、普天間基地の移設を受け入れた北部自治体に対して行われるものでなければいけません。その進行に対する協力の程度に応じて施策が実行されるということです。今回の閣議決定にぜひ協力してくれませんか」

小池大臣は私のお願いに了解してくれると思ったら、それはまったく違った。

「北部振興策は基地問題と関係なく、実施されるものです。事務方の話を聞いて判断したい」

そう答えたのである。北部振興策を小渕内閣の時に始めた経緯を知らない上に、その認識も間違っていた。また、これまでにそうしたことを沖縄担当大臣が事務方から聞いていないなら、それも極めておかしなことだった。私からこれまでの経緯を説明したものの、小池大臣の考えは変わらなかった。

その後、沖縄担当の事務方を交えて会議を持った。小池大臣と事務方は揃《そろ》って主張した。

「北部振興策は二〇〇九年度まで決まっているのだから、これを廃止したら県や市町村が反対する。継続したらV字案などにも賛成するといっているのだから、北部振興策は続けるべき」

それに対し、私は過去の経緯を説明し反論した。

「振興策が二〇〇九年度まで保障されるとなったら、地元は普天間の移設計画の推進に協力しなくなります。実際、今までもそうでした。県や名護市の言い分を呑んでそれを続けても、彼らの国に協力しないというスタンスは変わらない」

この議論は平行線だった。こちらは私と門間課長、沖縄担当は大臣に加え、統括官と振興局長が加わっていた。会議は一時間続いたが、それはやがて激しい応酬となっていった。

「それでは大臣同士で議論していただきましょう」

私はそう言って会議を終えた。額賀大臣、飯島秘書官、そして官房長官つきの井上秘書官に電話をし、その旨《むね》を報告した。

翌二十九日になっても麻生、小池の両大臣は「反対」で粘っていた。この日、稲嶺知事や名護市長が官邸に出向いていた。

朝八時から官邸で始まった「沖縄政策協議会」でも二人の大臣は主張を曲げなかったと、私は官邸にいる門間課長から連絡を受けた。額賀大臣の指示で、総理の裁定を仰ぐこととした。麻生、小池の両大臣に加え、額賀大臣が総理に呼ばれた。私も同席することになった。

総理の前で麻生大臣は了承した。一方の小池大臣は総理秘書官から連絡が入る前に

「官房長官に一任します」と、総理に会うことなく、最後まで反対のまま午前十時、官邸を後にしている。

額賀、麻生大臣に続いて総理執務室を退出しようとした時に、私は総理に呼び止められた。

総理はこの前々日まで名護市で開かれていた「太平洋・島サミット」に出席していた。この席で総理は、同サミットに参加した「太平洋諸島フォーラム」加盟国・地域を対象にODAを行う考えを表明している。その額は「二〇〇六年からの三年間で約四百五十億円」と発言していた。

「あっちで稲嶺知事と話をしてきた。知事は、『防衛は国の専権事項で地方がどうこう言える問題ではない。しかし県内的には基地は容認できないという立場をとらないと、私は生きていけない。どうぞ総理、理解して下さい』と言っていた」

総理はそう稲嶺知事の言葉を紹介し、「今回の閣議決定は予定通りやろう」と明言した。つまり稲嶺知事はこのままいつまで経《た》っても閣議決定には賛成と口にできないという、総理の判断だった。そこに安倍官房長官が加わった。

総理は沖縄の感想を口にしていた。

「ブセナリゾートはいいホテルだった。次官、キャンプ・シュワブとの位置関係は？」

「ブセナリゾートのある西海岸とは反対の、山一つを越えた東海岸にあります」

ブセナリゾートは「太平洋・島サミット」の会場になったホテルで、キャンプ・シュワブから離れた西海岸に面している。

「いやあ、去年十月に、地元の反対があっても実施できる案にしといたのが大きかったなあ。基地の中に移すという案でよかったよ。沖縄の主張をいちいち聞いて、海に滑走路を出していたら、環境団体や反対派との流血の事態になるところだった。そうしたら地元の協力も得られなかっただろう。シュワブの海はすばらしい。それが潰《つぶ》されなくて良かったよ」

閣議決定が決まったのを受けて、私は定例の次官会議で外務、財務の両事務次官にお礼を述べた。各省庁の次官が官邸に集まる次官会議は閣議の前日、毎週月曜日と木曜日の昼に開かれる。その後、小池大臣のところに出向き、私はやはりお礼を述べた。

小池大臣はまだ不満いっぱいだった。

「私は地元が支持してくれると思ったから、閣議決定には反対していたのに。あれだけ私に頼んでおきながら、あの連中は何なのよ」

小池大臣は沖縄側に対し、語気を荒げ怒っていた。

「小池さんが反対してくれたらうれしい」と、沖縄側に言われていたのだろう。ハシゴを外された格好になった小池大臣は、騙《だま》されやすいのかもしれない。

後に触れるが、私との一件でも「守屋の首を切ったらすべてうまくいく」、そう頼まれて小池大臣は一生懸命になっていたのだった。

二〇〇六年五月三十日の閣議決定「在日米軍の兵力構成見直し等に関する政府の取組について」は七項から成っている。SACOでの最終報告を「着実に実施していく」ことをあらためて強調した後、普天間についてはこう書かれた。

平成18年5月1日に日米安全保障協議委員会において承認された案を基本として、政府、沖縄県及び関係地方公共団体の立場並びに普天間飛行場の移設に係る施設、使用協定、地域振興等に関するこれまでの協議の経緯を踏まえて、普天間飛行場の危険性の除去、周辺住民の生活の安全、自然環境の保全及び事業の実行可能性に留意して進めることとし、早急に代替施設の建設計画を策定するものとする。

そして焦点となっていた「北部振興策」については「これに伴い廃止するものとす

る」と明記されたのである。

この閣議決定では、代替施設の建設計画や地域振興についてはその七条で、「沖縄県及び関係地方公共団体と協議機関を設置して協議し、対応する」としていた。

この一文が、後に尾を引くことになる。

第四章 防衛庁の悲願

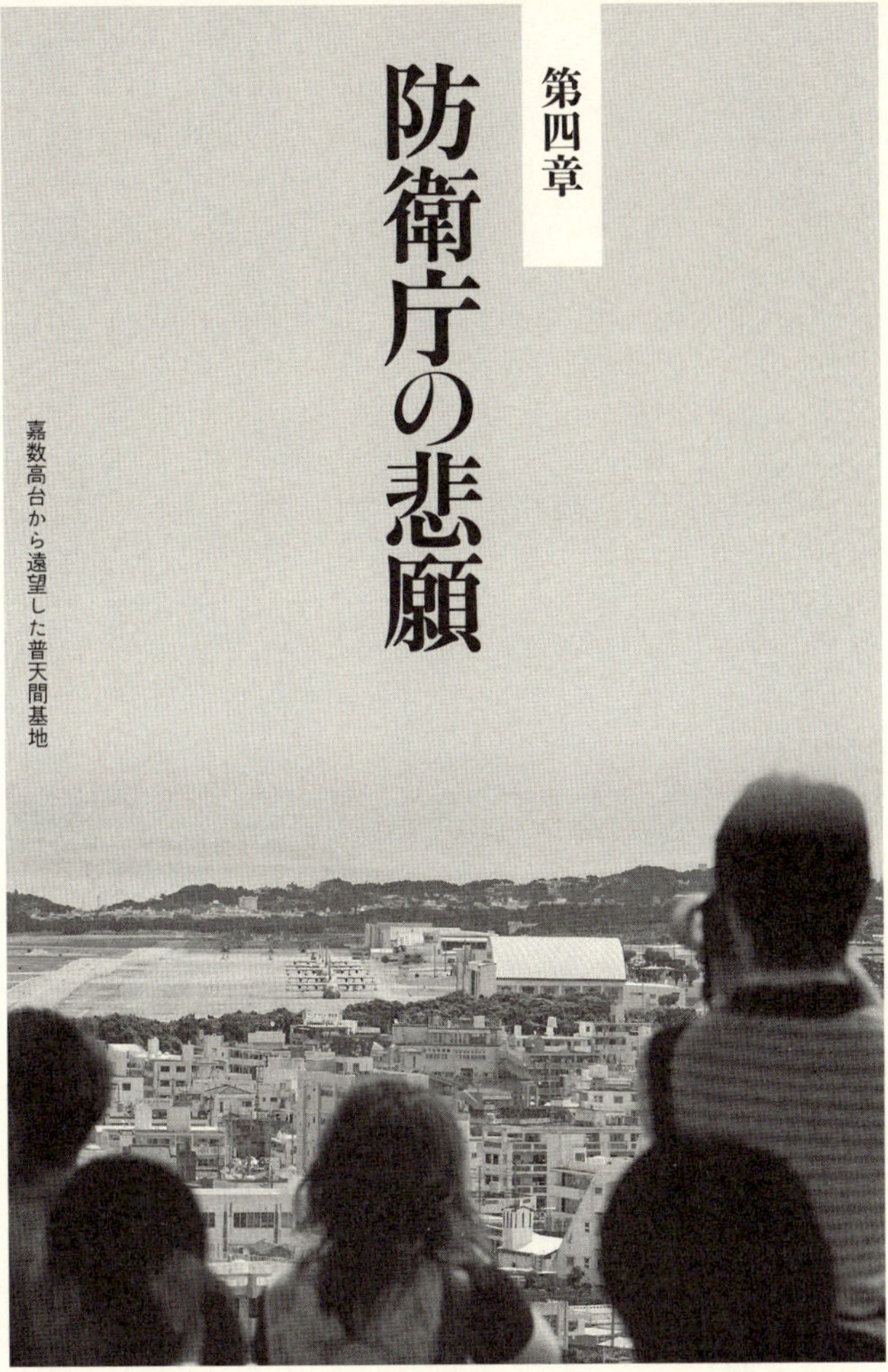

嘉数高台から遠望した普天間基地

〈5月19日（金）1730中川（秀直）政調会長　省昇格の説明。逆に経費節減の取組頼まれる。

5月22日（月）1015深山よりＴＥＬ　飯島秘書官　総理説明してくれとのこと。

5月23日（火）1506官房長　省法案政府内調整の話　1739国会連絡調整官「与党連絡会議で省法案を政府内調整することにゴーサインが出ました」との報告。

5月24日（水）1000冬柴先生　省法案について「あんたの執念がかかっている。今ひとつやな。党も何とか努力するから」

5月25日（木）1000木村副大臣と細田国会対策委員長室を訪問。省法案を説明。「総理が会期延長に反対なので、今国会は継続審議がいいところである。沖縄のグアム移転は俺のアイデアだ。ローレスにねじ込んだ」という話をされる。1020青木参議院幹事長「参議院議員1人も出せない役所が省になっていいのかと言われない

ようにしなさい」と言われる〉

二〇〇六年五月、在日米軍再編に関する閣議決定に向けて大詰めを迎えていた頃、私は同時に防衛庁の省昇格の準備にも追われていた。今開かれている通常国会に法案を提出しなければ、九月の臨時国会まで法案提出の機会を失ってしまうことが分かっていたからだった。

臨時国会の会期は二、三ヶ月と短いので、通常国会の会期中に省昇格法案を衆議院に提出して継続審議の取り扱いをしてもらう必要があった。こうしておけば臨時国会が始まってすぐ、野党と審議入りの交渉に持ち込むことができる。

省昇格はまさに「防衛庁の悲願」だった。一九五四（昭和二十九）年に防衛庁・自衛隊が発足して以来、何度もその案は議論され浮上したが、いずれのときにも日の目を見なかった。

一九六四年には省移行法案を閣議で決定したが、国会提出は見送られた。一九八一年の第二次臨時行政調査会の中で省移行が取り上げられた。一九九七年の橋本政権の下では自民党の国防部会、安全保障調査会、基地対策特別委員会の三部会で賛成されたが、行政改革会議の中で省移行について活発な議論が行われた結果、その最終報告書では「政治の場で議論するべき課題」と位置付けられて総務会で了承されなかった。自民、社民、さきがけの連立政権の時代だった。二〇〇一年には二階俊博衆議院議員ら保守党と、これに賛同する自民党と無所属の議員による議員立法で、初めて国会に提出され継続審議を重ねたが、二〇〇三年には衆院解散で廃案となっていた。

環境庁も省になり、大臣がおかれる庁としては最後のひとつとなっていた。私は官房長になった八年ほど前から、この問題を具体的に考えるようになっていた。安全保障に取り組むには、省昇格により体制を整えるべきだった。

内閣府の外局からひとつの省に格上げすることにより、法律の制定や国の防衛に関する重要案件・人事に関する閣議請議や、財務省への予算の直接要求、海上警備行動などの発令の承認を求める閣議請議もできる。また同時に自衛隊法を改正し、自衛隊の海外活動を、付随的任務から国土防衛や災害派遣と同様な本来任務とすることを実現する。

何よりも、安全保障の政策官庁ではなく「自衛隊管理庁」と呼ばれる防衛庁と、「憲法違反」だと言われ続けた自衛隊の、国政上の位置づけを明確にすることが出来る。省昇格は防衛庁・自衛隊の国民のいっそうの理解と協力を得る上で、また、国際社会に対して日本の役割を責任をもって果たすことを示す観点からも、必要であると私は考えていた。内外の厳しい安全保障環境の下で平和と安全を守り、国の独立を維持する業務に従事している二十六万人の隊員とその家族、それから百万人を超えるOBとその家族の思いに応《こた》えるためにも、現職の人間がこれを実現しなければならない。

額賀大臣が総理に対して約束した在日米軍再編問題にひとつの区切りがついた今こそ、省昇格に向けて動き出す時だと私は思った。

省昇格は自民党の結党以来の公約でもあったが、同党所属の国会議員たちはあまりこの件に積極的ではなかった。一方、連立与党を組む公明党も「平和の党」を自任していたため、反対の声が多かった。一月の防衛施設庁談合事件以降は、公明党内での議論も途絶えたままとなっていた。私は有力議員を直接まわり、説明とお願いを繰り返していた。

〈5月26日（金）800自民党本部国防部会　省法案の内閣提出了承　845公明党井上政調会長に省法案と沖縄閣議決定の説明　1010公明党神崎代表「①次官最後の執念の仕事だな②臨時国会で必ず上げること、来年の通常国会は参議院選挙があり、党として難しい③防衛予算が省となっても増えないこと④隊員が憲法改正を論じる前に憲法遵守教育をすること」1150公明党冬柴幹事長「省法案党内に反対者多いが、党として3党合意で約束したものだから、やる」との考えを言われる。1430官邸安倍官房長官に省法案説明。二階経済産業大臣も同席「①今国会は出すだけ②審議は難しい③臨時国会でオレ（二階）が通す。守屋次官との男の約束だ④民主党の対応を見るのもよい」

5月29日（月）1154公明党議員団、防衛庁視察　私は「職場を見て下さい。市民の中の制服ですから」と挨拶《あいさつ》をする　1615TBRのビルで鳩山由紀夫・松野議員に省昇格法案を説明。賛成だが十分議論を尽くすべきとの立場。

6月6日（火）1016定例懇談会　途中深山へTEL「飯島秘書官に省法案について総理から注文がつかないように、私がお願いしていることを伝えるよう」依頼　25山崎先生へTEL　総理の性格よく知っておられた。

①駄目だと言われても判《わか》りましたと引き下がるな②山崎が与党PT〈プロジェクトチーム〉でやっており、自民と公明の問題になっている③その結論を持って明日、「山崎先生が総理の所に伺うと聞いていますので、その話を聞いてから決心して下さい」と、総理への言い方のアドバイスをいただく

1120官邸　直前　自民党の政調、総務会で省法案の国会提出承認された〉

ここにあるように六月六日、自民党の長年の公約が政務調査会、総務会で初めて承認された。防衛庁・自衛隊にとっては画期的な一歩だった。あとは小泉総理の判断を待つだけとなった。

直後の十一時三十分、私は額賀大臣とともに総理執務室に入った。飯島秘書官からは「公明党の神崎、冬柴ら幹部も賛成と言っている。あとは大臣、次官の頑張りだ」と背中を押された。

大臣が「省昇格法案の国会提出を決断していただきたい」とお願いし、その後、私が省法案の政府・与党内調整状況を説明した。すると総理はこう発言した。

「それでいいんじゃないか。国会提出はオーケーだ。安倍君の内閣の大きな業績になるなあ」

次の総理は安倍と、小泉総理は明言したのだった。また今国会で法案提出まではするが、「成立させるのは秋の臨時国会だ」という意味でもあった。

「防衛省法案の今国会提出、総理も了解」

そのニュースに、総理執務室からエレベーターで正面玄関のフロアに出ると記者が殺到した。大臣は記者に囲まれ、コメントを求められていた。私は庁に帰り、念には念を入れて、文書課に法案の閣議請議手続きの確認を指示した。夜、飯島秘書官が赤坂の中華料理店で祝いの会を開いてくれた。そこにはマイケル・W・メザーブ駐日公使も駆けつけていた。

この三日後の六月九日、閣議決定され、「省昇格法案」は国会に提出された。反対論や慎重論が入り乱れた公明党は、「冬柴鉄三幹事長一任」で決着し、前日、正式にこれを了承していた。しかし法案が国会を通過しなければ元も子もない。その日から私は国会対策に奔走した。

この日の午前、私は公明党の東《ひがし》順治国会対策委員長（比例九州ブロック）を訪ねた。ともに赴いた官房長、審議官を外し、私は東委員長と二人だけで向き合った。東委員長の「読み」は手厳しいものだった。東委員長は羽田孜《はたつとむ》内閣で防衛政務次官を務めていた。

「秋の臨時国会では、防衛省案はこのままでは通る可能性はほとんどないよ。公明党の中には自民党の幹事長、国対委員長、議院運営委員長に対する不信感がある。執行部や防衛大臣を代えないと駄目だ。その上で、九月二十六日から十二月十日までの短い会期に不退転の覚悟で通す確認を自民党内でしなければ、とても無理だ。廃案になるのは目に見えている」

東委員長は、自民党はこの件について議論もしていない、やる気もない、本当にこの法案を通す気があるのか、と言外に指摘していた。公明党内に問題はないが、「問題は自民党のほうだ」ということだった。確かに公明党は省昇格法案について所属議員が納得するまで何度も会議を開き、私も何度となく説明のために呼ばれた。議員たちが市ヶ谷の庁を訪れ、防衛庁の視察も行なっていた。

私は東委員長の言葉をそのまま山崎拓元副総裁に伝えた。山崎元副総裁は電話口で「そりゃ、たいへん深刻な事態だぁー」と、声をあげていた。山崎元副総裁は自民党内部はまとまっており、「問題は公明党だ」と考えていたからだ。

この通常国会には重要法案が目白押しだったが、会期延長もなく、軒並み先送りを意味する「継続審議」となっていた。先送りされた法案は、「愛国心」を教育目標に入れた「教育基本法改正案」、憲法改正の具体的な手続きに触れた「国民投票法案」、「共謀罪」が創設された「組織犯罪処罰法改正案」や、ほかに「社会保険庁改革関連法案」などがあった。これらの法案は省昇格法案とともに「ポスト小泉」へ引き継がれることとなった。国会は六月十八日に閉会し、小泉総理の任期は残り三ヶ月となっていた。

イラクへ派遣され、これまで一人の死傷者も出さずに活動してきた陸上自衛隊の撤退も、そうした小泉政権での懸案事項のひとつだった。すでに五月三十一日にサマワで、陸上自衛隊の派遣部隊の車列が攻撃を受けたとの報が入り、危険水域に入ったと感じていたが、防衛庁では運用局を中心に撤退計画を毎日詰めていた。総理が「第十次復興支援群を最後に撤退」と了承したのは省法案国会提出の三日後、六月十二日のことだった。

その三日後には「イギリスが二十日に撤退声明を発表する」という情報が入る。翌日、豊田硬《とよたかたし》運用企画課長、鈴木敦夫《あつお》運用課長と話し合い「撤収の細部日程までは外務省には伝えない」ことを決めた。外務省とは撤退についてそれまで摺《す》り合わせをしてきたが、そこから先の実施の段階では隊員の安全確保が最優先と考えたからだった。二十日には正副大臣や各幕僚長、局長などが集まる防衛会議で、イラク撤収の意思確認をしている。一人の死者も出さずに撤退を無事行うことが求められていた。

六月二十六日に各幕僚長を次官室に集め、「イラクオペレーション」に集中しようと申し合わせると、私は翌日からアメリカに渡った。日米首脳会談に随行するためであった。

六月二十七日、私は昼十二時に羽田を発《た》った、航空自衛隊が運用に当たっている政府専用機の機中にいた。カナダのオタワに一泊し、二十八日（現地時間）、アンドリュース空軍基地でタラップを降りると、その先には赤い絨毯《じゆうたん》が敷かれ、両側に「捧《ささ》げ銃《つつ》」の姿勢をとった儀仗兵《ぎじようへい》が整然と並んでいた。私は小泉総理の一行とは別の車両に各省からの随行員たちと乗り、別ルートでワシントンのホテルに向かった。

日米首脳会談に随行するようにと、飯島秘書官から言われたのは六月九日だった。総理もこれを了解しているとのことだった。翌週になってその件がマスコミに漏れると、飯島秘書官と親しいテレビ局の記者に「飯島秘書官に最初はあれだけ嫌われていたのに、最後にはよく信頼を取り付けましたね」と驚かれた。出発の前日には外務省から防衛庁に出向している門司《もんじ》健次郎参事官（この後、イラク大使へと異動）が部屋に来て、「総理に随行する出張ですから、次官であっても特別の待遇はしませんが、気を悪くしないでほしい」との一言があった。

二十九日午前、ワシントンでは日本の首相としては七年ぶりとなる公式訪問に対し、歓迎式典が催された。式典の会場となったホワイトハウスの前庭には、色鮮やかな儀仗礼装に身を包んだ陸・海・空・海兵隊四軍が旗を手に持ち整列していた。演台の左右に日米の政府関係者、特別招待者が並び、その奥には多くの招待者と七百人を超える人々が集まっていた。両国の国歌が響き渡り、荘重な雰囲気に満ちていた。

歓迎式典でジョージ・W・ブッシュ大統領はこう述べた。

「日本の艦船は不朽の自由作戦において、多国籍軍の何百という艦船に燃料を補給している。日本はアフガニスタンにおける第三の復興支援供与国である。イラクにおいてはイラクに治安権限が委譲される重要な県の人々の生活を改善するために、自衛隊が支援を提供してきた。日本はイラクの多国籍軍に対して極めて重要な航空輸送支援を継続する。日本国民は自衛隊のテロとの戦いに対する貢献を誇りに思うだろうし、アメリカ国民もこのような勇敢な同盟国と協力することを誇りに思う」

私は大統領が自衛隊の活動に具体的に言及したことに、驚きと感動を持った。

続いて行われた小泉総理、ブッシュ大統領の首脳会談で「新世紀の日米同盟」と題した共同文書が発表された。これはひと月前に防衛政策課から見せられた際、あまりに安全保障について触れられている分量が少ないので、私は意見した経緯があった。防衛政策課によれば、「全体で一枚程度の分量なので、安全保障に大きなスペースを割くことができない」と外務省から説明があったという。

「今回の日米首脳会談は安全保障が大きなテーマになる。日米安全保障協力の内容を具体的にあげて、その意義を書くように」

私は担当者にそう指示をしていた。その後、外務省とは何度もやりとりをし、共同文書は出来上がっていた。

この共同文書では第二項「政治・安全保障・経済の面での二国間の協力」の中で、こう綴《つづ》られた。

両首脳は、二〇〇五年二月の共通戦略目標の策定や、日米同盟を将来に向けて変革する画期的な諸合意が行われたことを歓迎した。米軍及び自衛隊の過去数十年間で最も重要な再編をはじめとして、これらの合意は歴史的な前進であり、米軍のプレゼンスをより持続的かつ効果的にするものである。同時に、変化する安全保障環境において、日米同盟が様々な課題に対処するために必要とする能力を確保するものである。両首脳はまた、これらの合意の完全かつ迅速な実施が、日米両国にとってのみならず、アジア太平洋地域の平和と安定にとっても必要であることについて一致した。

この合意に至るまで、約三年半がかかっていた。その間、日本の防衛、外務の当局者がどれほど両国間を頻繁に往復し困難な折衝を重ねこの日に至ったか、私は読み上げられる共同文書を聞きながらその日々を思い出していた。

午後になって、私たちはアーリントン国立墓地に献花に向かった。儀仗兵が手にする米軍の各軍旗が風になびく中、小泉総理を先頭に私たちは軍楽隊の演奏に包まれていた。私の前を行く米兵が日の丸を高く掲げていた。

ホワイトハウスで開かれた晩餐会《ばんさんかい》で、小泉総理は語りかけた。

「戦後六十年に渡り日米関係は日本の基本外交施策であり、今後も変わることはない。両国間で齟齬《そご》が生じた場合、他の国でそれを補うべきとの意見もあるが、私はそのような意見に与《くみ》しない。日米関係が良好であればあるほど中国、韓国をはじめとするアジアの国々との関係も良好になる。仮に日米関係を損なっても他国との関係でそれを補うというのではなく、日米関係を良くしながら他国との関係も良くしていくという考え方である。

日本は戦後、目覚しい成長と発展をしたが、それは戦争の教訓から反省し、日米関係を重視してきたからである。日米同盟は両国間の意義を発展させ世界の様々な課題の解決に向けて日米で協力するとの考え方であり、対米重視とは他国との関係を軽視するものでは決してない」

小泉総理のスピーチが終わったとき、会場にいた全員が立ち上がり拍手をしていた。

晩餐会では私はドナルド・ラムズフェルド国防長官と同じテーブルに着いた。ディナーはステーキだった。「日本の防衛事務次官がこのディナーに招かれるのは、戦後、初めて」と私は聞いた。

翌日、メンフィス空港を出発して、私たちは帰国の途に着いた。政府専用機がカリフォルニア州に入るあたりで、私は総理に呼ばれた。長勢甚遠《ながせじんえん》内閣官房副長官と外務省の藪中三十二《やぶなかみとじ》外務審議官も陪席し、海苔《のり》巻きと稲荷寿司《いなりずし》の昼食を取りながら、総理と話した。

総理は前日の昼食会で、ディック・チェイニー副大統領と次のような会話をしたと、その内容を私たちに明かした。

副大統領「総理、あなたの在職中のイニシアティブにより、日本における安全保障面の議論は、飛躍的に進み、行動で示すようになった。日本には、早く国際的に先進国としての責任を果たせる『普通の国』になって欲しい。今度は、集団的自衛権の行使に踏み切る議論に入っていくと思うが、いつごろまでになると考えているか？」

総理「日本国民は、先の大戦の悲惨な経験を忘れていない。集団的自衛権の議論を国民が支持するようになるまでには、まだまだ時間がかかる」

副大統領「（そうかとがっかりした様子で）米軍も日本軍相手に弱かったからな」

その上で総理は「アメリカが弱かった」とはどういうことか、私に解説を求めた。難しいと思ったが、私には防衛官僚としてアメリカを訪問し、数々の公共施設やアメリカの防衛産業、陸海空・海兵隊の部隊や訓練を視察した経験や、米国政府、政府関係者との各種の交渉を行なってきた経緯があった。「ひょっとしたら、アメリカは日本をこう考えているかも知れません」と前置きし、私は自分の考えを総理に説明した。

〈①「鳳翔《ほうしょう》」という空母を世界に先駆けて日本が最初に作ったという話を紹介する。皆、米国だと思っていたと驚く。

私「（空母は）高速で風上に向かって走る。一つの甲板で発艦と着艦を行なうとなると長大な滑走路が必要になるが、着艦専用の斜め滑走路を考案し、船の長さを短くて済むように研究していたのも日本です。よく戦後、日本人はアメリカのコピーを作る独創性の無い国民だと小・中学校で教えられたことがありますが、間違っています。真珠湾攻撃は、日本の装備の優秀性と、海上の長距離を連合艦隊で越えてハワイを攻撃するという日本人の作戦の独創性を、米国が侮《あなど》っていた面があります」

②ワシントンにある戦争モニュメントは、戦後長い間、アーリントン墓地の近くにある、硫黄島《いおう》の摺鉢山《すりばちやま》頂上に星条旗を立てている6人の海兵隊の銅像であったことを紹介する。

世界最強の軍隊と言われる海兵隊にとって、一番苦戦したのは日本軍との硫黄島の戦いであった。太平洋戦争で、初めて死傷者の数で米軍が日本軍を上回った戦い。いかに海兵隊がこの戦いを海兵隊スピリッツの原点としているかは、海兵隊の士官学校の卒業生が毎年硫黄島に来て、海兵隊の慰霊碑に献花してから現地戦争研修（「現戦」という）をするということからもうかがえる。

この後の沖縄戦での日本軍との地上戦と神風特攻隊の攻撃で、（米軍は）上陸軍の戦闘能力を失った。日本本土上陸作戦を遂行したら米国の兵士の多くの生命が奪われる、それで原爆の使用とソ連軍の参戦に踏み切ったと言われている話を紹介。

③ペンタゴンの地下に「戦争絵画館」があり、アメリカが独立して以来、戦った戦争の絵画が展示してある。それを見て気がついたのは、第2次世界大戦での絵画は

ヨーロッパ戦線を描いた絵画の数よりも太平洋戦線の戦争絵画が多いことであった。それを見た時、若い時の自分はひょっとしたら、米国にとっての第2次大戦は対ドイツ・イタリアではなく、対日本ではないかと思ったことを話し、それだから戦後日本の力を侮れないと感じ「日本という国を無害化することに重点が行き過ぎ、日本人を平和主義者にし過ぎたことを悔やんでいる」という副大統領の思いが出たのではないかと思うと、私の見解を話す〉

私は防衛局防衛課の先任部員（筆頭課長補佐）であった時の一九八六年、米国務省の招待で四十八日間の研修に行き、米国各地をまわり、米国そのものを見る機会を与えられていた。

私は続けて、今後の日米同盟についても持論を述べた。

「アメリカは日本に普通の国になって欲しいと集団的自衛権の行使を求めますが、軍事力には戦車、護衛艦、戦闘機などの正面と、それらを支える後方の両方が必ず必要です。これは軍事の基本ですが、その割合は正面一に対し後方は二の割合です。自衛隊でも同様の比率です。医療、食料補給、通信、設営などの後方支援部隊はどんな軍隊にも必要不可欠です。

日本が安全保障の面で普通の国になるのには、国民がその必要性を理解することと、アジア・太平洋の国々の支持を得ることが必要です。それには時間がまだかかります。それまでの間は、日本は集団的自衛権行使の問題が発生しないように気をつけて後方を担《にな》うことです。国際貢献がしっかり出来る。しかも、後方任務を過不足なく果たせる国は限られています。日本はこの方面を担当していくべきだと、私は考えています」

小泉総理は大変興味深そうに聞いていた。

日本時間七月一日午後三時。機中で飯島秘書官から、橋本龍太郎元総理が亡《な》くなったことを知らされた。羽田到着後、すぐにお焼香に行って欲しいと言う。日米首脳会談に随行し、その帰途のことだ。私はその報に運命を感じた。

一連の在日米軍再編はこの十年前、橋本総理に官邸に呼び込まれた時から始まったのだ。日本の防衛政策の大転換がその時から始まったのだと、私は橋本総理、梶山官房長官、古川副長官の指導を得た日々を思い出し、その記憶に浸っていた。

〈7月5日（水）320携帯電話鳴る。早期警戒情報　NKミサイル発射を報《しら》せるもの。身支度を整えている内に2発目撃ったとの警報。妻を起こして役所に行くと告げ、外に出る。タクシー捉《つか》まらず、10分待って捉まえ、正門で降りず、直接玄関にのり入れる。425マスコミの動きなし。調査課の者に部屋を開けておいて貰《もら》う。直《す》ぐ地下2階の中央指揮所防衛会議室に入る。引き続き3、4、5、6と発射される〉

小泉総理に随行し、五日間の日程を終えアメリカから帰国してまもなくの二〇〇六年七月五日、北朝鮮がミサイルを発射した。その日、午前三時過ぎに携帯電話で知らせを受けた私は、庁に駆けつけて、その対応に当たった。

防衛庁地下にある中央指揮所には内局と各幕僚監部から常時、四、五十人のスタッフが詰めているが、彼らから一通りの説明を聞いた後、幹部による防衛会議が開かれた。額賀大臣はこの件で官邸に出向いていて不在だった。防衛会議では北朝鮮に対して「抗議すべきだ」という声が多かったが、私はそれを制止した。

「日本に向けたものと言えるのかどうか、それから、弾道ミサイルの弾着方向に対する航行警報、水路通報、航空警報が出されているかを確かめるのが最初だ。軽々に発言するな」

私はそう言って、いきり立つ一部の幹部を戒めた。国際的に自由に使えることになっている公海は、そこを利用する際に、あらかじめ日時と水域を報せることになっている。また上空一万メートル以上の公空も使用する際には同様である。それらの届けがなされていれば、今回のミサイル発射は正式な手順を踏んだことになるからだった。

この後、官邸から大臣が帰るのを待って、防衛会議は再開された。分析と警戒態勢、それから官邸と各省庁との緊密な連絡体制を維持することが確認された。額賀大臣は二回目だからか、落ち着いている印象を受けた。また私たちもその予兆は押さえていたので、慌《あわ》てることはなかった。計七発のミサイルはすべて日本海へと着弾した。

そして渡米前に指示していたイラク撤退は、七月二十五日の二百八十人の帰国で無事完了した。これを受けて七月二十九日には、東京の練馬区にある陸上自衛隊朝霞駐屯地で隊旗返還式が行われた。第一次から今回帰国した第十次までの歴代の復興支援群長、復興業務支援隊長、警務司令を招いたものだった。

懇談会で先崎《まつさきはじめ》一統幕長が感想を述べた。

「一次から四次までは悲壮な思い、五次から六次は努めて明るく、七次、八次は土地柄か、積極果敢だった。九次、十次は撤退を見越してスマート」

イラク復興支援群はこの二年半にわたり、地区ごとの陸上自衛隊が派遣されていた。第一次第二次は北海道、第三次第四次は東北の部隊だったが、「いつ隊員が死ぬかという思い」が頭にあった。第五次第六次は中部北陸、第七次第八次は九州、第九次第十次が首都圏、関東からだった。統幕長の感想はきわめて的確だったと言えた。

式典では小泉総理が式辞を述べた。

「諸君は自ら志願して行き、夏は五十度、冬は零下、そしてイスラムという厳しい環境下で身を律し、一人の犠牲者を出すことも無く、一発の銃弾を撃つことも無く、任務を完遂したことを総理として誇りに思うし、諸君も胸を張ったらいい」

各隊代表およそ千人を前に、言葉を贈った。

私は総理の式辞を聞きながら、二〇〇四年一月に初めてイラクに復興支援群を派遣してからの日々を思い出していた。

私が自衛隊のイラクからの速やかな撤退を考え始めたのには、二つの事柄が影響していた。

ひとつは二〇〇四年十月に運用企画課の土本英樹企画官（シビリアン）がサマワに入り、現地から送ってきたレポートを読んだことだった。宿営地にロケット弾が着弾した様子が詳細に綴られていたが、その中には次のようなくだりがあった。それは外務省のサマワ事務所長から聞いたという話だった。

事務所長はこう明かしたという。

「（ロケット弾が着弾した）二十三日の十一時頃、ムサンナー県知事から急遽《きゅうきょ》、呼び出しがありました。訪日時には総理、外務大臣、防衛庁長官等との会議の場で『貴国の応援を感謝している』と述べたのに、この日は『自分にはおみやげ（電力などの大型案件）を与えることなく、手ぶらでイラクに帰国させた。これには納得出来ない』と言い、知事の不満の開陳の場となった。帰り際《ぎわ》に在外公館向けに作成した来年のカレンダーを知事に渡そうとしたところ、『私が欲しいのはこんなものじゃない』と受け取りを拒否。同席した同僚は『我々はイラクのために尽くしているのに、なぜあそこまで言われなければならないのか』と、知事の対応には相当頭にきているようでした」

私はこのレポートを読んで、同年六月に作家の曽野綾子さんから「早く自衛隊の人を日本に帰すことを考えるべきです」と忠告されたことを思い返していた。大阪の新阪急ホテルで開かれた大阪防衛協会四十周年の記念総会の場で、私は石破大臣の代理として出席していた。

曽野さんは私にこう続けた。

「日本人はイスラムの世界を理解していません。イラクは国家ではなく、部族の集まりです。防衛庁はサマワの部族の数を二十ないし三十と推定していますが、私が来日した部族長に尋ねたところ、その数は四百とのことでした。イラクには国家・国民の意識はなく、民主主義や基本的人権よりも部族の掟《おきて》を優先します。しかも彼らは誇り高いから頭を下げることはなく、日本政府がやらざるを得ないように仕向けてくる。これからイラクに新政府が出来ますが、それは部族の共同体が出来るということです。交渉上手なアラブ人に自衛隊は翻弄《ほんろう》されます」

二〇〇五年八月、後任の三輪恒佳《つねよし》企画官がバスラで行なわれたイギリス、オーストラリア、日本の文官の連絡会議で、イギリス軍が撤退を考えていることを聞くに及んで、私は自衛隊の撤退協議をアメリカと始めるよう指示した。困難な交渉であったが、内局の事務方は一年かかってアメリカの同意を取り付けていた。

小池百合子沖縄担当大臣から突然、電話がかかってきたのは、八月十七日のことだった。「今、キリバスから帰った」と何かの国際会議の帰りであることを説明した後、小池大臣は私に意見を求めてきた。

「それで、沖縄の知事選は仲井真氏でいいの？」

「突然の電話で、五月の閣議決定以来で戸惑ってます」と、私はあの際の身勝手さを責めるつもりで皮肉を伝えたが、大臣はその意味を理解していないようだった。

「私が沖縄の北部振興策を閣議決定から外さないようにあれほど政府内で頑張ったの

に、その後、沖縄はなしのつぶて。ここに来て知事選の相談なんて虫がよすぎる。勝手だ」

電話口で小池大臣は、私に愚痴をこぼした。

十一月に予定されている知事選について沖縄側から意見を求められているようだったが、どうして私相手にそのような沖縄に対する感情を伝えるのか、私は理解出来なかった。

「立候補を予定している下地さんを降ろさない限り、仲井真さんに勝機はないと聞いています。また仲井真さんで基地問題が解決できるとは私には思えません。基地を食い物にして基地問題の解決を遅らせている人を排除できるのかを、選挙の軸にして争うべきです」

「そうよねえ、そんな人はやっちゃだめよねえ」

小池大臣は私の考えに納得したようだった。

五月三十日の閣議決定（「在日米軍の兵力構成見直し等に関する政府の取組について」）で、「①V字案を基本として代替施設の建設計画を策定する②北部振興策は廃止する」と、一応の決着をみたものの、次に地元沖縄との協議が再び待っていた。前にも触れたが、閣議決定には代替施設の具体的な建築計画などについては「沖縄県及び関係地方公共団体と協議機関を設置して協議し、対応する」との断わりが明記されていたからだ。八月二十九日にはようやく第一回の「普天間飛行場移設措置協議会」が開かれることとなっていた。

官邸の二橋正弘官房副長官からは「沖縄にはアメリカと決めたものを押し付けるという形にならないよう、工夫が必要」と、忠告されていた。事務方を通し、沖縄側との折衝が続いていたが、五月一日の「2プラス2」の日米合意後になって稲嶺知事は「暫定《ざんてい》ヘリポート案」を口にしていた。「また後出しじゃないか」、私は沖縄のいつもの手に呆《あき》れていた。

「地元で島袋市長が袋叩《ふくろだた》きにされている」

そうした報告も沖縄から上がっていた。政府案に合意した島袋名護市長をまわりが責めているというものだった。

八月二十四日、沖縄側が協議会の開催に消極的だとの情報が入ってきた。協議会まであと五日しかない。私は小池沖縄担当大臣に電話をした。

「沖縄側に協議会に出てくるよう、説得していただけませんか」

小池大臣からは「わかった。努力してみる」との返事だった。

その晩、私が自宅にいると、国際企画課の池松部員から連絡が入った。その日に行われた陸上自衛隊の「富士総合火力演習」の予行演習に台湾の将軍を招待したという記事が、明朝の新聞に掲載されるという。

年に一度、静岡県の東富士演習場で行われる同演習は、火力戦闘を想定し実際に戦車が展開する。自衛隊員への教育であると同時に、自衛隊を国民に広報するという目的もあった。見学席は無料だが、三日間で八万人も集まる。そこに日本とは国交がない台湾の軍関係者が招かれていたというのだった。

これは防衛庁が招待したわけではなかった。私もその電話で初めて事実を知った。後からわかったことだが、自衛隊のOBが個人的に知人を呼んだもので、一般席で演習を見学していたということだった。防衛庁が招待していた事実はないから何ら問題はない。私は池松部員に防衛庁のスタンスを指示し、電話を切った。

ところがしばらくして、額賀大臣から携帯に電話が入る。深夜十二時のことだった。

「お前何しているんだ」

その第一声から怒りに満ちていた。

「台湾の件についてマスコミから問い合わせがあったが、俺には誰からも報告がないから答えられないじゃないか。なぜ君のところで報告を止めて、俺に上げてこないんだ。都合の悪いことを隠す隠蔽《いんぺい》体質は直っていないな。何のために八年前、お前を官房長に抜擢《ばってき》したと思っているんだ。お前が事務方のトップなんだぞ。仕事の忙しさにかまけているんじゃないか。だから、次から次へと世間を騒がせる事件が起こるんだ」

額賀大臣は一気にそうまくし立てた。

「九月に俺が代わるまでに人事を一掃する。覚悟しておけよ」

大臣にこうした案件を報告するのは私の任務ではなく、担当の防衛政策局（注・この年七月、防衛局は防衛政策局に名称変更）長や課長だ。私は当然、彼らから大臣に報告されていると思っていたから、大臣の怒りに面食らった。大臣がよく行く、赤坂の個室のある会員制クラブからだと直感した。まわりにはそうした賑《にぎ》わいの気配がしていた。私は謝った。

「この事件の経緯を知り、担当の国際企画課を指導しています。当然、大臣まで報告されていると思っていました。どうしてこの政治的判断を伴う案件を、防衛政策局が大臣に上げなかったのかが残念です。事務を取り仕切る私の責任は大臣のおっしゃるとおりです。大臣の信なくして、次官の職責を全うすることは出来ませんから、大臣の判断に従います。その前にこの事件がどういう事件でどのように対処したのか、なぜ大臣に上がらなかったのかを調査して、説明させていただきます」

そう答え、電話を切った。

額賀大臣からここまで激しい口調で叱責《しっせき》されたのは初めてであった。額賀大臣は穏やかな話し方をする人で、感情的になることはまずなかった。私は粉骨砕身努力しているのに判《わか》ってもらえない無念さを覚え、意外と私の気付かないところで大臣は私の存在が鼻についているのかもしれないと考えてみた。大古防衛政策局長と廣瀬行成国際企画課長に急いで電話をし、明朝八時までに大臣への報告書をまとめるよう指示をした。

この夜は気分が昂《たかぶ》り、朝まで眠れなかった。

額賀大臣はこの時期、明らかに機嫌が悪かった。その頃、自民党総裁選の候補者が絞り込まれていたが、額賀大臣は津島（旧橋本）派の候補から降ろされていた。「津島派の候補として出て、少ない得票では困る」といって、青木幹雄参議院議員会長と久間章生総務会長の両氏が首を縦に振らなかったと聞いた。つまり組閣で津島派のポストを獲得するために、額賀大臣に諦《あきら》めさせたということだった。額賀大臣はこの七月から八月初旬にかけて庁にいることは少なく、もっぱら総裁選のために動いていた。

この台湾の一件の少し前だが、こんなことがあった。

八月に防衛庁では夏の人事が行われる。目前に迫った人事調整に手をつけるために、私はかねてより大臣室に訪ね相談を持ちかけていた。人事は私が勝手にやるわけにはいかない。私自身も事務次官になり、丸三年が経《た》とうとしていた。七月二十八日には二橋官房副長官からこう言われてもいた。

「防衛庁は次の総理になる人が長官となる役所になった。次官には安全保障の問題で外務省やアメリカなどと丁々発止と交渉が出来る人が望ましい。予算では財務省と、国民保護やテロなどの案件では警察庁や総務省と渡り合える人物がいい。守屋次官の後任ですが、大古は評判が悪い。飯原（一樹・経理装備局長）は早すぎる。西川（徹矢・官房長）、飯原と二代他の役所が続くのは、防衛庁のキャリアには不服だろう。あなたは早くて一月、遅くても来年八月まで」

西川官房長は警察庁、飯原経理装備局長は大蔵省の出身だった。

私が額賀大臣に相談すると、大臣はこう言った。

「事務次官は君が続投しろよ、君しかいないから」

私はほかの人事についても尋ねたが、「任せるよ」の一言だった。ところがその数日後、私は額賀大臣に呼びつけられた。大臣室に入ると、「人事はどうなっているんだ」と言った。

「俺は了解した覚えがないぞ。お前、勝手に人事を決めるなよな」

すでに異動の内示は終わっていた。「大臣が任せるとおっしゃったので」と私が説明しようとすると、額賀大臣はさらに激高した。

「お前のことを新聞記者が独裁者だと言っているぞ。お前、いい気になっているんじゃねえか」

翌日、大臣に詫《わ》びたが、私はどうにもしっくりこなかった。

そのようなことが八月初旬にあったが、台湾の一件ではその時とは比べようもないほど大臣は私に怒りをぶつけた。

八月二十八日、翌日に第一回目の普天間飛行場移設措置協議会を控え、私は朝からその準備に忙しかった。昼に大臣室へ行き、対応を打ち合わせた。

「沖縄の条件を呑《の》んで無理に開催する必要はない。協議会の司会は小池大臣ではなく、政務の官房副長官に任せるべき。発言の事前登録は国だけでなく、沖縄県も行なうべき」

そうした大臣の要望を踏まえ、官邸や各省と調整を進め事前の準備が終わったが、夜になって事態が動いた。午後十時三十分、自宅へと向かっている私の携帯が鳴った。辰己《たつみ》昌良《まさよし》・防衛施設庁施設部施設企画課長からだった。

「今、赤坂プリンスホテルに大臣と門間さんといるのですが、何度も大臣が呼びかけているのに島袋さんが出てきません。今日はホテルで名護市と会合を約束していたのですが。明日、協議会をボイコットする可能性が高いかと思います」

額賀大臣はこうした会合の際、私に声をかけるのが常だったが、私に怒鳴った一件から日も経っていないためか、この晩の予定は知らされていなかった。辰己課長からの報告に私は嫌な予感がした。

翌朝、私は永田町・自民党本部にいた。その日は朝九時から自民党の国防三部会が、六十名ほどを集め開かれていた。防衛庁から米軍再編について説明をするため、北原防衛施設庁長官、大古防衛政策局長などが呼ばれていた。私はその様子を見るために、政府側の長机に座っていた。

しかし九時半に国防三部会出席の約束なのに、いつまで経っても額賀大臣が現れない。大臣は八時から官邸で沖縄との協議会に出席していた。

十時二十分になってようやく大臣が部屋に入ってくると、大臣にお供していた門間会計課長が私に報告した。

「八時の開始時刻に合わせてみな揃《そろ》っていたのですが、いくら待っても沖縄側が会場に来なかった。それで時間が押してしまいました」

門間課長によれば、官邸四階の大会議室にはすでに額賀、麻生、小池、二階の四閣僚（他の六閣僚は代理出席者）、司会の長勢官房副長官、それから二橋副長官、防衛、外務、内閣（沖縄担当）、財務、経産の各省局長がみな揃っていたという。八時二十分になって業《ごう》を煮やした二橋副長官が事務方の部下を使って「沖縄側がなぜ出席しないのか」と問い合わせさせたところ、ホテルにいた沖縄側の返事は耳を疑うものだった。

「私たちの条件は小池大臣に伝えてある。小池大臣に聞いてください」

びっくりした二橋副長官が小池大臣に「どういうことですか」と聞いたところ、小池大臣は小池大臣でまた驚くことを口にした。

「だから私が、何度も言っているでしょう。振興策と基地問題とのリンクを失《な》くすことですよ」

会議場に居合わせた閣僚と事務方は、皆、小池大臣のこの発言にあっけに取られたという。その件は五月の閣議決定で廃止が決定しているからだ。一時代前なら、閣内不一致で大問題になるはずだった。この協議会は、国と沖縄県との間で公式に決められた会である。当然、約束をすっぽかされた閣僚たちからは激しい抗議が殺到した。

門間課長が、協議会で待たされていた閣僚の様子を私に報告した。

「欠席するとは何だ、意見があるなら出席して主張すべきだとの意見が相次ぎました。これに対し、慌《あわ》てた小池大臣が電話して官邸に来るよう沖縄側を説得にかかった。九時になってようやく沖縄側が会議室に姿を現しましたが、遅れた挨拶《あいさつ》をすることもなく、小池大臣の誘導で別室に入っていった。そこで稲嶺知事と島袋市長、北部首長は額賀、小池両大臣と協議を始めました。

十五分ほどして別室から彼らが出てきて、やっと協議会の第一回会合が開催されました。額賀大臣は『基地問題と振興策はリンクしている』と発言。さすがに小池大臣も『リンクあり』との発言で、その前の対応を百八十度翻《ひるがえ》していた」

すると儀武金武町長がこう言ったという。

「政府内の意見が統一されていないので、我々はとんだ迷惑を被《こうむ》った」

この経緯を見て門間課長は「政府関係者は沖縄は聞きしに勝る交渉上手と、沖縄に対する不信感を募らせたようです」とその様子を述べたので、私は「沖縄の交渉上手は一筋縄ではいかないことに気がついたのであればいいが」と答えておいた。

結局、この第一回協議会では何も進展せず、次回以降の日程すら決まらなかった。

自民党の国防三部会が終了すると、額賀大臣から指示があった。

「米軍再編問題について北原施設庁長官と大古防衛政策局長の関与が見えない。課長連中が働きすぎだ。俺から言うと角が立つので、次官から言っておいてくれ」

二人の幹部は、この部会で議員からの質問に上手に説明が出来ていなかった。大臣の言いたいのは「課長連中に注意しろ」というのではなく、二人の幹部が「働かなさすぎ」ということだった。

「よくお前、それで飯食ってるな」

「もっと分かりやすく説明しろ」

二人の説明に、確かにそうした野次が会場には飛んでいた。北原長官は談合問題に掛かりきりで、米軍再編には係らないでいた。私はこの二人に電話をし、大臣の意向を伝えた。

二〇〇六年九月二十六日、安倍晋三内閣が誕生したが、その五日前、私は事前に予約をし二人の国会議員を訪ねている。組閣を週末に控え、額賀大臣留任をお願いするためだった。在日米軍再編や省昇格など政治的に難しい課題が目白押しで、防衛庁の行政に通じ、対米交渉、地元交渉も出来る額賀大臣でないと、それらが厳しいものになるのは目に見えていたからだ。

午後二時二十分、まず訪ねたのは自民党本部の久間章生総務会長の部屋だった。久間会長に用件を話すと「額賀がいいよな」との返事だった。三時十五分、続いて議員会館に、今回の党人事で幹事長に就いた中川秀直議員を訪ねる。中川幹事長は「額賀さんでもいいが、久間さんでもいいなあ」との答えだった。しかし庁に帰ると、額賀大臣は「俺の留任はないよ」と寂しそうに漏らした。私は翌朝、森喜朗前総理を事務所に訪ね陳情した。

「わかった。安倍君から電話がいっても断わらないでくれよと、額賀君に言っといてくれ」

森前総理はそう言って笑ったが、防衛大臣に就任したのは久間総務会長だった。組閣の日は、朝早くからマスコミの問い合わせが殺到した。大臣は誰になるのかという質問だった。夕方になって、久間会長が官邸に呼ばれたとの情報を記者から聞いて、私は初めてその事実を知った。

二十六日の認証式の後、夜遅くなって登庁した久間新大臣は、大臣室で私を見るなり「次官にはめられたよ」と苦笑いした。そして、安倍新総理からの「官邸呼び込みの電話」の内容を幹部の前で明かした。

安倍「久間さん、頼みます」

久間「何の仕事を？」

安倍「久間さんが得意な分野です」

久間「額賀君の再任を頼んだはず」
安倍「いいえ、再任は外務大臣だけです」
久間「裏目に出たか」

久間大臣は、「力のある人でないと防衛大臣はできないから、私になった」とも言っていた。額賀大臣も久間新大臣も津島派だった。額賀大臣を総裁選に擁立する声が出たとき、まっさきに「勝負は決まっているから、政権派閥と喧嘩《けんか》すべきではない」と言って反対したのが久間大臣だったと、報道されていた。

一九九六年、橋本内閣で防衛大臣を務めていた久間大臣は、アメリカと取り交わしたSACO最終報告を承認したうちの一人だった。その後、自民党幹事長代理を経て、総務会長に就いていた。

「側近重用」とマスコミで揶揄《やゆ》された安倍内閣では、官房長官に塩崎恭久《やすひさ》、沖縄・北方担当には高市早苗、財務には第一次小泉内閣で沖縄・北方担当（科学技術政策担当を兼務）を務めた尾身幸次《おみこうじ》の各議員が就き、麻生太郎外務大臣が再任となった。小池百合子沖縄担当大臣は、首相補佐官（国家安全保障問題担当）に起用された。

二橋正弘氏に代わって安倍内閣で官房副長官に就いたのは、旧大蔵官僚の的場順三氏だった。十月二日、次官会議終了後、執務室で私は的場副長官に防衛庁の抱える諸問題について業務説明した。

①　米軍再編
②　沖縄問題
③　グアム移転経費
④　中期防衛力整備計画と財政再建
⑤　テロ特別措置法の継続の問題
⑥　省昇格の問題

私は的場副長官とは面識があった。警察庁から防衛庁に出向し施設庁長官まで務めた元内閣安全保障室長の佐々《さっさ》淳行《あつゆき》氏が主宰する、「危機管理フォーラム」で会ったこともある。

防衛庁は火器や戦車、航空機などを購入する「お買い物役所」だから、予算を取ることが重要な仕事だ。そのため大蔵省時代も含め財務省とは付き合いが深い。自治省出身の防衛庁幹部は少なかったが、財務省から出向してくる幹部は多かった。そうした縁があったからか、的場副長官とは馬が合った。

「こんなすごい役所になったのか」

的場副長官は懸案事項の多さとその重要性に驚いていた。的場副長官は内閣審議室長として中曽根康弘、竹下登など四人の総理に仕えたが、霞が関は十六年ぶりだった。副長官からの質問にも答え、三十分の予定が七十分となった。

安倍内閣組閣で幕を明けた臨時国会では、前の国会で継続審議となっている省法案を成立させなければならない。私は関係各所まわりの、慌《あわただ》しい日々を送ることになった。ところがその矢先に起きたのが、大分県の陸上自衛隊玖《く》珠《す》駐屯地で起きた小銃紛失事件だった。

自衛隊では武器の管理がもっとも厳しい。小銃については使用後は必ず、武器庫にある銃架に二十丁ずつ立て、引き金部分に鎖を通し、持ち出されないように施錠《せじょう》する。その上で武器庫の鍵《かぎ》をかける。さらにその鎖と武器庫の鍵は上官が管理する。万全の保管体制をとっている。ところがここから小銃一丁と拳銃《けんじゅう》一丁、それぞれの弾倉計三個が紛失したのだった。

玖珠駐屯地には陸上自衛隊では「花形」の戦車部隊が駐屯していた。冷戦時代の本土侵攻作戦では国土防衛の主要部隊として陸上自衛隊は戦車を千百両保有していたが、冷戦終了後、八百両まで減り、その立場は微妙に変化していた。災害地やイラク復興支援で活躍したのは補給、輸送、施設、衛生などの後方部隊で、戦車部隊は派遣されていない。

かつて自衛隊では目立たない存在だった後方部隊が活躍した一方、「花形」だったはずの戦車部隊はその陰に隠れることになったのである。そう考えると、玖珠駐屯地で発生したという意味はかなり根深い問題を孕《はら》んでいるのかもしれないと、私は推測していた。

この事件では二年後になって元隊員が逮捕されるが、当時の私は省法案が成立するかどうかの大事な時期のこの不祥事に、気が気ではなかった。加えてこの時期、八月に発覚した海上自衛隊一等海曹の中国への無断渡航が、機密情報を海外へ持ち出していたのではないかとマスコミが騒いでいた。自衛隊では隊員が海外旅行に出かける際には、申請の後、上官の承認が必要と訓令で決まっている。

また安倍総理は、総理の諮問《しもん》懇談会を設けて集団的自衛権についても議論すると言い出していた。久間大臣も「検討の余地がある」と、安倍総理に追従していた。この問題は庁の定例懇談会でも議題に上ったが、私の考えは「正当防衛・緊急避難の法理で説明できる」だった。

集団的自衛権は「自国と密接な関係にある外国に対する武力攻撃を、自国が直接攻撃されていないにも拘《かか》わらず、実力を以《もっ》て阻止する権利」を言うが、政府は日本には憲法第九条があり「我が国を守るためではないから、それは憲法上許されない」との立場を取り続けていた。一九九九年の「ガイドライン法（周辺事態安全確保法）」では米軍への物品・役務の提供をすることが明記されたが、これは「後方地域」という戦闘地帯と一線を画した地域で行われるので、武力行使とは一体化しないと整理していた。

私は、国際社会が世界の平和を維持するために人的被害を出してまで協力し合っている時に、日本だけ「憲法で禁止されているから出来ません」ということでは、国際社会の中で生きていくことは出来ないとの立場だった。しかし、どうしてこの時期に集団的自衛権について議論する必要があるのか、私には理解出来なかった。

しかも安倍総理は「教育基本法改正が最優先」と明言していた。これは自民党新総裁となった際の記者会見でも表明していた。

〈10月4日（水）945国会連絡調整官　省法案の国会審議のスケジュールの予想　教育基本法の改正が安倍内閣の最優先課題　1100公明党草川参議院議員「先週土曜日、

党の事務局で福田・細田元自民党副幹事長たちと会合を持ったところ、細田氏、省のこと急いでやる必要ないと発言。公明党が党内をまとめるのにどれだけ大変だったのかが判《わか》っていない。逆なでする発言だ」と1420二階国対委員長室「①必ず今国会で成立させる。②歴代国対委員長に来てもらって、智恵《ちえ》を出してもらうよう部屋を新しく作った」〉

二階俊博衆議院議員は自民党内に「新しい波」という二階グループを持っていたが、以前より防衛問題にも熱心だった。二〇〇一年に保守党が議員立法で省昇格法案を提出した際の中心だった。二階議員が保守党の幹事長となった二〇〇一年九月に私は官房長であり、自民党、公明党、保守党の連立三党との間で国会の根回しに動く中で、二階議員をよく知るようになった。また私は「新しい波」では頼まれて安全保障について講演もしていた。

保守党はその後、保守新党となり、二〇〇三年十一月の衆院選で議席を減らし自民党に合流したが、旧保守新党のメンバー七名が結成したのが「新しい波」だった。二〇〇五年の衆院選後には、所属議員が倍増している。最高顧問に海部俊樹《かいふとしき》、会長代行に井上喜一、副会長・愛知和男といった議員が就いていたが、この後、二〇〇九年の衆院選敗北で「新しい波」は解消され、伊吹派に流れることになる。

「俺は保守党のためには何もしていないけれど、自公のためには働いている」

二階議員は、よくそう口にしていた。

長く続いた自公保三党の連立政権の中で、保守党は少数党であっても自公の政策や国会運営には是々非々の立場で取り組んでいた。公明党が進めた児童手当ての支給対象拡大など、圧倒的多数を誇る自民党が反対した事案に対しても、公明党を支持して法案の国会成立を実現したという実績があった。「小党なりといえども連立与党を支える」という誇りを所属議員は持ち、保守党の勉強会はよく開かれ私もたびたび顔を出した。

その「新しい波」の会長に就いていた二階議員が、この国会では自民党の国会対策（国対）委員長を務めていた。


〈10月5日（木）1030金沢防衛政策局次長以下在日米軍再編チーム、来週行なわれる日米審議官級協議の指導　1355西部方面総監に玖珠の件　督促　1419増田人事教育局長、玖珠の件を指導　1853西川官房長「民主党の外交・防衛担当の理事（外務省のキャリア出身）は省昇格は時期尚早。省格上げの必要性ないと発言」

10月6日（金）1025公明党太田代表「13日テロ特　14日防衛省法案　衆本会議で趣旨説明　これを予定通り進められるかが勝負」と厳しい認識。私もその通りだと思う　1300公明党　北側幹事長に省法案の御願い　厳しい対応「（代わりに）横田空域の返還は是非進めて欲しい」といわれる（注・北側一雄議員は第三次小泉改造内閣では国土交通大臣だった）1400公明党　漆原《うるしばら》国対委員長に省法案の御願い　好意的な対応を頂く　58西田外務審議官（注・外務省のナンバー2）よりTEL　省移行　外務省の所掌に触れないかの確認　1640陸上自衛隊警務隊長　玖珠事案の説明　1800官房長　国会担当審議官　省法案の国会の扱い状況の報告〉

　週明けの十月九日は、「体育の日」で休日だった。朝九時半に理髪店で散髪をしていると、「北朝鮮核実験強行」というニュースが記者から携帯電話に入った。散髪を途中で止《や》め、急いで庁に向かった。

　久間防衛大臣は衆議院議員補選の応援のため大阪に移動中だったが、至急、戻るようお願いした。気象庁では「核実験による地震波は認められない」と報告していたが、防衛庁では核実験場周辺で地震波をすでに確認していた。「これが核実験によるものなのかの断定は難しい」との理由で発表は控えるという報告を受けていたが、「情報は発表したほうがいい」という大臣の考えで記者発表を行った。

こうして三連休が明けると、この北朝鮮の核実験が「周辺事態」にあたるのではないかという議論が起きた。有事ではないがそのまま放置すれば日本の平和と安全の維持に重要な影響を与える可能性がある、ということだった。

一九六〇年の改正日米安保条約の第六条では、「米軍が極東の平和と安全維持のために日本の米軍基地を使用出来る」としており、その地理的な適用範囲を「フィリピン以北」と規定していた。これは当時の軍事状況を前提にした地域概念だった。ところがベトナム戦争が起こり、フィリピン以南のベトナム本土に沖縄などの在日米軍基地から直接、空爆に出撃する事態が日常化した。

この時、野党は「安保条約第六条に違反している」と政府を追及した。これに対し外務省は、国会答弁で次のように説明を繰り返していた。

「米軍のパイロットは、日本本土を出る時はその行き先を告げられていない。飛び立って日本の領域外に出た時に米軍司令部から命令が入り、ベトナム空爆に向かう。日本の米軍基地を出撃する時には極東地域以外へ行って戦闘行動をすることが決まっているわけではないので、日米安保条約第六条の違反にはあたらない」

その後、橋本内閣での共同宣言では安保条約第六条に加えて、日本の周辺事態の際には米軍は日本の基地を使えるように規定された。

「周辺事態」は一九九七年の「新ガイドライン（日米防衛協力のための指針）」の中間報告でまとめられ、了承された。これは一九九三年の北朝鮮の核拡散防止条約（NPT）脱退宣言（三月）と日本海中部に向けての弾道ミサイル発射実験（五月）を受けて、日米両政府が朝鮮半島危機に備えた体制作りに取り組んだ結果だった。

「周辺事態」の際、日米が防衛協力することになったのは、「救援活動、避難民への対応」「捜索、救難」「非戦闘員の退避」や「施設の利用」だった。これにより米軍は自衛隊や民間の施設を使用することが可能となり、人員、物資、燃料、衛生、通信などが日本側から後方地域支援として提供されることが決められた。

北朝鮮が核実験を行ったという事実は、衝撃的であった。あれほど長期にわたる国際的監視の中で、しかも核開発を止めるようにとの国際的な強い要請があったにも拘《かかわ》らず強行された。

しかし核実験が成功したかどうかは専門家による分析が必要で、すぐには分からない。仮に成功したとしても、北朝鮮は核兵器を積んで日本にまで飛んでくる能力のある爆撃機は保有していない。ミサイルの弾頭にコンパクトに納められる核爆弾の開発にはまだまだ時間がかかる。そのため私はこの事態をそれほど危険なものだとは見ていなかった。しかも「周辺事態」については、まだ議論すべき時ではないとの考えだった。好戦的と取られるのも得策ではない。

しかし、マスコミの関心はこれが「周辺事態」にあたるのかどうか、もっぱらそこにいった。「集団的自衛権」同様、この問題を煽《あお》ろうとしているのは明らかだった。防衛庁内でも意見はわれたが、私は「時期尚早」とこれをなだめていた。久間大臣は私と同じ考えだった。

「今の状況は周辺事態に認定できる」

テレビでそう発言していたのは、麻生外務大臣だった。「周辺事態」と政府が認定すれば防衛庁は実際に部隊に命令し警戒監視しなければならず、防衛体制も講じなければならない。警戒監視体制を取ることは、これまでにも何度も実施してきたからまったく問題はなかった。しかし「周辺事態」と認定し国内で防衛体制を取る、米軍に対し港湾、飛行場の追加提供を行うなどの措置を取ることは、当時まだまだ検討の段階で、踏み切ればいたずらに混乱を招くと思った。

何よりも、この段階でのそうした防衛庁・自衛隊の対応が国民の支持と理解を得られるとは考えられなかった。「周辺事態」ということになれば、省昇格にも少なからず影響が出るのは目に見えていた。

こうした間にも、私は省法案成立のために動き回っていた。各議員だけでなく自民党の「防衛庁を省にする国会議員の会」などにも顔を出したが、しかし、国会開会からひと月かけた割には思いのほかまとまりが悪かった。当初、予定されていた国会での省法案の審議入りは十月十六日だったが、それ以降もずるずると延びていた。

危機感を持った私は「根回しグループ」である西川徹矢官房長、富田耕吉防衛参事官、山内正和審議官、黒江哲郎文書課長を集め、発破をかけた。私自身もこれ以降、さらに積極的に議員たちに働きかけた。

十月二十五日午前八時、私は衆議院二階にある自民党国対委員長室の前で、二階委員長を待った。直談判《じかだんぱん》で、強くお願いするためだった。十月四日に国対委員長室で会ってからも、幾度となく連絡を取り合っていた。一時は「十九日に審議入り」という情報も伝えられた。

私を見つけると二階委員長は「ちょうどいい」と言って、私を第二十二控え室に連れて行った。そこでは自民党の国対と議運（議院運営委員会）の審議会が進んでいる最中だった。出席を許された後、挨拶《あいさつ》をするようにと二階委員長に促された。

国会対策委員と議院運営委員により、法案審議の順番は決まる。決められた会期の中でどの法案を優先的に進めるかは、その法案の重要性だけではなく、担当している省庁の熱意にかかっていた。私は頭を下げた。

「世界各国では、国の安全を担《にな》う役所はすべて省になっています。防衛庁発足以来の五十年の懸案で、政府提出の法案となったのは今回が初めてです。これまで省問題については長い経緯がありましたが、いまだ防衛省となるまでには至っていません。これは防衛庁と自衛隊の職員と、百万人を超えるOBの悲願なのです」

私の挨拶に「それほどの思いなら、やってやる」との声が、そこかしこで上がった。宮城県選出の小野寺五典《いつのり》議員は「守屋次官は、郷土の誇りです。みなさん、ぜひお願いします」とまで、出席者の前で言ってくれた。私は手ごたえを感じていた。

翌日、私は次官会議で官邸に出向いていたが、それが終わると隣接する衆議院の第一議員会館に向かった。エレベーターで最上階の七階まで昇り、自民、公明、民主、国民新党の各党および無所属の議員の部屋を、個別に訪問していった。そのフロアをまわり終えたら下のフロアに階段で降り、同じようにして各フロアをまわり、地上階まで降りた。手には省昇格のパンフレットを携えていた。これは広報用に二十万部を刷ったものだった。

昼時とあって議員不在が多かったが、留守番の秘書に「先生に必ず伝えて下さい」とお願いしパンフレットを渡した。「次官、自らで」と驚かれたが、一時間半をかけ、社民党と共産党以外、すべての部屋を訪ね終えた。後日、私は衆議院第二議員会館も同様にまわっている。

庁に帰ると何人かの議員からは直接、電話が入った。最初に協力を伝えてきたのは、自民党の新藤義孝《よしたか》議員（埼玉二区）だった。

「次官、来てくれてありがとう。ちゃんとやるから」

そう激励の言葉を口にしたのは、吉田六左エ門《ろくざえもん》議員（新潟）だった。また鈴木宗男議員からは、「小沢代表に俺から話す。民主は防衛省の問題を国会運営の取り引きに使うべきでないな」との電話をもらった。それまで民主党は党として反対の立場を取っていた。

二日前、陳情に行った私に、民主党の渡部《わたなべ》恒三最高顧問（元衆議院副議長）はこうこぼしていた。

「小沢がなぜ反対するのか判らない。民主党にも賛成する奴《やつ》は多い。松本、高木に話しておく」

渡部最高顧問は私の省昇格法案の説明に好意的であったが、小沢一郎代表のほか、松本剛明《たけあき》議員と高木義明《たかき》議員が反対しているというのだった。

松本議員は小沢執行部では政調会長を務めていたが、その父・十郎氏は自民党の国会議員で海部内閣で防衛庁長官を務めていた。一方の高木議員は長崎選出でそれまでに六回当選、三菱重工業の労働組合出身だった。同社の長崎造船所は自衛隊の船舶を作っているから縁もある。

ところがこの二人が反対しているという。特に高木議員はこのとき、民主党の国対委員長だった。小沢代表の顔色をうかがっているということだった。

法案はまず衆議院本会議でその趣旨を説明する。それが通った後、省昇格法案ならば安全保障委員会で審議が始まる。各委員会への付託が行われることを「吊《つ》るしが下りる」と言うが、いまだそれ以前、最初の衆議院本会議での趣旨説明にまで至っていない。国対が難航しているということだった。

渡部最高顧問に陳情した翌日、私は直接、高木国対委員長に省昇格法案の審議促進の依頼をした。

「私が反対と言われているが、私は反対ではない。進め方には順番があるでしょう。私はそれを言っている。そりゃー、審議次第ですよ。いつという約束をできるものでない」

「順番」とは教育基本法改正法が成立してから、ということである。

「小沢と話す」と約束した鈴木議員からは、翌日すぐに電話があった。

「小沢先生と電話で話したが、小沢さんは『自分も省昇格はやるべきだ、そう考えている』との返事だったよ。しかし『沖縄知事選前に野党の足並みを乱したくないので、それまで待ってくれ』ということだった」

「そこから動いたのでは、国会の会期末がすぐ後に迫ってしまいます。衆議院での審議日数が足りなくなり、法案成立がおぼつかなくなります」

沖縄知事選はこの三週間後、十一月十九日に予定されていた。私がそう話すと、鈴木議員は「分かっている」との返事だった。

私は一方で、間接的にも議員対策を練っていた。各幕僚長を呼び指示をしている。

「地方にある部隊の基地祭に来て、省昇格を支持すると言ってきた国会議員の先生がいるだろう。その先生方が週末、地元に帰る。その際に省昇格をお願いに行って欲しい。省昇格に反対だと発言している先生のところには行かなくていい」

陸海空の各自衛隊では全国に三百以上ある駐屯地や基地ごとに、開設記念日を祝して基地祭を開いている。その地に駐屯地や基地が開設されて以来続いているもので、地域住民の理解と協力を得るために施設を開放し、戦車、大砲や艦艇、航空機などの装備品を展示していた。毎年行われ、地域の人々が多く集まっていた。式典には地域選出の国会議員も来て、自衛隊に対する自分の考え方を発言することが多かった。

自民党などの「偉い先生」よりも、民主党の議員などがこれには熱心だった。「よく来てくれるから」と民主党の若手議員を来賓席の上座に据えると、久しぶりに訪れた自民党の古株議員が「なぜ俺のほうが下なんだ」と怒り出すこともあった。

この件については言い方やお願いの仕方に配慮や工夫が必要なので、統幕長が全体を統括して行うこととなった。

自民党に関しては、省昇格に対する意見交換会も開いた。歴代の防衛大臣、政務次官、国防部会長ら、防衛庁と深い関係にある議員たちに集まってもらい、決意をあらたにするという趣旨だった。

赤坂のキャピトル東急で昼食を取りながら、関係議員たちはそれぞれの思いを述べた。当然のことながら賛成の意見が続く中、手を上げて発言したのは石破茂元大臣だった。

「私は省昇格は時期尚早だと考えています。まだまだ組織とか体制とか、整っていない。それに不祥事が多すぎる」

出席者は一瞬、呆気《あっけ》にとられたが、すぐに石破元大臣は「賛同します」と前言を翻《ひるがえ》した。

十月二十九日日曜日、この日は海上自衛隊の観艦式が執り行われた。私は横須賀基地から出航した護衛艦「くらま」に乗り、相模湾の洋上に出て安倍総理を待った。横須賀だけでなく横浜、晴海、木更津などからも海上自衛隊保有の艦船が約五十隻《せき》集まり、これ以外にも式典が行なわれる相模湾の広大な水域に一般船舶が誤って侵入しないよう漁船を借り上げ注意を呼びかけるから、その参加船舶数はおよそ二百になった。

午前十一時、モーニングの正装に身を包んだ総理は、ヘリで「くらま」の艦上に着艦した。私たちは栄誉礼、儀仗《ぎじょう》で迎える。艦内見学の後、式の前に幹部室で昼食となった。

幹部室は窓のない部屋であるが、壁にはパネルが飾ってあり、目を楽しませてくれる。艦船の経歴紹介などのほか、最高指揮官である総理、防衛大臣、副大臣、政務官、事務次官、統合幕僚長などの写真が、肩書き、組織図とともに貼《は》られている。

「総理、よろしいでしょうか。今国会に提出されている省法案ですが、民主党の審議協力が得られていません」

私が昼食会でその経緯を説明すると、安倍総理は「成立に向けて努力する」と口にした。またこの日は民主党の前原誠司前代表、公明党の漆原良夫・新国対委員長も乗船していたから、私は二人にも協力を依頼した。その後、観艦式が執り行われた。

先導艦を先頭に私たちの乗る「くらま」、その後ろには各国大使が乗る艦船が続いた。ここに前方から一列の「単縦陣」を組んだ艦隊がすれ違っていく。受閲艦艇旗艦を務める「たちかぜ」、第一群「たかなみ」ほか、第二群「さわかぜ」「あさかぜ」など、各種の護衛艦が目の前を通り過ぎていった。ヘリコプター搭載汎用《はんよう》護衛艦「たかなみ」は、二〇〇四年のスマトラ沖地震の際、タイ政府の要請を受けて津波被災者の捜索と救援活動に活躍していた。

第三群の「ゆうばり」「ゆうべつ」といった艦隊が行った後、第四群が海面に現れた。「やえしお」ほか、第四群は潜水艦の艦隊だった。その後、掃海艇、輸送艦、ミサイル艇、最後は海上保安庁の巡視船で、都合第八群までの艦隊が通過していった。「くらま」の前に来ると、各艦船の甲板に整列した隊員が敬礼、安倍総理は胸に手を当ててそれに応《こた》えた。

祝砲が撃たれ、頭上にはヘリが舞う中、対潜ロケット弾の発射や洋上給油、巨大なホーバークラフトの航走などのデモンストレーションが繰り広げられた。この後、総理の訓示があった。自衛官や政府関係者を前にした訓示で、省昇格についてこう触れた。

「省昇格法案を今国会に出しています。これは全力をもってあたります」

その文言は私が総理の訓示に前もって入れておいたものだった。この訓示を含め、総理の挨拶文は事前に各省庁がその文案を作成する。官邸ではそれをチェックするが、文言はそうは変わらない。「総理にそう発言していただきたい」と考えてのことだった。この訓示は観艦式参加の全艦船、全隊員だけでなく、同時刻に全国の駐屯地や基地にも流されていた。

翌日、自民党の今津寛《ひろし》議員（比例、北海道ブロック）から電話が入る。

「二階先生から、省法案は必ず通せと言われている。明後日、『吊るし』が下りる」

今津議員は元防衛副大臣で、安保委員会の筆頭理事でもあった。国対副委員長の経験もある久間大臣が「今の国会対策は頼りない」と言い、こう嘆いていたことがあった。

「国会対策は出口を見据えてやるものだが、今津、吉川にはそれがない」

吉川貴盛《たかもり》議員（比例、北海道ブロック）は、やはり自民党の国対委員（筆頭理事）だった。

国会対策は国対委員会と各委員会とが協力して進めていく必要がある。国対委員会が「法案通せ」「時間を稼げ」などと各委員会に指示を出し、その指示に基づいて各委員会が具体的な戦術を練り、法案成立まで持っていく。今津、吉川両議員は「やり方が正攻法過ぎる」という指摘だった。

十一月一日、今津議員が口にした通り、本会議での集中審議にようやく至った。この日昼、私はその様子を見るために国会に向かった。省法案が本会議から安保委員会に付託され、委員会での審議が始まったのだが、委員会ではその年一月に発覚した防衛施設庁の談合問題の集中審議が続くばかりで省法案に話が進まない。法案が成立するためには、どれくらいの時間をかけて審議されたかが、委員会での採決の判断基準になる。「省法案審議の前にやることがあるだろう」という民主党の戦術により、九ヶ月前の談合事件が蒸し返されたのだった。

その晩、記者との懇談会に参加していると、二階国対委員長から電話が入り「すぐに来られるか」と訊《き》かれた。私は赤坂の小料理屋に駆けつけた。そこでは二階委員長と吉川、江﨑鉄磨《てつま》（愛知十区）の二人の国対委員、鶴保庸介《つるほようすけ》（参議院、和歌山）の自民党の四議員が飲んでいた。江﨑、鶴保の両議員は「新しい波」のメンバーだった。

〈二階先生「次官、法案には順番がある。教育基本法が最初だ。次官の焦《あせ》る思いは判《わか》るが、軽挙妄動《けいきょもうどう》するな。俺が心得ている」。取り巻きの先生方、「次官よかったな。天下の二階先生からお墨付きをもらったようなものだから」と言われる。

吉川先生より、「省昇格待ち望んでいながら、衆・本会議での中谷元防衛庁長官の演説にはがっかりした。官僚作文ではないか。省になると国の危機管理体制がどのように変る。国際社会からも求められている。何よりも50年近く、この日のために黙々と額に汗して働いてきた自衛隊員と家族の集団の思いを伝えるべきでないのか」との話には、頭が痛かった。2230施設庁〉

中谷元防衛庁長官は前週、本会議で賛成討論に立っていた。ここで安保委員会の審議に入る前に賛成反対それぞれが意見を述べるのだが、吉川議員はその内容を批判したのだった。また二階委員長の言葉は「教育基本法の次には、防衛省設置法を与党で通す」と、三議員を前に宣言したに等しかった。

こうして安保委員会での審議は始まったものの、その進展ははかばかしくなかった。

〈11月6日（月）自民党国対委員長室　保科部長「民主党理事への対応難しい。小沢流は先延ばしで、最後は審議時間がないから駄目というもの。役所の頑張りが一番必要な時」とのアドバイス。

11月7日（火）「新しい波」の今野事務局長にＴＥＬ「二階先生に省法案をお願い

したら軽挙妄動するなと言われた。未《いま》だに審議に入れず、状況は厳しい」と伝える。「二階先生とは長い付き合いだ。この人は本当に頼れる。軽挙妄動するなと言われたら、それを信じて待った方がいい」と言われる。本来なら、今日施設庁の集中審議終わったので、今日は審議に入る約束がまた反故《ほご》にされている。

11月8日（水）1052大臣室　法案の国会議員への説明状況と二階委員長の考えを報告。1120山崎先生よりTEL「民主は19日の沖縄知事選落とせないので、21日採決と見ている。参議院は野党の力が強いので、最悪は継続審議」という。私は「そのお考えはお断りします」と。1420加藤紘一《こういち》先生に鳩山幹事長に省の話御願い。「山崎先生と話して対応する」とのこと。30国対　保科部長「二階先生　政局なのか慎重になっている。参議院で継続審議の可能性」とのこと。40今津委員に直談判《じかだんぱん》。「民主抜きで明日からやるから心配するな、9日3時間、10日6時間、14日6時間。そこで採決の判断を二階国対委員長に伺う」とのこと。「遅れていない。ちゃんとやるから」

1516大臣室　門間会計課長と入り、①来年度予算の伸び率②沖縄の普天間飛行場の代替施設の進め方③中期防衛力整備計画の見直しを説明。大臣より「①は0・2パーセント②は選挙後に着手③は進めてよい」との指示〉

国会対策の基本は、無駄を承知で弾を数多く撃つことである。政局は時々刻々と変わるから、決め手は存在しない。丁稚《でっち》のように低姿勢で、あらゆるところに頭を下げ続けることである。

山崎元副総裁の勧めで、私は加藤紘一衆議院議員に民主党の鳩山由紀夫幹事長への依頼をお願いしている。鳩山幹事長は六月の省法案閣議決定の際には「米軍再編での巨額費用負担について説明責任を果たしていない。施設庁では不祥事も起きた。省への格上げ議論ができる環境にない」と、これを批判していた。

また委員会の審議は、ある程度の時間をかけなければ次回国会への継続審議となってしまう。相場としては三十時間と言われているが、不祥事などについての議論は法案審議時間に含まれない。与野党一巡するのに一日六時間としても三日かかる計算になる。今津議員の説明では、十五日には採決にまわせると言っていた。

翌年には参議院選挙が控えていた。そのため「平和の党」公明党は、「今国会に限り賛成する」と条件を付けていた。選挙を目の前にしたら省昇格には賛成は出来ないとの判断だった。そのためもあり、次回以降の国会への継続審議は避けなければならなかった。そうなった場合には、公明党の協力を得られないまま廃案となることは目に見えていた。

この八日には西川官房長と山内審議官を呼び、歴代の長官、政務次官、国防部会長に安保委員会への出席を依頼することを決めた。その上で国対委員会にも挨拶《あいさつ》に行ってもらうこととした。「俺にも面子《メンツ》がある。防衛庁の悲願ではないか。彼らにも委員会に来るよう言ってくれ」と、二階委員長から注文があったからだった。

ところがこの翌日、また事態は紛糾する。与野党の国対委員会が決別し、十六日に予定されていた教育基本法改正案の採決が白紙となった。省法案は審議に入ったものの、野党抜きという状態だった。

自民党の国対に省法案審議入りのお礼に行くと、官邸からは議運に苦情が寄せられていた。

「教育基本法の審議に迷惑をかけるな」

官邸は教育基本法のほうが大事だということだった。

今津議員にお礼を述べると「十四日参考人質疑、十六日質疑で採決」との強気の読みだった。「民主党は出てこないだろう」とも予想していた。参考人質疑とは学者などの有識者に採決前に意見を聞くことをいう。

何とか審議入りしたものの、省法案は依然、厳しい局面にあった。「とにかく小沢流の国会運営にやられ放題。締め上げに食らいつき、その繰り返しで攻めてくる」と、自民党国対からは聞かされた。

民主党国対はさらに、談合事件後に行った防衛庁職員の聞き取り調査三百人分の調書と、額賀前大臣の国会証人喚問も要求する。三百人分の調書とは一月の事件後に私が指示して行った内部のアンケート結果で、これには昭和五十年代からの談合の実態が記されていた。

一方、「井上総理秘書官は省法案に消極的」との情報が、民放の記者からもたらされてもいた。井上義行秘書官は元国鉄の職員だったが民営化で総理府に採用され、安倍総理が官房長官に就いて以来、登用していた秘書官だった。

夜になり自民党国対事務局の保科部長と電話で話した。保科部長は電話口で嘆いていた。

「今の官邸は国会対策がまるで判っていない。下村（博文《はくぶん》）副長官は毎日一時間は国対に来なければならないのに来ない。井上（総理秘書官）に電話しても忙しいと言って話を聞かない。彼らには何もできないということで恥をかかせるしかないでしょう」

そして保科部長はこう続けた。

「次官、心配しないでくれ。二階委員長と教育基本法、防衛省設置法、談合防止法の三法を一緒に挙げるという話がついている。だから心配しないでいい。このことは一切内緒にしてほしい」

歴代防衛庁長官が衆議院二階にある自民党国対委員長室に二階委員長を訪ねたのは、週明けの十三日だった。官房長と審議官の呼びかけに応じ参集したのは、瓦力《かわらつとむ》（第四十四代、第六十一代）、衛藤《えとう》征士郎（第五十六代）、臼井日出男（第五十七代）、久間章生（第五十八代）、額賀福志郎（第五十九代、第六十七代）、斉藤斗志二《としつぐ》（第六十三代）、中谷元（第六十四代）、石破茂（第六十五代）の元防衛庁長官だった。「二階先生激励会」と称し、国対委員長室で昼食を共にした。

この席で二階委員長は力強く宣言した。

「民主党の現場（衆議院安全保障委員会）、それから国対には、省法案についてはまったく任されていない。すべて小沢が決めている。すべて審議が先送りとなっているのはそのためだ。自民党にとって非常事態であることは明白なので、これは単独採決もやむをえない。省法案は教育基本法の後に必ずやる」

これに対し、元大臣たちが発言した。

「委員長がそこまで言ってくれれば出口は見えている」（衛藤）

「参議院のこともあるので、なるべく早く決めて欲しい」（瓦）

官邸での次官会議を済ませると、私は国会内の自民党国対委員会に取って返した。国対で「玉沢先生から安倍総理に省の問題を依頼してもらう」「瓦先生に公明党の先生方に話してもらう」ことを打ち合わせる。安倍総理と親しい玉沢徳一郎議員（第五十五代防衛庁長官）と、公明党から信頼されている瓦力議員から、直接、話してもらうことにしたのである。さらにその足で三階にある公明党国対にも寄った。

官邸が省法案に積極的ではなかったため、私は井上総理秘書官にも接触している。深山延暁事態対処課長（総理秘書官から防衛庁運用企画局に異動）たちが十四日夜、会食をするというので、偶然を装《よそお》って私も途中から参加した。赤坂の日本料理店「ざくろ」だった。

「教育基本法が一番大事ですよ」

井上秘書官は、そう繰り返すばかりだった。

「そうはいっても省法案は、二階国対委員長が保守党のころより応援している重要法案ですよ。安倍総理も海自（海上自衛隊）の観艦式で全隊員に向かって必ず通しますからと言っています。それに、今国会での成立を条件に、公明党にも協力の約束を取り付けている」

観艦式での安倍総理の発言をことさら強調して、私は井上秘書官に協力を求め続けた。

翌十一月十五日には、教育基本法改正案が野党欠席のまま与党のみで可決された。官報には翌日以降の各委員会の審議スケジュールが国会開会中であれば毎日載るが、そこに「安保委員会開会、防衛省設置法案の審議」と掲載されることが理事会で決まった。与党強行採決の可能性も出てきたということだった。

しかし強行採決となれば委員会の審議はストップし、再開するまでに時間がかかる。限られた時間しかない臨時国会で、それは回避したい。しかも国会では十もある各委員会の審議が中心になるが、委員会で出来るのは法案の採決までだ。これを衆議院で成立させるためには、衆議院本会議で法案が可決されなければならない。しかし衆議院本会議は一週間に一回程度しか開かれないのが通例だった。また、その後には参議院も控えている。

私は自民党国対に二階委員長を訪ねた。この日、与野党の国対委員長会議は紛糾し休憩を挟んで断続的に行われていたが、七回目に入る直前、二階委員長に接触できた。

「次官にはこれまで、たびたび講師として話をしてもらい、省昇格の重要性はよくわかっている。今日、教育基本法改正案の採決を強行するが、その後、必ず省法案も通す。次官は、このままでは参議院の審議の時間がとれないのではないかと心配しているようだが、参議院の自民党、公明党の方には連絡を密にして相談している。向こうも覚悟が出来ているから、心配しないように」

帰りに国対事務局の保科部長に二階委員長と話したことを伝えると、「参議院との件は次官限りの秘密にしてほしい」と口止めされた。「二階委員長と筆頭理事しか知らないから」との理由だった。

翌日には与党だけで審議が再開された。そしてその週末、沖縄県知事選が行われ、自民、公明の両党が推す仲井真弘多氏が野党候補を破り当選した。

しかし知事選が終わっても民主党は態度を変えることなく、週明けになっても安保委員会の理事会を野党は欠席、そのために安保委員会は開かれることすらなかった。公明党の北側一雄幹事長は私に、「野党も一日（その主張に）付き合えば起きてくる（注・協力的になる）。教育基本法と省法案が取れれば、今国会はそれでいい。野党はもうすぐ起き上がってくるから」と予想していた。

国会でこうした膠着《こうちゃく》状態が続く中、発生したのが潜水艦と民間タンカーの接触事故だった。十一月二十一日午前、私は庁にいて、瓦元大臣から電話をもらい議員対策について指示を受けていた。その電話を切った直後、部下からの報告で事故を知った。宮崎県日南市沖約五十キロの日向灘《ひゅうがなだ》で、浮上訓練中だった海上自衛隊の練習潜水艦「あさしお」（二千九百トン）とパナマ船籍のタンカー「スプリングオースター」（四千百六十トン）が接触したという。

私には一瞬にして、「なだしお」の記憶が甦《よみがえ》った。

一九八八年七月二十三日、その日は土曜日だったが当時はまだ週休一日制で、私は部員（課長補佐）とともにたまたま仕事で残っていた。私はその年の六月、二年間務めた大阪防衛施設局施設部長から本庁の防衛局運用課長となっていた。

私はNHKのテロップでそのニュースを知ったが、その直後から殺到した電話の対応に追われた。そして、事務次官から事後処理を命じられた。本来それは運用課の所掌ではなかったが、事故の立ち上がりから関与していたことから、部隊との連絡、市民からの抗議への対応、メディア対応、国会対策等が私の課の担当となった。これを命じた次官は「ミスター防衛庁」とまで呼ばれた初の生え抜き次官、西広整輝《せいき》氏だった。

このとき私は十日間、不眠不休で、役所で仕事をした。立ったままで人は眠れるものだとの、得がたい体験もした。私はそれほどに、防衛庁・自衛隊が事件事故を起こした際のマスメディアへの対応がいかに厳しいものかということを、身をもって味わった。

私はその経験から組織の危機管理を教えられた。また「人事を尽くして天命を待つ」という言葉があるが、個人の力だけではどうにもならない事柄が存在するのだと知った。翌年から私は、新年に防衛庁から近い赤坂の氷川《ひかわ》神社にお祓《はら》いに行くようになった。それは退官するまで続いた。

日向灘での接触事故は、三十人の犠牲者を出した「なだしお」の時とは異なり、幸い人身被害はなく、「あさしお」の舵《かじ》が損傷しただけで済んだ。現場からの報告では「相手船舶はこちらの呼びかけに応じず、航路をとっていた」とのことだったが、すぐに官邸の井上総理秘書官から照会が入った。

「なにやってんだよ。また『なだしお事件』を起こしてしまって」

いきなりそう切り出してきたが、経緯を説明すると安心したようだった。海幕長から詳細報告もあり、私は深山事態対処課長に「最優先課題として対応するよう」指示を出した。私は省法案への影響を懸念《けねん》していた。しかし事故が起きてしまった以上、マスコミの報道が防衛庁の発表に先行しないように、事後処理の態勢を確実にすることが何よりも重要だと考えていた。

衝突事故の報告のため国対に行くと民主党とのせめぎ合いの真っ最中で、この日もまた七回目の与野党国対委員長会議が開かれる直前だった。廊下には黒山の記者が溢《あふ》れていた。二階委員長は言った。

「防衛庁の薬が効きすぎて、向うから歩み寄ってきた。もう少しの辛抱だ。待っててくれ」

二階委員長の指示で、私は自衛隊のOB組織「隊友会」などにも「民主党の要路を回るよう」依頼していた。国会議員は何より選挙に関心がある。発足以来の退職自衛官は全国で百万人を超えている。

二十六万人の組織である防衛庁・自衛隊では、毎年約一万人の退職者（定年退職、任期満了）が出る。そのうち、再就職希望者はおよそ六千人で、防衛庁以外の十二省庁のそれをすべて合わせた人数と同じである。しかも体力が必要という自衛官の職務の特殊性から、定年はおおむね五十三歳から五十五歳の年齢である。まだ働かなくてはならないのに、退職後の彼らの生活はけっして優遇されていなかった。独自の年金制度を作成するなどの案を主張し、私は改善を図ろうとしていた。

二階委員長に頭を下げ、私は国対事務局の保科部長に挨拶をした。保科部長からは河野《こうの》洋平衆議院議長の考えを聞いた。

「河野議長には二十四日の採決をお願いしている。ところが議長は、『野党の質疑なくして、本会議のベルを押したことは憲政史上一度もない。とにかく委員会質疑が一巡することが条件』と言う。次官から河野議長のところに説明に行ってくれないか」

私は保科部長の勧めに従い「①防衛省法案の難しさと今の国会しか成立する機会はない。次の通常国会は参議院選挙を控えて公明党が反対である。②今国会で政府・与党は誠実な対応を野党にしているが、野党は門前払いばかりして、実質審議を逃げている」の二点を資料にまとめ、夕方になって衆議院議長室に届けた。その後、議長室に連絡したところ、河野議長からその趣旨を踏まえて与野党に話があったことを聞いた。

結局、二十四日までに採決には至らなかった。しかしその日に伝わってきたのは、「民主党理事の笹木議員が、民主党の部門会議で省法案に反対している。一方、鳩山幹事長は賛成。民主党はふらふらしている」という情報だった。

まだ小沢代表の考えが出ていなかった。笹木竜三副幹事長が早くから一貫して反対していたのはそのためだったが、鳩山幹事長がぶれ始めていた。鳩山幹事長は公《おおやけ》には「党議違反者は処分」と発言していたものの、賛成か反対か、その態度は保留していた。

「参議院のほうからは、十一月中に省法案をまわしてくれと言われている。その線でやるから安心してほしい。二十二日朝に自民党と公明党の二幹事長、二国対委員長、二政調会長で会議をしたが、省法案を最優先法案としてやることを決めたから」

二階委員長からは電話でそう聞かされた。

二十七日にはマスコミOBから「小沢代表は今国会では成立させなくていいと言っている」との情報が入ったが、しかしその翌日、さらに進展が見られたのである。

〈11月28日（火）〉1051二階先生よりTEL「民主党の小沢代表が省法案に態度決めないことに前原などの国防理解グループが反発。自主投票の動きを見せている。自公だけでやる腹は固まっているが、民主の賛成が得られるなら参議院での円滑な審議の面からも好ましい。気が気でないかもしれないが、ここは一番安心して見守って欲しい。自・公の幹事長・政調会長へ改めて御願いしておいたほうがいい」と言われる。59国会連絡調整官「今日は委員会　午前中は参考人質疑　午後からは質疑」とのこと

1348松沢神奈川県知事　神奈川県関連の米軍再編事案について。私から省法案について民主党の協力得られないことを話す。「それはおかしい」と言われる。1430北

側公明党幹事長に法案の御願い。「民主党　法案審議に応じる構えだ」と言われる。次に漆原国対委員長に御願い　1630インドネシア国防次官との会議　1710公明党太田代表　20中川（秀直）幹事長に省法案の御願い「いいところに行っている。心配するな。ちゃんとやる」と言っていただく〉

そして二日後の十一月三十日午前十一時二十分、私は衆議院議員新館二〇一号室にいた。安全保障委員会の傍聴席で、赤城徳彦《のりひこ》議員の省法案賛成討論を聞いていた。赤城議員はその後、農水大臣になったが、小泉内閣では防衛副大臣を務めていた。

この日、各紙朝刊一面にはまた「ウィニー情報漏れ」の記事が載っていた。この事件はいったん収まっていたものだったから、私は「なぜまたこのタイミングで」と、ひっかかりを感じていた。

自衛隊文書ネット流出　航空自衛隊の基地整備訓練のシナリオや実動演習の部隊用資料などの内部文書が、ファイル交換ソフトを入れた2等空尉《くうい》の私物パソコンからインターネット上に流出していることが分かった。空自北部航空方面隊や陸自中部方面隊の内部資料も11月に入りネット上に流出しているという。

（「朝日新聞」二〇〇六年十一月三十日）

海上自衛隊隊員の中国・韓国への無断渡航、玖珠駐屯地での小銃紛失、「あさしお」の事故など、省昇格を妨げるような案件がこの日まで続いていた。私はこの時点になっても止《や》むことのないこれらの報道に、採決に影響が出るのではないかと気が気ではなかったが、安保委員会の議事は採決へと進んだ。

それを見守る傍聴席には歴代防衛庁長官の瓦、山崎（拓）、中谷、石破、それから元副大臣の浜田靖一《やすかず》、公明党前国対委員長の東といった、各議員の顔が見えた。多数のテレビカメラ、記者たちが、身動きがとれないほど集まっていた。

「賛成二十七、反対二」

ちょうど昼十二時を過ぎたころだった。民主党も賛成にまわっていた。

私は賛成多数のランプを確認すると、与野党の安保委員会理事、委員長、委員にお礼を述べた。国会内の混雑するエレベーターを降り、首都高速を潜《くぐ》ってすぐの砂防会館に「新しい波」事務局を訪ねた。二階、海部、井上喜一の各議員に頭を下げた。

省法案はその後、衆議院本会議に緊急上程され、十二時二十二分、賛成者起立で可決された。九割以上の賛成となった。私は本会議場から出てきた久間大臣に合流し、議運、国対、自民党幹事長室とまわった。

公明党、民主党、国民新党、無所属の会と、衆議院内の各議員控え室に順に訪ねた。挨拶《あいさつ》は続いていたが、私は大臣と別れ、その足で参議院に向かった。これから始まる参議院での審議協力を、お願いするためだった。参議院の自民党国対委員長室、議運委員長室、それから公明党、民主党の各事務局を訪ねた。

各部屋で「おめでとう」と声をかけられ、私は何度も握手を交わした。

九月二十六日から始まった臨時国会の会期は、十二月十五日までと決まっていた。参議院与党では当初から十二月十二日の外交防衛委員会での採決を予定していたが、再び民主党が反対に転じていた。その十二日には与野党間で「十四日採決、十五日本会議」と合意を見た。

すでに民主党賛成で衆議院を通過しているのだから、参議院でこれがひっくり返ることはない。それでも強行採決は避けたかった。省昇格を果たしても、あとあと強行採決を瑕疵《かし》のように突かれることになるからだ。これまで散々、「憲法違反だ」「三流官庁」と何かにつけ批判されてきた経験から、そうしたことは避けたかった。

二階委員長も、防衛庁・自衛隊にとって「一番いい決着」を考えていた。

「強行採決は最後の最後の手段。圧倒的多数で成立したほうが防衛省のためにはいい」

二階委員長は長い議員生活の中で培《つちか》われた「相場感」を持っていた。

自民党国防部会で省法案の成立を期すと確認がなされ、十二日の午前中に参議院外交防衛委員会での参考人質疑が終了した。午後には法案審議に入り、十四日を迎えた。この日、委員会での審議は午前十時に始まっていた。十時三十五分、二階委員長から電話が入った。

「参議院では教育基本法より先に省法案を採決する。混乱は起きないと思うが、万が一を考えて四日間の会期延長の手続きをとることにした。会期延長したとしても土日を挟むから、実質は二日間の延長になる」

その日は木曜日だった。土日を挟み国会を延長するのは、議員にとっても歓迎すべき事態ではない。土日には選挙区に帰らなければならないし、それなら延長せずにもう粘るのはやめにしたほうが得策と考える。会期延長を申請するのは、野党のやる気をそぐのが狙《ねら》いだった。

十一時五十分、私は外交防衛委員会での採決の瞬間に立ち会おうと、参議院の新館にいた。傍聴席は衆議院のときと同様、人が溢れ、座る席もなかった。民主党も賛成にまわり、社民党と共産党の反対討論のみが行われた。その後、省法案は再び九割を超える圧倒的多数で可決した。私は二階委員長の言葉を噛《か》み締めていた。

翌十五日、午後一時過ぎから開かれた参議院本会議では賛否討論いずれもなく、「賛成二百十、反対十五」の票数で省昇格法案は可決された。延長された十九日までの会期を使うことはなかった。

この臨時国会ではほかに改正教育基本法、テロ対策特別措置法など十八本の政府提出法案が成立した。私はその後、衆議院のときと同じように関係各所にお礼の挨拶にまわり、夕方、庁に帰った。私は万感込み上げてきて、知らず知らず深いお辞儀になっていた。

市ケ谷の本庁には職員が大挙して待っていた。背広と陸海空の制服が混然一体としていた。正面玄関は一階のホールから二階に至る階段、さらには二階のラウンジにも鈴なりで集まっていた。

これは斎藤隆統合幕僚長が声をかけて隊員を集めていたもので、「うれしいから盛り上げました」と彼は笑っていた。そこへ到着した久間大臣、木村隆秀副大臣、政務官もみな一様に驚いていた。拍手と歓呼が巻き起こる中、大臣は車から降り、手を挙げて応《こた》えていた。

十一階の大臣室の前にも職員の人だかりが出来ていた。その後、大臣室でビールと寿司《すし》で乾杯したが、私は感情が胸につかえ、ろくに喉《のど》を通らなかった。

週が明けた十二月十八日、官邸に省昇格のお礼に行くと、安倍総理からはこう言われた。

「花道を作れたね」

総理はそこまで言って「あっ」という顔をし、話題を変えた。前の週の週末にフィリピンを訪れた際の話を始めた。

「フィリピンで（グロリア・マカパガル・）アロヨ大統領と会談した。大統領からは防衛庁の省昇格について、『日本がはっきりとアジアの安全保障に責任を持つというシグナルを送ったことを、フィリピンは歓迎します』と言われたよ。ところが、その大統領の言葉が日本では記事になっていない」

私は「中国新華社は小さな扱い。韓国ではやはり記事になっていない」ことを総理に伝えた。

その後、私は的場官房副長官のところに向かった。的場副長官は省昇格について「おめでとう」と言い、その後、こう付け加えた。

「こんな時になんだが、こんな時だから言うべきなので、あなたの後のことをちゃんと考えてください。いつまでも、とはいかないから」

私は「引くべき時は知っております」と答えている。

第五章

不実なのは誰なのか

訓練を終え帰還した米海兵隊

「今回の法改正により、防衛庁を省に昇格させ、国防と安全保障の企画立案を担《にな》う政策官庁として位置付けることが出来ました。さらには、国防と国際社会の平和に取り組む我が国の姿勢を明確にすることも出来た。これは取りも直さず、戦後レジームから脱却し、新たな国造りを行うための基礎、大きな一歩となるものであります」

二〇〇七年一月九日、快晴に恵まれたその日、防衛省移行記念式典が市ヶ谷本省の講堂で行われた。栄誉礼、儀仗《ぎじょう》で迎えられて到着し、演台に立った安倍晋三総理の訓示が国旗を背にして続く。

私はモーニング姿で壇上に着席しており、斜め後ろからそれを聞いていた。初代となった久間章生大臣の後、第二十五代防衛庁長官だった中曽根康弘元総理、第四十四・第六十一代の瓦力元長官の祝辞が続いた。

中曽根元総理は原稿なしだった。一九五四年に防衛庁は発足したが、当時、改進党、自由党、日本自由党の三党で「防衛庁設置法」を作成した際のエピソードを披露した。中曽根元総理は改進党から法案作りに加わったという。

「そのときまず問題になったのは、憲法上、必要最低限の防衛力とはいかなるものかということでした。必要最低限の防衛力は国際情勢や科学技術の変化によって変わっていくもので、固定されるべきものではないと、我々は一致しました」

次の問題は「シビリアン・シュプレマシー」文民優位をどう考えるかだったと、中曽根元総理は続けた。陸軍出身の辻政信《つじまさのぶ》議員が「統帥権《とうすいけん》の独立を認めないで、どうして戦いができるか」と会議に怒鳴り込んできたが、「新しい防衛体系が世界的に出来るかどうか検討するべきだ」と反論したという。

「このシビリアン・シュプレマシーという概念は、なかなか難しいものでした。内局を作り参事官制度というものにして、大臣や政務次官の意向がそこへ直流して動く、大臣や政務次官は国会の意向を受け継いでそれを実行する、我々はそういう体系にしたのです。軍人からの批判など多くの反論がありましたが、我々は新しい防衛体系を作るのだという確信を持って、法案作りをしたのです」

シビリアン・コントロール（文民統制）は国会（法律、予算）、内閣（指揮権は総理大臣のみが持つ）、防衛省（文民である大臣、基本的方針策定は参事官）で行われている。内局は防衛政策を立案し、陸海空の各自衛隊の防衛力整備や運用の基本を所掌するとともに、内局の局長を兼ねる防衛参事官は省の基本方針の策定について防衛大臣を補佐することとされていた。一方、陸海空の各幕僚長と幕僚監部は、専門的な見地から防衛大臣を補佐することとされていた。

これに対して防衛出動、治安出動、海上における警備行動、災害派遣など、自衛隊の部隊を動かすことについては部隊の能力や任務の難しさを熟知している制服組に任せてほしいという、発足当初からの要求が制服組にはあった。「背広組《こうむ》は部隊運用のことを知らないで口だけ出す。そのために部隊がどれほど迷惑を被っていると思うのか」と、会議の席で口にした幹部や、国会議員に直接、意見を言いに行った幹部もいた。そうした求めもあり、この参事官制度を廃止しようとしたのが石破茂大臣だった。「参事官制度は廃止する。内局のポストに就いている人間は働いていないから。ここは政治責任でやる」

大臣の下に副大臣、政務官、統幕と陸海空の各幕僚長、そして部長と内局の各局長が集まって、総勢三十人ほどの陣容で何度も会議が持たれたが、その席上、石破大臣がそう発言したのは二〇〇四年六月二十四日だった。私は「それは法律改正の理由にはならない」と述べた。

第二次大戦の反省を踏まえて出来上がった参事官制度は、五十年以上運用してきている。その間、国の命運に係わる防衛出動などの任務が発令される事態は一度もなかった。制度的欠陥が明らかに指摘され実害が出てきているならともかく、それが解明されていない段階での参事官制度の廃止は性急ではないか。私は会議の場でそう主張し続けた。そのような経緯があったから、中曽根元総理の祝辞には感慨深かった（注・参事官制度は私の次官退任後、廃止が決定された）。

式典には額賀福志郎前長官、野呂田《のろた》芳成《ほうせい》元長官など十一名の長官経験者のほか、鈴木宗男、谷垣禎一《さだかず》といった元政務次官や副長官、自民党、公明党、民主党などの議員が集まった。うち代理出席二十八名を合わせ、百六十一名を数えた。これにOBなどの関係者が加わっていた。石破元大臣は欠席だった。

帰りの車の手配に、事務方はもっとも気を使った。これが停滞すると議員たちから「こんな不手際《ふてぎわ》で、自衛隊が役に立つのか」とお叱《しか》りを受けることになるから、スムーズにいかないと式典そのものも失敗ということになる。百人を優に超える議員の車を捌《さば》くために、二十三ヘクタール（東京ドーム五個分）ある省の敷地内に臨時駐車場を五ヶ所ほど用意した上で、事務方では前日まで模擬練習を繰り返していた。そのかいあって滞りなく終了した。

十一時五十五分、私は鈴木政二官房副長官に呼ばれて官邸に行った。安倍内閣になってから塩崎官房長官の方針で、沖縄の基地問題や振興策は二人いる政務担当の内閣官房副長官のうち、参議院議員である鈴木副長官が担当していた。鈴木副長官は私にこう伝えた。

「新しい知事も着任して一ヶ月が過ぎた。第三回沖縄協議会（普天間飛行場移設措置協議会）が十九日で決まった」

その日に向けて事務方の折衝が始まった。

前年、二〇〇六年十一月十九日の沖縄県知事選で当選を果たしたのは、仲井真弘多氏だった。与党が推した仲井真氏は、旧通産省の技官で副知事を経てから沖縄電力社長・会長となり、県商工会議所連合会長を務めていた。六十七歳で、稲嶺氏より六歳若かった。

公約では「政府のV字案には賛成出来ない」と表明し、日米両政府が合意したV字案の修正を挙げていたものの県内移設を容認し、三十四万七千票を獲得、県内移設反対を掲げた野党推薦の糸数《いとかず》慶子前参議院議員を四万票近く上回った。前回五十七・二パーセントだった投票率は、六十四・五パーセントに上がっていた。勝敗の行方は午後十時半過ぎまでわからなかったが、期日前投票では八万六千票対二万四千票で、この差が当落を決めた。

その仲井真新知事と沖縄問題の今後の進め方を協議するために二人だけで会ったのは、知事選からひと月経《た》った十二月二十一日のことだった。一週間ほど前に知事の秘書からの申し入れがあり、私は赤坂プリンスホテルで朝食をとりながら知事と話し合った。

仲井真新知事とは、その直前にも会っていた。知事選が終わり、新旧沖縄県知事が上京し安倍総理、麻生外務大臣、そして久間大臣を表敬訪問し、私は防衛庁でその場に立ち会っていた。それは衆議院で省昇格法案が可決される前日のことだった。

「記者会見で私は記者に捕まらなかったが、仲井真君はずけずけ言う方なので、会見では苦労するだろう」

大臣室での懇談でこう発言したのは、稲嶺前知事だった。

この半年前、額賀大臣との「V字案基本確認書」に署名した後の記者会見で「合意していない」と発言し、会見場の大混乱を招いたのは稲嶺前知事だった。そもそも知事になったのは、この問題を推進し解決する役割を期待されて政府・与党から担《かつ》ぎ出されたからだった。それにも拘《かかわ》らず、その任期八年間にわたり普天間問題を進めなかったどころか、どれほどの混乱を生じさせてきたと思っているのか。最後までその認識がないことに、私は呆《あき》れるよりほかなかった。

一方、仲井真新知事はこの席で「普天間基地の危険性の除去を三年以内で」と、大臣に求めた。「普天間基地を三年以内に閉鎖状態にする」とした、知事選での公約を受けてのことだった。危険性の除去は半年前、稲嶺知事と交わした「V字案基本確認書」にも盛り込まれていた。仲井真新知事は帰り際、大臣だけでなく、わざわざ私にも握手を求めてきた。

三週間ぶりに会った仲井真知事の印象は前回同様、とても良かった。

それまでに沖縄県は「頭越しの合意は許さない」と、五月の日米合意を批判していた。仲井真知事も同じ意見を口にしていたが、私の前で「あれは私の本意ではない」と言い始めた。

「選挙で稲嶺さんの支持を取り付けるために、私もそう発言したんです」

仲井真知事は終始、穏やかだった。

「今回、私は普天間飛行場の危険性の除去を最も重視しています。速やかに、沖縄県は変ったという印象を私は県民に与えたい。V字案は事務方の説明で五百メートル海側に出せると思っていましたが、防衛庁の説明を聞いて難しいのが分かりました。またアセス（環境影響評価）の手続きを国が急ぐ理由も分かった」

　仲井真知事も公約として挙げていたV字案の修正案が、ここに来て再び噴出していた。しかもその端緒を作ったのは久間大臣その人だった。新旧知事の表敬訪問の二日前、その対応について協議しているときに、大臣は意外なことを口にしたのである。

「滑走路を百メートル、海に寄せる。それからV字を『ハの字』に変える」

　私は驚いたが、他ならぬ大臣の言葉なので、「それをやるならよほどの県の協力が必要です」と具体的な提案をした。

「県との確認書では政府案を基準として危険性の除去に合意するとなっています。ですから、環境影響評価期間を県の判断で三年から二年に短縮する。公有水面の使用許可、建築基準の確認申請許可など約二十ある行政手続きをスムーズに進めて、五年の工期も三年にする。全体で八年かかる計画を五年に短縮する。これらが可能になるように知事が協力するという条件を県が呑《の》むなら、応じてもいいのではないでしょうか」

　後から考えれば大臣が沖縄と通じていたという証左だったが、これ以降、仲井真知事を始め沖縄側では修正案が公然と口にされていた。

　しかし仲井真知事は私との朝食の席で、防衛庁の考えに理解を示したのである。仲井真知事との会談は友好的なまま二時間ほど続いた。

この四日後、二回目の「普天間飛行場移設措置協議会」が、官邸で開かれている。八月に稲嶺知事、島袋市長の両氏がボイコットしようとし、結局、何も決まらなかった第一回協議会以来だった。防衛、外務、環境、財務、内閣府の各省庁が集まり、事務方で打ち合わせしたシナリオ通りの発言で進行し、その後、議事録に載らない自由な発言を交わした。

「守屋事務次官と仲里（全輝）副知事の間で頻繁に会って問題を詰めてもらい、早期決着を図ってほしい。あまりに無駄な時間が流れすぎた」

そう発言したのは北部首長会会長の宮城茂・東村長だった。宮城村長は前日の打ち合わせでも「自分と次官がいる間にすべてけりをつけたい」と語っていたが、これも後から考えれば、V字案合意で名護市の説得に動いた宮城村長ほか北部首長たちは、動き始めた県と名護市の次の「オペレーション」を聞かされていなかったということだ。この日の協議会は、私からアセス作業を翌月から開始する必要性を説明し、終わっている。そしてその後は表立った動きは特にないまま、二〇〇七年を迎えていたのである。

ところが一月四日、予想もしなかった情報から新年は始まった。プライベートで夕イ滞在中の久間大臣が「普天間の滑走路は一本でいいと発言した」との報道が流れていると、朝七時に塩崎恭久官房長官からの電話で知らされたのである。「どういうことなんだ」と詰問《きつもん》されるが、私も事前に大臣からは一言も聞かされていなかった。しかも久間大臣の問題発言は今回が初めてではなかった。

十二月七日の防衛省法案の審議を始めたばかりの参議院・外交防衛委員会でも、「小泉首相のイラク開戦支持は間違っていた」と発言し、物議を醸《かも》したばかりだった。久間大臣は、小泉総理の「アメリカを支持する」という発言が閣議決定された政府方針だったことを知らなかった。

塩崎長官によれば、アメリカからリチャード・ローレス国防総省副次官が怒って電話をしてきたという。塩崎長官は日本銀行のサラリーマン時代、ワシントン勤務をしており、官房長官に着任して以来、アメリカ政府の高官とは通訳を介さず電話で直接やり取りすることもあった。

「ローレスはカンカンだ。『今になっての滑走路の変更は、再び〝連立方程式〟を解けということを命じるもの。アメリカは日本との交渉の時期はもう終わっていて、すでに合意した内容を実施する時期との認識だ』と抗議してきた」

ローレス副次官は普天間基地移設問題を、以前から「連立方程式」に喩《たと》える癖があった。四つの変動要素――アメリカ（国防総省、国務省、在日米軍）と日本政府（防衛省、外務省）、国会議員（与野党議員）、沖縄県（県、名護市）――を解くに等しいというのだった。

「わかりました。久間大臣にすぐに秘書官から連絡を取り、発言の真意を探りますから。その上で、総理と官房長官用の対外応答要領を作って届けます」

その日は仕事始めだった。私は大臣発言への対応について私の考えを説明し大臣の了解を取るよう真部朗防衛政策課長に指示し、「なだしお」の事故以来続けていた氷川神社に新年のお祓《はら》いに行った。これには西川徹矢官房長、山内正和審議官（国会担当）、豊田硬秘書課長、黒江哲郎《てつろう》文書課長が同行した。

午後三時に省に戻り、私は飯島勲前総理秘書官に電話を入れた。久間大臣は私から言っても聞かないので、小泉前総理から安倍総理にひとこと言ってもらうためだった。

「次官、八日まで現状維持で踏ん張ってくれ。塩崎長官には七日に会うことになっているから」

飯島前秘書官はその時、長野の実家に帰っていた。

この日三時半に、私は会計検査院の伏屋《ふしや》和彦検査官から電話をもらっている。伏屋検査官は国税庁長官にまで登りつめた大蔵官僚で、国民生活金融公庫副総裁を経て、小泉内閣では内閣官房副長官補を務めていた。このときは会計検査院の「ナンバー2」だったが、一年後、会計検査院長となる。

防衛庁は「自衛隊管理庁」と揶揄《やゆ》され、防衛力の整備が主要な柱であった時代が長く続いた。予算折衝で大蔵省（現・財務省）に出向くのが日常的だったから、前にも触れたが、大蔵省と防衛庁は関係が密になった。私も知り合いが多くいた。私が次官になるときも、後押ししたのは彼らだった。

伏屋検査官は、「一日の皇居での参賀の際、伝える機会がなかったから」と前置きし、沖縄への対処法を話し始めた。参賀は総理並びに衆参議長と大臣、続いて衆参の国会議員、そして三番目に私たち役人の組が陛下の前で新年の挨拶《あいさつ》をする。

「余り焦《あせ》らない。忍耐力がいる。嫌だと投げ出さない。怒っただけ損をする。そう覚えておいたほうがいい。固めたつもりが固まっていないというのは世の常だ。イライラしない。沖縄も手数を出しているのだから、こちらもいろんな案を考えて手数を出して対応していくのがベスト。いつ終わりが来るのか、分からない戦いだよ」

どうやら沖縄側が動き始めていることを、伏屋検査官は耳にしているようだった。

「これだけの事業なのだから、いろんなところから集《たか》られるのが当たり前。それが分かっていても付き合うしかない」

大蔵官僚は無理をしないということだった。私の正攻法が歯がゆかったのかもしれない。くれぐれも「無理押ししないように」と、伏屋検査官は言うのだった。

年末に同じことを私に言った人物がいた。

「防衛庁の進め方は早すぎる。沖縄時間でもっとゆっくりやるように」

そう注意してきたのは、中川秀直自民党幹事長だった。私は中川幹事長には沖縄から防衛庁対策について相談があったなと感じたからその趣旨は異なるが、言わんとしていることは伏屋検査官と同じだった。

そして伏屋検査官は言った。

「官邸の意向を見誤らないことだ。今までのところ、あなたに対する評価はいい」

小泉前総理は態度がぶれなかったが、今後はどうなるか分からない。「防衛省が変な役所だと見られないようにすること」と伏屋検査官は付け足し、情報をとるようにと内閣府職員の具体的な名を二人挙げた。

伏屋検査官のアドバイスは心に沁《し》みたが、ようやく七合目か八合目まで登ったと考えていた普天間問題が、実はまだ登山口にいたに過ぎないのかと私は落胆した。

翌日も朝七時に、塩崎官房長官から電話が入った。その日、読売新聞が「日米共同作戦」について一面で報じていた。その事実確認と対応についての電話だった。

在韓11万人　今秋までに計画改定
日米両政府は、朝鮮半島有事に備えて、韓国在住の日米民間人の退避計画を策定し、相互の協力体制を整える作業を開始した。退避する米国人を一時的に日本で受け入れる一方、米軍機・艦船が邦人輸送に協力する方向で調整し、今秋の合意を目指す。また、2002年策定の自衛隊と米軍の朝鮮半島有事の計画を実行可能なレベルに引き上げるため、今秋までに抜本的に改定し、民間人の退避計画も反映する。米軍が有事に使用する日本国内の民間空港・港湾を特定するとともに、ミサイル防衛の共同対処方法を定め、「有事への備え」を強化する。

（「読売新聞」二〇〇七年一月五日）

一部報道では、この共同作戦計画は「OPLAN5055」とコード・ネームで呼ばれていたとされていた。以前、朝日新聞が摑《つか》んだものとは異なり、今回のそれは重要な部分が含まれており、かつ内部からの流出と考えられた。

〈1月5日（金）朝7時　塩崎官房長官よりTEL「読売新聞に共同作戦計画のスク

ープ」930官邸　鈴木副長官に沖縄事情を説明。1026大野元大臣が久間大臣の発言の真意を聞いてくる。1100国土交通省冬柴大臣室　省法案に対するお礼の挨拶。「児童手当で二階先生に借りがあった。本当の功労者は二階先生だ」と言われる。12時次官会議　終わって的場副長官に大臣の件説明。13時、省着。防衛政策局、運用企画局のスタッフを集めて読売の記事について検討。16時米大使館ドノバン公使　普天間と共同作戦計画の報道について抗議のため来室。

1月6日（土）7時、塩崎官房長官よりTEL「共同作戦計画の記事　米国不快感。政権として対応が必要。久間大臣の発言を止めてくれ」。大古防衛政策局長、金沢防衛政策局次長にTELして登庁を指示。10時登庁。大臣がタイより1530に成田に着くので、説明用ペーパーを造り、普天間の修正案には米国が厳しい旨《むね》を空港で伝えることにする〉

私は久間大臣に「滑走路は一本でいい」という発言の真意を聞きたかったが、それはしなかった。もう言ってしまったものは仕方がないし、私は大臣の職にある人物にそれを尋ねる立場ではない。「あれだけ頭のいい人がなぜ？」と疑問ばかりが湧《わ》いた。

「久間発言」と「共同作戦漏洩《ろうえい》」により、私はその対応に追われた。

下地幹郎議員から電話があったのは「久間発言」の報道から三日後、一月七日夜八時だった。

「国場組《こくば》の国場（幸一郎）元会長が訪ねてきた。自分のことを仲井真知事の使者と言っていた。仲井真知事は『V字案で二月の県議会で受入れを表明する。受入れ条件は、那覇空港の滑走路の新設、モノレールの北部地域までの延伸、高規格道路、それからカジノである』と」

条件次第ではあるが、沖縄県はV字案を了解するというのだった。

国場組は沖縄南部のゼネコンだが、尾身幸次衆議院議員（二〇〇一年の第一次小泉内閣で沖縄担当大臣）の後援会「沖縄幸政会」を支持していた。「沖縄幸政会」の設立者は仲井真氏（当時、沖縄電力社長）、支持母体は沖縄電力グループ「百添会《ももそえかい》」、砂利採取事業協同組合、それから国場組グループ「国和会」だった。国場組は仲井真氏の選挙応援もしていた。

国場組は米軍施政下の沖縄で、一九五〇年代から六〇年代にかけての米軍基地建設ラッシュ時に、それを一手に引き受け成長した沖縄最大のゼネコンだった。沖縄ではゼネコンの地域的棲《す》み分けができていて、南部地域の国場組は北部振興には関係がなかったが、仲井真知事の提案通りになれば沖縄全体の話であり沖縄で最も技術レベルが高い国場組が受け持つ事業が多いことになる。

ここに具体的に挙げている建設物は、どれも建設費がかかるものばかりだった。しかもモノレール以外は北部振興に結びつかない上に、基地対策とも無関係だ。名護市を中心とした北部市町村のためではなく、県全体の振興と言えた。そして問題は防衛省の所管を超えていることだった。

これだけの公共事業になれば、内閣府の沖縄担当でも賄《まかな》いきれない。財務省は国交省の予算でと言うだろう。財務省は口は出すがカネは出さない。那覇空港の滑走路の新設優先順位は、国交省の民間空港整備事業では高くないという話も聞いていた。以前から国交省は、「日米安保のために自分たちの予算が使われたらたまらん」という立場だった。

防衛省はこうした各省庁の主張に挟まれることになるだろう。しかもこの後には「米軍再編特別措置法(駐留軍等の再編の円滑な実施に関する特別措置法)」の法案成立が控えていたから、事態はややこしくなる。

沖縄の米軍再編は防衛省と外務省、内閣府だけの問題ではなくなってくる。各省庁の思惑が絡《から》んでくれば、政府内がまとまらなくなることは目に見えている。これは「防衛省外し」の高等戦術と言えた。

下地議員との話が終わると、電話口には宮城東村長、儀武金武町長、儀間浦添市長らが次々に交代で出てきた。みなで飲んでいたようだった。「一気にまとめましょう」と口々に言う。彼ら北部首長はまたしても、県側の思惑を聞かされていないということだった。

仲井真知事の使者だと名乗り、それらの条件を下地議員に伝えた国場幸一郎元会長に私が会ったのはそれから四日後、しかも突然の来訪によるものだった。夕方五時、私が省にいると、何の前触れもなく次官室を訪ねてきた。

「仲井真知事は普天間問題をまとめたいと言っている」

国場元会長は、仲井真知事はこの件に協力的だから安心するようにと、言外に言うのだった。

「守屋さんは沖縄のために一生懸命やってきているのに、これまで沖縄側はつれなくしてきた。あなたのいるうちに、この問題は成し遂げたい」

そう言うと、自らの自伝本を置いていった。沖縄の復帰前に国公私立の大学で認めていた入学特別枠で早稲田大学に入り、兄弟姉妹を沖縄から上京させて面倒をみたという国場元会長の若き日々が、そこには描かれていた。

〈1月8日(月) 940共同作戦計画関連のマスコミ漏洩事案に対する防衛政策局と運用企画局の対応文書(明日815から官房長官に対して説明実施)について指導。12時30分 沖縄県仲里副知事来室 午後4時まで今後の進め方を議論。①国のこれまでの対応が、頭越しでないことが判《わか》った。②前の稲嶺知事のつけを、米国も日本政府も押し付けられ、だらしがないんじゃないかと思っている。③仲井真知事は、V字案の修正は選挙公約なので、国として対応策を考えて欲しい。私より、V字に決まるまでの経緯を話し、県も受け入れている。修正は難しいことを伝える。

1月9日(火) 1223真部防衛政策課長・深山事態対処課長「官房長官が共同作戦計画リークの調査体制を作れとの意向」。1345大臣室 米軍再編を進める際に、予想される大型の公共事業(那覇空港の滑走路の新設・高規格道路・カジノ等々)の各省調整を説明。大臣より「閣僚同士で話さないとまとまらないだろう」との発言

1425アーミテージ(元・米国務副長官)が来室「昔の日本の防衛政策は氷河のようなもので、中にいて一緒にやっている時は進んでいるのかどうか判らない。後から振り返ってみて少しは進んだなと判るようなものであった。しかし、有事法制、米軍再編、省昇格は台風並みの速さで、米国の予想を遥《はる》かに超えるスピードで進展した。

おめでとう。これまでの努力に敬意を表する」と言って固い握手を交わす。私からは、「普天間についての大臣の発言を誤解しないよう」に求めた。アーミテージより、「自分はこれから大臣に会うが、そのことは話さないつもりでいた。大臣の評判は米国では、最低のものになっている。なぜあのような発言を繰り返すのか納得できない」と。

1530国土交通省大臣室　冬柴大臣に斎藤統幕長が省昇格のご尽力を感謝するお礼の盾を贈呈。その際、米軍再編を進める上で、沖縄県は、那覇空港に滑走路の新設や北部に高規格道路の新設を求めている。基地対策の一つとしての地域振興策でこのような公共事業をしてよいものなのかの話をする。大臣は「両者とも別物でないとやれない。進める以上特例枠を与えるべき」との考えであった。私は、その足で国会を訪れ、衆・参の自・公の国対に省昇格の挨拶　二階先生居《お》られ、「ここに来て省昇格は俺がやったと言う奴《やつ》多くなっているぞ」と発言

1630省に戻り、二階・愛知の両先生を次官室で迎える。各幕僚長、各局長が集まり省昇格のお礼を述べる。17時まで。

1月10日（水）1000内閣府にある坂《さか》副長官補の部屋　第3回沖縄協議会の議題と進め方について　1140外務省西田外務審議官よりＴＥＬ　カナダ大使へ転出すること

になったとの挨拶。長年のご厚誼《こうぎ》にお礼を言う。「防衛省にあなたのような人が出てくるとは外務省は考えもしなかった。それにしてもマスコミに打たれ強い。批判されても凌《しの》いでいる」 12時塩崎官房長官 推進法の公共事業の件。「自分ひとりで担《かつ》ぐのは内閣として荷が重い。的場・坂に話して、それでよいのか了承を取って欲しい」》

塩崎官房長官は、沖縄との協議がまだ始まっていないこの時点で、すでに弱気になっていた。的場順三官房副長官、坂篤郎《あつお》内閣官房副長官補の名を出し、彼らと進めるよう指示していた。

また、外務省では事務次官に次ぐポストである外務審議官の西田恒夫氏とは、旧知の仲だった。

一九八七年、沖縄でソ連軍機が航空自衛隊機の再三の警告にも拘《かかわ》らず二度に渡って領空侵犯し、航空自衛隊機が領空侵犯措置で、初めてソ連機に対して警告射撃を実施したという一件があった。冷戦時代、ソ連機による領空接近は頻繁に起きていたが、その際には基地から緊急発進（スクランブル）した航空自衛隊の戦闘機が近づき、英語とロシア語で警告するのが常だった。

この警告射撃は自民党の防衛法制検討小委員会で大問題となり、積極派は撃墜できる法制を作るべきだと言い、慎重派は現行の対応でいいと議論になった。翌年、外務省条約局法規課長の西田氏と防衛局運用課長だった私の二人が自民党の有事法制小委員会に呼ばれ、私が航空自衛隊の実際の運用を、西田氏が諸外国の法制について述べた。自民党は政府に対して対応措置を決めるよう求め、私は航空幕僚監部の外薗《ほかぞの》健一朗二佐（二〇〇八年十一月に航空幕僚長）と通達を作り、内閣法制局の審査をクリアした。

西田氏とはその時以来の付き合いだったが、この数日前、記者との会合で「安倍は馬鹿《ばか》だ」と発言したと、マスコミで話題になっていた。

十二日、第三回普天間飛行場移設措置協議会に向けて、官房長官室で打ち合わせた。私から普天間飛行場の「危険性の除去」について説明をした。「V字案基本確認書」にも明記されている「危険性の除去」は、防衛省と米国の間で検討が重ねられ、それまでに三つの施策が考えられていた。

① ヘリが住宅密集地の上空通過を避けられる新しい進入路を米国と合意する。

② 普天間飛行場で日常的に行われる場周訓練飛行の際のエンジントラブルなど、

不測の事態が発生しても緊急着陸出来るよう、基地の周りの障害となる樹木を伐採する。

③周囲を民間の住宅に囲まれてしまった普天間飛行場では、夜間、街の明かりで滑走路の誘導灯がよく見えなくなっているので、新型の強力な誘導灯を設置する。

このうち「誘導灯の設置」はアメリカ側との交渉で、前月、防衛庁は費用負担をアメリカに押し戻した経緯がある。移転に絡む経費ではないからだった。久間大臣はこれをマスコミには発表させず、仲井真知事との交渉のカードに使うと言っていた。

私の説明に対し「沖縄は効果がないと言っている」と批評したのは、外務省の河相周夫北米局長と内閣府の東良信審議官だった。現場についての知識も判断できる根拠もなく、日米が飛行場の運用者も入れて前年の五月以来検討してきた成果を、沖縄側の主張だけに乗り評価するとはどういうことだと、カチンときた私は思わず怒鳴っていた。

「文句があるなら、自分で対案を出したらどうだ」

二人の発言は、つまりこの三案を、沖縄側が駄目だと言っているということだった。

沖縄には防衛省から説明していたが、沖縄側はそれに対しては防衛省に何も言わない。外務省と内閣府に対し「効果がない」と伝え、彼らはその言葉をそのまま鵜呑《うの》みにしていた。

沖縄側は防衛省の提案に対しては自分たちの意見を口にすることなく、外務省と内閣府に話し、彼らを通して防衛省に自らの考え方を伝える手法を取っていた。これは本土でも基地問題があった頃には地方自治体の首長たちがよく使っていた手で、その際には防衛庁の中で制服組と背広組とを対立させるために用いられた。訓練で騒音や土砂流失などの基地被害を出す制服組の部隊には地方の首長は厳しく対応し、基地対策事業などを担当する背広組の防衛施設庁に対しては丁寧に接し、部隊を悪《あ》し様《ざま》に言う。その時代は地方の首長たちによって防衛庁・自衛隊が「分断統治」されていたと言ってよかった。今回、沖縄側が狙《ねら》っているのは政府内の分裂だった。

沖縄の佐藤勉那覇施設局長から電話があったのは、この日の夕方だった。アメリカと協議が整ったV字案の細部建設計画を名護市に説明したところ、末松文信助役から新たな提案があったという。

「名護市側は滑走路の五百メートル沖合移動を求めてきました。そのくらいの修正は名護市と国の合意の変更ではなく、V字案のバリエーションのうちだと説明しています」

前年、名護市と国との交渉で、二百メートル、三百メートルの沖合移動にあれだけ拘《こだわ》った経緯は何だったのか。その交渉当事者だった末松助役本人が、五百メートルの移動を「基本合意書の内容を変えることにはならない、範囲内のバリエーションだ」と言うのだ。私には、まったく理解できなかった。しかも交渉相手ではない那覇施設局にそれを伝えていた。

前年の名護市との交渉ではV字案で合意した。県はそれを踏まえてV字案について合意することを確認した。しかしV字案を受け入れた名護市の「基本合意書」と同じ文面の「基本確認書」に署名押印《おういん》した直後、稲嶺知事は自分の責任を回避して、「合意していない」と記者会見では発言していた。その半年後、「V字案に修正の余地がなかったことがよく分かった」と、仲井真新知事が防衛庁との協議で納得していた。やっと県と名護市の足並が揃《そろ》ったと思ったら、今度は名護市の方が「五百メートル動かしてほしい、動かしても合意書の変更にはならない」と言うのだ。県と名護市の言い分が逆転していることも、私には不可解だった。私は佐藤那覇施設局長に、北部首長会会長の宮城東村長に名護市への説得を依頼することと、「ここに来て新たな主張をするに至った背景を探るよう」、指示をした。

〈1月13日（土）午後3時、西川官房長よりTEL、琉球《りゅうきゅう》放送の小禄会長から電話があった。「①仲井真知事は3年以内の危険性の除去を受け入れてくればV字案を呑む②駄目なら19日の協議会をボイコットする」と。

1月14日（日）NHKの政治討論、普天間の問題について久間大臣、民間の識者と討論。「環境影響評価に着手した上で、その結果を見ていろいろ意見があれば、聞く耳は持っている」と先送りを明言。20時、辰己施設企画課長よりTEL、大臣と仲井真知事、名護市長、西銘議員の四者会議終わった。仲井真知事「次官と会う必要なくなった。理由は大臣に聞いてほしい」とのこと。

1月15日（月）1528名護市地元より「末松助役と仲井真知事が掻《か》き回している」との情報。1900古川元官房副長官と飲む。「省昇格おめでとう。あと二年次官を続けるともっぱらの噂《うわさ》だよ」と言われる。「潮時ですから心得ています」と答える。

1月16日（火）渡邉土木課長、名護市の550m沖合移設案の説明に来る。「一年前のあれは何のための合意だったのか分からない」と言う。

1月18日（木）920安倍総理へ説明。明日、知事に会った際に政府の方針は変わりないよう言っていただくことを具申、了解される。1016CSIS（米戦略国際問題研究所）マイケル・グリーン「①久間大臣の発言、米国で大変評判悪い②V字案は変えないで進めてほしい」。1302仲井真知事にTEL、仲井真知事、2月県議会までに普天間まとめることに知事の考え変わりがないとのこと。1412元内閣府参与の安達氏よりTEL、「仲井真知事との会合セットするので受けてほしい」、快諾する。1545鈴木官房副長官に明日の協議会の説明。同席の武田内閣府参与「防衛省の沖縄の見方、甘い。現地はもっと厳しい」。私より「交渉しているのは内閣府ではなく防衛省なんだから二元交渉しないでほしい」ときつく要請。武田参与は「防衛省に迷惑をかけるようなことはしていない」と弁明。

1630金沢防衛政策局次長、沖縄選出の西銘衆議院議員と話した。「①県と名護市は国の出方を見ている②変わらないなら諦《あきら》める可能性ある」と言っていたとのこと〉

この一月十八日、第三回協議会の前日、島袋吉和名護市長が上京し鈴木政二官房副長官と打ち合わせていた。夜九時半になり、副長官から電話が入って私はそれを知った。副長官は電話口でこう言った。

「島袋市長が、明日の協議会でどうしても沖合への移動を発言したいと譲らない」

すでに事務方で協議会の進行については打ち合わせを重ね、式次第が出来上がっていた。各閣僚、沖縄県知事、北部の首長の発言内容は事前に調整が終わっていた。ちなみに新聞等の報道は、こうして作成されている発言内容を記事にしていた。

「それは認めるべきではありません」

「じゃあ、何か智恵《ちえ》を出せ」

「それなら、協議会の議題の審議が終わった後の、自由な意見交換の場である懇談会で話していただくのはどうでしょうか。そこでの話は議事録に記録されませんし、記者発表されることもありませんから」

夜十時、私は急いで省に戻った。非公式協議で名護市がどんな内容を言いたいのか、確認する必要があった。沖縄県側の事務方も呼んでくれと指示を出したところ、三十分ほどして彼らがやって来た。

必要以上に多い人数なので末松助役に尋ねると、「守屋次官に会っていない人間が多いので連れて来た」と言う。彼らは終始和やかで、ニコニコしていた。中には次官室の二人の女性職員、一人はシビリアンで一人は航空自衛隊のユニフォーム（自衛官）である彼女たちと、写真を撮っているものまでいた。「次官室を見せてもらっていいですか」と何人かが言うので、部屋の中に入れた。

明日の協議会では名護市との「基本合意書」、沖縄県との「基本確認書」、V字案の建設工程を説明し、それが終った後の自由な意見交換の場で名護市長がこう発言する。

「V字案で合意書を交わしましたが、地元では依然として沖合移設の要望が強い。ですので、環境影響評価作業も終わっていざ建設に着手する時は、名護市としては出来るだけ沖合に出してほしいと願います」

このような段取りと名護市長の発言を決めた。さらに「名護市長の口頭の発言だけで、資料などは配らない」ことも末松助役との間で確認した。

作業が終了し帰宅したのは午前三時だったが、協議会を始める前に終わらせなければならない仕事がまだ残っていた。協議会の後の懇談会で名護市長が話す内容について、協議会の前までに出席する各閣僚、事務方に伝えておく必要があった。

協議会は朝八時四十五分に始まる。私は翌朝七時半、官邸に向かった。官邸はまだ開いていなかったので、私は運転手に言ってしばらく中庭に車を停め、その中で時間を潰《つぶ》した。五十分から的場副長官、鈴木副長官、塩崎官房長官に名護市長の発言内容を説明にまわった。終わったのは八時三十分であった。

こうして第三回協議会は予定時刻通り始まり、用意し直した発言要領に基づいて各閣僚と沖縄側の会議が行われた。知事の発言の場では、仲井真知事は式次第の要領がわかっていないのかと思うほど沈黙が続いたが、それでも何事もなく協議会は終了した。ところが「発言がありましたら、三十分の範囲内でどうぞ」と司会の鈴木副長官が非公式の懇談会の開始を告げると、突然、知事が口火を切った。

「今のV字案では、県としては名護市が反対しているから呑《の》めません。名護市長が名護市の考えを閣僚の皆様にご説明いたします」

仲井真知事がこのような発言をすることは、事前にまったく連絡がなかった。これを受けて名護市長が立ち上がる。

「では、名護市の考えを述べます。今の政府案は名護市の集落上空を米軍の航空機が飛ぶことになり、危険ですし、航空機騒音もある。名護市としては、現行のV字案より五百五十メートルほど沖合に出す案が良いと考えています」

この発言も昨夜来、末松助役から聞いている内容とは異なっていた。「出来るだけ沖合に出してほしい」と発言することは聞いていたが、五百五十メートルという具体的な数字を言うとは話になかった。

さらに島袋市長は、「細部は末松助役に説明させます」と、その後ろ、三メートルほど離れて座っていた末松助役を見る。末松助役は指名を受けて立ち上がり前に出てくると、協議会のメンバー二十人が着席している横長のテーブルに大きな図面を広げた。

これも昨夜の打ち合わせでは、まったく知らされていないパフォーマンスだった。深夜に防衛省で会った際にも、当の末松助役本人が何も言っていなかった。私は末松助役を怒りで睨《にら》みつけた。

その図面には、滑走路を五百五十メートル沖合に寄せた飛行場案がきちんと作図まで用意してきていた。末松助役は指し棒まで用意してきていた。それを手に集落の場所と滑走路の位置を示し、自分達の案が危険性の除去と騒音軽減の点でいかに優れているかを説明したのである。そして言い放った。

「これは政府と名護市が合意したV字案のバリエーションの中で整理されたもので、合意を変更するものではありません」

宮城東村長がすかさず立ち上がり、島袋市長を睨んだ。

「島袋市長、あなたは額賀さんと合意した内容と違うことを言っている。恥ずかしくないのか。今すぐ市長を辞めなさい。あなたは北部首長会が合意していないことを、今ここで話している。県も今までの経緯を無視している」

各閣僚は沖縄県と名護市のこれまでの経緯をあまりに無視した発言と、傍若無人な立ち居振る舞いに呆《あき》れたようだった。騒然とした中で、司会の鈴木官房副長官が「安倍総理に会う時間が迫っているので、これで懇談会を終わります」と宣言し、その場は閉会となった。

閣僚が去り各首長が総理に会いに行って、人が少なくなった会議室で、末松助役が笑いながら近づいてきた。

「次官、よろしく」

そう言って、驚いたことに握手を求めてきたのである。

「あなたは昨夜私と打ち合わせたものと、まったく違う主張を言っている。誠実さがない」

私はその手を無視した。その後、知事らは総理に会って「政府の方針に協力して欲しい」と言われたとのことだった。

協議会が終わると、私の元に那覇施設局の佐藤局長から情報が寄せられた。

「今日の懇談会での沖縄側の対応ですが、久間大臣が修正に柔軟な姿勢を示しているので知事と名護市長が態度を固めたということです。V字案を決めたのは小泉総理、飯島秘書官、それから守屋次官だが、もう残っているのは守屋しかいない。米軍はもともと浅瀬でいいと言っていたんだから、守屋だけを封じ込めればこれを変えることが出来るという考えです。この話は仲村議員が言って回っています」

仲村正治《せいじ》衆議院議員は沖縄選出議員の「五ノ日の会」のメンバーで、以前、小泉総理に滑走路の移動案を陳情に行って一蹴《いっしゅう》された経緯があった。

一方で、別の情報も名護市の地元から寄せられていた。それは複数の個人名を名指ししたものだった。

「不正の匂《にお》いがある。彼らを暴《あば》かないと基地問題は進まない」

久間大臣の年末の「イラク開戦は間違っていた」、年頭の「滑走路は一本でいい」発言は、依然、尾を引いていた。久間大臣には小泉前総理から総理秘書官だった深山事態対処課長を通し、その発言に前総理が怒っていることが伝えられた。深山課長によれば、「大臣は深刻に受け止めていた」という。またアメリカのディック・チェイニー副大統領の来日が二月に予定されていたが、米側から提示された日程には久間大臣との会談の予定は入っていなかった。

一月二十九日、日曜日を挟み週が明けると、朝六時半、塩崎官房長官より携帯に電話が入った。

「総理から大臣に注意するので、その案を作り、昼の十二時半に私の部屋に来てほしい」

午前十時からの定例幹部会議が終わって、官房長官依頼の件を大臣に報告した。話は沖縄に及んだ。

「仲井真君は、合意したV字案でいいと言っている。問題は名護市に呑《の》ませなければならないということだ。島袋市長に少しは譲ってやらないと」

「では大臣、島袋市長が沖に寄せないで合意した通りでいいと言ったら、それはいいのですか」

私がそう質問すると大臣は「その時はその通りでいいが、そうはならんじゃろ」と長崎弁で答え、こう続けた。

「しばらく冷却期間を置いて、二月には無理に決めずに三月にかかる頃に合意できればいい」

名護市と沖縄県の合意を取り付けた後、知事選を挟み、沖縄県とはこの時点までに一年半近い交渉の中断があった。その間、国はアメリカと建設計画を詰め終わり、地元と具体的な建設手段について打ち合わせに入ったばかりだった。この時点で沖縄に譲歩するという大臣の発言は、私には理解できなかった。

私が大臣室から退出しようとした時、大臣室の電話が鳴った。大臣が受話器を取ると、電話口からは大きな声が響いた。

「おまえ、大臣辞めろ！」

それはすでに引退したある元国会議員からの電話だった。元議員の声は大きいので、大臣に何を怒鳴っているのか、私にもよく聞こえた。

次官室に戻ると、山口昇・陸上自衛隊研究本部長が部屋を訪ねてきた。米軍再編の日米作業グループの会合が前日にあったが、アメリカ側から久間大臣の発言に反発する声が相次いだという。

「ところが内局の幹部たちはこれに対して黙っているばかりで、何も発言しなかった。あの対応ではアメリカ側に不信感を与えます」

山口本部長はそう心配していた。

私はこの後、山崎拓元副総裁の事務所を訪れている。「仲井真とはもう三十年以上の付き合いだ」と山崎元副総裁は言った。

「仲井真がまだ通産省の役人で、資源エネルギー庁の課長の時からの交流だ。国会議員では私が一番長い。仲井真には持病がある。だから知事としての二期目はない。一期目で全《すべ》て決着しようと思っている」

「先生、なんとかV字案でまとめてくれませんか」

「来週、仲井真を東京に呼ぶ。その時、次官を入れて相談しよう」

こうして一週間後の二月五日、私は直接、仲井真知事と会うことになった。

この日は夕方に、米太平洋軍のウィリアム・ファロン司令官が防衛省を表敬訪問した。司令官は久間大臣の一連の発言に「大変関心がある」と言うので、私はこう説明した。

「イラク開戦についての発言は、イラク特措法の延長に批判的な与野党の協力を取り付けるためのものだと私は思います。久間大臣らしい発想に基づく発言です。沖縄についても同様です。駄目だと言って門前払いをするのではなく、話を聞いて政府内で調整するなどして、その上で駄目だったらそう沖縄側に伝える。そうして沖縄側を納得させることを久間大臣は考えておられる」

私としては、大臣の発言の真意を忖度《そんたく》したつもりだった。

総理から注意を受けた久間大臣にはその後、アメリカのリチャード・ローレス副次官からも抗議があったが、大臣はいっさい応《こた》えている感じはなかった。一月三十一日の夕方、衆議院の安保委員会の委員長と理事を集めた大臣招宴の食事会でも次のように発言していた。これは省法案審議に対し、お礼として開いた会だった。

「イラク（開戦は間違い）の発言ですが、あれは会期末に採決されるイラク特別措置法の延長問題が、国会の大きな政治的イシュー（問題）にならないようにするために考えてのこと。今、自分が反対しておくことが必要と考えたもの」

つまり担当である自分が反対しておけば、良心的と受け止められるだろうと大臣は考えたという。またこの席で、沖縄問題について言葉を交わす大臣と沖縄選出の仲村正治議員との会話が耳に入った。

「先生、ゆっくりやりますから」（久間大臣）

「急ぎませんから」（仲村議員）

その意味深長なやり取りが、私には引っ掛かった。

「V字案修正はしない」と、安倍総理が久間大臣の目の前で発言したのはこの前日のことだった。塩崎官房長官、麻生外務大臣、高市沖縄担当大臣、そして久間防衛大臣を官邸に呼び、総理はそう指示していた。ちなみに同じ日、高市大臣はマスコミに「守屋は沖縄問題の癌《がん》、守屋の首を切るべき」と発言していた。

「米軍再編特別措置法案」は、前年の五月三十日に閣議決定された「在日米軍の兵力構成見直し等に関する政府の取組について」と、十二月十五日に行われた「在日米軍の兵力構成見直し等に関する政府・与党協議会」での合意を踏まえた法案だった。

これは在日米軍再編により新たな負担を担《にな》うことになる地方公共団体に対し地域振興策などの措置を実施するというもので、再編交付金の制度化も明記していた。負担そのものの軽減・緩和を目的とするのではなく、地元住民の生活の利便性向上や産業振興に寄与するという考え方だった。

たとえば大規模部隊が移駐してくれれば道路や港湾の整備といった公共事業が必要になる。そうした事業にかかる費用に対し、国の補助率を通常より上げるという特例を設ける。一方、返還跡地の利用の促進、駐留軍従業員の雇用の安定確保などについても盛り込まれていた。

ところが一月三十一日の自民党外交部会に立ち会った門間会計課長からは「出席した議員たちは法案に批判的でした」との報告が入った。また同じ日、舛添《ますぞえ》要一議員から電話があり、こう伝えられた。

「外務省と仲良くやってほしい。防衛省は省になってから独走しているのではないか」

〈2月1日（木）930門間会計課長「法案、外務省と難航」1200次官会議の後、谷内外務次官に私より「①外務省を外してやる考え、まったくない②緊密に相談して進めたいが法文に外務省との協議の文言を入れることに内閣法制局が反対③法律を共同請議の形で国会に提出する形式にすれば、外務省が関与していることを対外的に示せる④了解してもらえるか、省内の説得に時間がほしい」〉

二月五日、その米軍再編特措法案の説明のため、私が中川秀直自民党幹事長の事務所を訪ねると、中川幹事長はこう言った。

「アセスが終わってからでいいから、沖合へ少し動かしてくれ」

前年の沖縄との協議会では一月からアセスメント（環境影響評価）を始めたいと防衛省の考え方を説明していたが、この時点ではまだ県との協議が進まず、作業に着手できていなかった。アセスメント作業の内容を記した「方法書」は調査機器設置の前までに提出するが、沖縄側はその受け取りも拒んだままだった。

防衛省では普天間の移設工事が完了するまでに行う手続きのうち、県や市の協力が必要となるものを調べ上げていた。アセスメント法以外にも公有水面の使用許可、埋め立て許可、文化財保護法の発掘調査関係、建築基準法など、二十近い手続きについては県や市の協力が不可欠だと分かったから、県の協力が必要な手続きを出来るだけ少なくして実施出来る方法がないか、アセスメントについて部内で詰めていた。

中川幹事長の要求は、県と名護市がアセスメントの入口で受け付けるか否《いな》かで時間をかけながら、その一方でアセスメントが終わった先まですでに手を打っているということを意味していた。

そしてその晩夜九時、私は仲井真知事に会った。

〈2100赤坂プリンスH2050室　部屋には山崎・安次富の両議員、5分遅れて仲井真知事、私より普天間飛行場の危険性の除去の3方策について話す。これについては知事は評価。V字案については、「名護市が変えて欲しいという。自分も選挙公約だから、アセスを始める前に国の方で譲って欲しい」2時間会議をしたが、知事は歩み寄らない。私から「防衛省に相談もなく、選挙公約と言われても対応の仕様がない」知事は「勝手に言ったのではない。中川幹事長が動かしてもいいと言ったことになっている」2時間話したが知事は決断しなかった。知事「分かりました。もう話しません」とキレた。23時出る。記者の取材　断る〉

仲井真知事は、中川幹事長が「滑走路移動」を認めているというのである。

翌日、沖縄の記者から電話が入った。

「沖縄で仲井真知事が、昨日の守屋次官との会議内容を話しています。それも政府の危険性除去の提案はたいしたことないと言ってこきおろすばかりで、次官が指摘した名護市の五百五十メートル沖合に寄せる案の不合理性については、まったくオープンにしていない」

自分にとって都合の悪いことは、何も語っていないということだった。

この時期、来日したリチャード・ローレス副次官との会談では、今度は山崎元副総裁が移動を言い出す。二月十二日、その場に同席した金沢博範防衛政策局次長からの報告で、私は知った。

「山崎先生が少し動かしてくれないかと、ローレスに頼みました。ところがローレスは『九十八パーセントの者がOKと言っていて、残り二パーセントの者のために、あなたはそのように言うのかもしれないが、私たちはそのチョットが全てを失ってしまうと思っている。だから変えない』との返事でした」

私は以前、アメリカとの交渉の最中、小泉前総理が何度も口にしていた言葉を思い出していた。あのときも「滑走路を少しだけ動かしてくれ」と、あらゆる方面から小泉前総理は要求されていた。

「そのちょっとが、君らの想像もつかない困難な状況を作り出すんだよ」

小泉前総理はそう言っていたが、今度はローレス副次官が「移動はない」と明言していたのだった。沖縄側の手法にやっとアメリカも気が付いたのかと、私は思った。中川幹事長からは催促が続いた。

〈2月13日（火）1219中川幹事長よりTEL「何でもいい。V字案と危険性の除去について仲井真知事の納得が得られるようにしてくれ」「同意が得られたという報告だけしか俺は興味ない」1704金沢次長、門間会計課長、本日のローレスとの会議の報告「米国は微塵《みじん》も変える考えはない」1740真部防衛政策課長、大臣が「チェイニー副大統領来日の際、会わなくていい」と発言したとのこと。

2月14日（水）沖縄の琉球新報、私が専横的盲従を沖縄に強いていると報道。945長岡防衛施設庁総務部長に「名護市の人間から指摘された前那覇施設局次長で、現在、本庁の労務調査官にある職員の沖縄出張の回数とその理由について調べるよう」指示。1045的場副長官の下で坂、東、河相と沖縄対応を協議①県議会が終わる3月まで静観②政府は歩み寄らないとの認識を統一〉

的場官房副長官は私と同様、沖縄に歩み寄らないという考えだった。一方、鈴木副長官は、沖縄の状況を説明に行った際、私が仲井真知事と会ったのは軽率だと叱《しか》った。沖縄で「地元向けのアピールの材料にされるだけで、問題解決には少しも足しにならない」との理由だった。

「彼は責任を取る知事ではない。君と会ったことだって、地元では勝手な理屈を付けていいように使われるだけだ。春の参議院沖縄補選と七月の本選挙が終わるまで待てばいい。五月に拘《こだわ》ると沖縄の術中にはまる」

五月はサンゴの産卵期にあたった。アセスメントはその時期を入れて三年分を調査しなければならないから、この五月を逃せば予定より一年先までかかることになる。

一方、四月の参院補選および夏に予定されている参院通常選で、自民党は沖縄の議席をひとつも落とすわけにはいかないと考えていた。

「一人区」の沖縄の定数は二、前年の知事選に野党議員が出馬したため、議席がひとつ空いていた。この時点では「自民一」となっていたが、そちらは夏の選挙が控えている。与野党ともに、「沖縄を制すれば夏も勝てる」と読んでいた。

二月十五日、鈴木副長官から呼ばれ、副長官室に関係四省庁（官邸、内閣府、防衛省、外務省）の担当者が集められた。その席で鈴木副長官はこう言った。

「沖縄問題の窓口、責任者は防衛省である。内閣府はサポートに徹し、良《よ》し悪《あ》しを発言するな」

しかしその週末には、久間大臣がこう発言する。大臣室で沖縄対応について会議がもたれていた折だった。

「アセスが終わってから、滑走路の位置を少し動かしてやればいい。七十五メートルだ。あとは島袋市長の面子《メンツ》の問題だから、そう約束しておけばいいんだ。もちろんこの約束は表には出さない」

久間大臣は、「仲井真知事はV字案にこだわっていないから」とも付け加えた。

「だから危険性の除去について、あまり具体的に細かく説明する必要はない。例を挙げて説明すれば、『それでは不十分』だとか、『対策になってない』とか、沖縄側に突っ込まれるだけだ。『政府として沖縄の主張を重く受け止めて心がけていく』、そう繰り返すように」

大臣は仲井真知事、島袋市長と二日後の日曜日に会うとも口にした。

「青木会長に、『仲井真知事の県議会での言い振りを考えて欲しい』と言われているから」

つまり仲井真知事は青木幹雄参議院議員会長に、「県議会を納得させなければ、参議院選に影響が出る」と迫っていたのだった。週明けに再び大臣室へ行くと、知事との会談内容の説明があった。

「知事はV字でＯＫだと。危険性の除去を三年以内にやってくれということだけだった。『それは政治家として、この久間が受ける』、そう返事しておいた。だから次官、内閣とかアメリカ政府を巻き込まないような形での言い方を工夫して欲しい。沖縄の県議会が終わってから協議会を再開する。これは青木会長の意向だ」

そしてまた繰り返した。

「島袋市長の面子があるから、七十五メートルでいい。沖合に出さずに辺野古崎に寄せてやってくれ。これも言い振りの話だから、次官、考えておいてくれ」

同じ日、午後になって山崎拓元副総裁から電話が入る。こちらは日曜日に、比嘉鉄也元名護市長と末松助役と会ったとのことだった。私は出席していた会議を中断して元副総裁の事務所に行った。

「先生、名護市案は合理的ではありません。最初に日米が合意したL字案でも、すでに全体の半分以上が海上に埋め立てで作られているのです。それを名護市の要望を入れて二百メートル沖合に出して滑走路も二本にしたから、海上の埋め立て面積はさらに増えています。その案でアメリカとも合意しているのが今のV字案です。名護市案がいかにこれまでの経緯を無視した不誠実な案であるか、説明するための資料も作成しました」

私は資料を山崎元副総裁の前で広げた。

「次官、それは分かった。でもその上で、ちょっとずらしてやってくれ。末松は政府に説明した案をちょっとで良いから辺野古側にずらして欲しいと言っている」

では以前沖縄が要求した五百五十メートルというのは何だったのですかと、私は訊《き》いた。

「末松は、あれは言っただけだと説明しているよ」

山崎元副総裁からはその二日後にも電話があり、「アセスは強行するのか？」と尋ねられた。私はそんな考えはないと返事をした。山崎元副総裁を通し、沖縄側が探りを入れてきていることが分かっていたからだが、内心では実行に踏み切ることを決めていた。ただし強行ではなかった。強行すれば反対派や環境団体の阻止行動に遭い、前回二〇〇四年九月の繰り返しとなる。

斎藤隆統合幕僚長とは、すでにそのオペレーションを打ち合わせていた。二月二十三日、私は斎藤統幕長にこう説明した。

「織田信長が斎藤竜興《たつおき》の美濃《みの》の稲葉山城を攻撃するために、要衝である長良《なが ら》川《がわ》の墨俣《すのまた》に出城を作ろうとした。しかしこの城作りは再三にわたって失敗した。美濃勢は城が出来上がる頃を見計らって城をつぶしに来る。その裏をかいて美濃勢が気付く前に木下藤吉郎、後の豊臣秀吉が作り上げたのが『墨俣の一夜城』だ。反対派が抵抗ラインを作り上げる前に、アセスのための調査機器の設置を短時間で速やかに終えたい。そうしないと、前のように流血の事態の可能性が避けられなくなる。そうした事態が起きることは避けたい」

〈3月2日（金）1100大臣室　陸・空の幕僚長人事発令立会い　05大臣は「50ｍ動かす案で合意したい」と話す。私から、「名護市や沖縄県の主張に理屈がありません。何度も繰り返されて米国もようやく判《わか》り、この提案を呑《の》みません。大臣が代わったら反故《ほご》にされます」とお諫《いさ》めしたが、お聞きにならない。約束をしても、「地元との合意案を作って、それで合意するのか確かめた上で、大臣のところで議論し、その上で米国とやるかどうか判断していただきます」と申し上げて退出する。1338駐日マレーシア大使の表敬　1353豊田秘書課長　大臣に呼ばれ、私の定年延長を「1年でなく半年にしたい」と言われたことを伝えに来る〉

久間大臣が口にした「七十五メートル移動」は、数日も経《た》たないうちに「五十メートル移動」に変更されていた。それで合意するという大臣を諌めたところ、日記にあるように、私の定年延長を短くすることが、すぐに大臣から秘書課長に告げられていた。

私の定年延長は、前年十二月から何度となく俎上《そじょう》に上っていた。防衛省設置法案が衆議院を通過した直後の十二月四日には、防衛庁の長官官房トップである西川官房長が私の後任を誰にするかの「事務次官人事線表」を書いて持ってきてもいた。「人事線表」は人事のチャート図で霞が関の役所ではどこでも作るが、「誰が抜けたら、その空いたポストに誰を充《あ》てるか」といった人事の流れが一目で分かるように作成されている。そこには年明けの人事案が書かれていたが、私の名前はなかった。

「次官、ずいぶんお疲れのようですから」

西川官房長は慰めのようなことを口にした。

幹部人事は大臣が行うが、その前に官房長が人事異動案を作り、事務次官と相談する。その時期については事務次官が指示を出す。西川官房長は、私の考えを聞き出してから大臣に伝えたいのだと分かった。異動案を作成する前に、まず人事異動をいつ行うかについて「どう考えておられるのですか」と普通は訊くものだ。

二〇〇六年の一月、八月と、二回人事異動を行ったが、いずれの時も私に催促されてから人事異動案を作っていた西川官房長が、今回はそれを持ってきている。西川官房長のその積極性を前にして、私に辞めてもらいたいと考えている者が少なからずいると感じた。

「省法案はこれから参議院での審議が始まる。米軍再編特措法案についても与党内説明と各省調整の最中である。今はとてもそんなときじゃないだろう」

そう言いながらも、私はその人事異動案について考えを伝えた。すると私の考えを踏まえて、翌日もまた西川官房長は線表を引いてきた。

また年末の同じ時期、ある記者からはこう明かされている。彼は「久間大臣が次官続投と言っています。おめでとうございます」と言い、こう続けた。

「まわりの人はずいぶん任期が長いのでもう辞めるんだろうとか、中には辞めてもらいたいと期待している人もいます。省昇格を花道にお辞めになるのだろうと私も思ってましたから、大臣の言葉が意外でした」

このときは大変不愉快な気分になったが、安倍総理が「花道を作れたね」と口を滑らしたのも同じころだった。また的場副長官からは「後のことを考えなさい。いつまでもというわけにはいかないのだから」との言葉もあった。野呂田芳成元防衛大臣は「三月で辞めたほうがいい。やっかみが強すぎる」と私に助言した。

年が明けいったんはおとなしくなったそうした声も、再び大きくなっていた。二月十八日には名護市で「守屋が三月で辞めるからもう少しの我慢だ」という話が流布《るふ》されていることを、地元の人が知らせてきた。久間大臣からは、秘書課長を通し「半年延長に短縮」と告げられる前の週には、「的場副長官に君を外す考えはないと答えておいた」と直接聞いたばかりだった。

「閣議が終わってから的場君に君の定年について聞かれたから、夏までやらせると話した。九月一日には防衛施設庁の統合もある。頑張ってほしい。西川官房長にも話しておいた」

しかし大臣は、一方で十二月十二日に防衛研究所の研究員のトップである統括研究官の定年延長に関し、私の前でこう反対していた。

「定年延長は絶対反対。私はこういう人事制度に対してはうるさい。例外を設けるのは余程のことだ。統幕長と各幕僚長の定年が同じという問題も、おいおい解決して行きたい」

大臣は定年延長に反対なのだと理解していたから、的場副長官に話したといわれても俄《にわ》かには信じていなかった。それがいったん一年になり、今度はまた「半年」と短縮されたのだった。定年延長は一年ごとの更新なので半年はありえない。

私自身は、いつ辞めてもいいと考えていた。ちゃんとした道筋をつけていたのに、合意した普天間問題を沖縄県と名護市が振り出しに戻そうとしていること。それを止めようとすると各省庁から「強引にやり過ぎだ」と言われ、大臣を始め党の要人から修正要望が相次ぐこと。これに対応していくのに、大臣が言を左右にし、また担当各局長の関与が見えない。それに加えて次から次へと事件、事故と不祥事がこれでもか、これでもかと続いて起きてくる。いつまでやっても、きりがない。もう疲れたというのが私の本音だった。

結局、私の定年は一年、延長された。大臣から「半年延長に短縮」と告げられた五日後、自民党政務調査会事務局の田村氏から電話があった。

「飯島前秘書官と井上総理秘書官が次官の定年延長に動いた。電話を差し上げて下さい」

さっそく電話をし、久しぶりに飯島前秘書官の声を聞いた。

「いやいや、井上が頑張った。井上に電話してあげてくれ」

井上秘書官が私の定年延長に尽力したとは意外だったが、私は井上秘書官にもお礼を伝えた。

こうして私の定年問題に片がついたその直後、鈴木副長官に官邸に呼ばれた。今後の沖縄対策について、鈴木副長官から話を聞いた。

「青木さんは参議院の補選だけではなく、本選がある七月まで沖縄とはうまくやってほしいという考え。私も出来ればそうして欲しいと思っている。その後は沖縄に遠慮しないで出来るということだ。青木さんという人は、カネには執着がない。党勢だけを考えている。参議院選挙で負けるわけにいかないからね」

副長官執務室にはほかに誰もいなかった。話は久間大臣に及んだ。

「久間さんはまとめると言っているが、何かくさい。政府とアメリカのラインが変わらなければ、あとは参議院選挙後を待つということでいい。参院選後の内閣改造で閣僚は総入れ替えするからね。ひょっとして残るのは塩崎だけということになるかもしれない。彼は安倍政権の続く限り大切にした方がいい。私もこの夏、改選であり、沖縄問題に身体《からだ》を全部割くというわけにはいかないが、時間は作るから。アセス手続きの、沖縄県への『方法書』の提出手続きは進めるように。沖縄県が協力しないなら、その事実を公《おおやけ》にしていけばいい」

鈴木副長官からそう明かされた。またこの数日後には「次官の定年延長は官邸からしばらく続けてもらうと言って大臣に呑《の》ませたもの」とも聞かされた。

その久間大臣は、件《くだん》の「イラク開戦は間違っていた」「滑走路は一本でいい」発言でアメリカの反発は強まるばかりで、予定されていた訪米も中止に追い込まれていた。私的な旅行として日曜日に沖縄に出向き、ケビン・メア在沖縄米国総領事と非公式の会談に臨んだのは三月十一日だった。

私がメア総領事から電話で会談内容を聞いたのは、その翌日だった。

「久間との話し合いは三時間に及んだよ。彼の話から分かったのは、仲井真は逃げ道を探しているということだ。島袋市長が納得すればいいんだと、仲井真は久間に伝えている。久間の説明では仲井真から頼まれたという内容はこうだ。『名護市は合意は概案についてしただけで、滑走路の位置は確定していないと考えている。だから、日本政府が普天間飛行場代替施設についてアメリカと作成した建設計画書を発表する際には、出来る限り海に出したと言うと、今約束してもらえさえすればまとまる』。久間と仲井真とは話がついている。久間は自信を持っていたよ」

私はメア総領事に意見した。

「いや、それには私は反対だ。今の時点でそんなことを政府が言ったら、V字案を修正することを認めるに等しい。そんな密約は漏らされる上に、沖縄にいいように使われるだけだ。それならば、三年後にアセスメントが終わり日米両政府でV字案の建設計画書を作る際に、アセスメントの結果に影響を与えないことが確認出来たら、五十メートルだけ移動させればいい。その時になって『地元に配慮して、可能な限り海へ出したものにした』と説明すればいい」

「なるほど。今日、私は島袋市長に会うことになっている。週末には辺野古三区の区長に会う。彼らにはその線でまとめるべきだと言ってみよう」

メア総領事は電話口でそう応じた。

この件に関して久間大臣は、記者への対応ではこうとぼけていた。記者情報として塩崎官房長官より私は耳にした。

「メア総領事に普天間の修正案のことは尋ねていない。聞いたって、あれは最上の案という答えが返ってくるのは分かっているから。分かっている答えを聞くほど、私も野暮じゃない」

実際には、久間大臣は修正案についてアメリカの譲歩を期待していたのだが、メア総領事はそれには応じなかった。久間大臣が沖縄側から頼まれて、メア総領事を説得しようとしたことは明らかだった。以前、沖縄の修正案に乗ったアメリカだったが、今回はぶれることはなかった。

沖縄から帰京した大臣からはこの日、アセスメント作業を予定通り行なうよう言われた。同時に「参院補選が終わるまではV字案について触れない」と指示があった。

防衛政策局、防衛施設庁の担当者の前でも明言した。本人は沖縄でメア総領事に修正案を持ち出していたのだが、その事実について大臣は、私たちの前で話すことはなかった。

そして三月十三日、またしても防衛省を揺るがす事件が起きた。

私はその日、海上幕僚長から第一報を受けた。横須賀にある第一護衛隊群所属護衛艦「しらね」の二等海曹が、イージス艦の情報を持ち出していたという。その後、神奈川県警が秘密漏洩《ろうえい》事案として、岩国基地や隊員の自宅などの家宅捜索を行うことになった。

これは「日米相互防衛援助協定等に伴う秘密保護法」に基づく「特別防衛秘密」の漏洩にあたった。「特別防衛秘密」とはアメリカ政府から供与された装備品の構造や性能などの情報の他に、製作や修理に関する技術、使用の方法等も含まれる。

二等海曹は同艦のデータを記録したハードディスクを自宅に持ち帰っていたのだが、その二等海曹だけでなく、次から次へと情報を持ち出していた隊員が現れ、頭の痛いところとなった。さらにその二等海曹が中国人女性と結婚していたことから、このデータが中国に持ち出されたのではないかとの疑念が出てきていた。

この事件の構造はきわめて簡単だった。海上自衛隊は当時「こんごう」「きりしま」「みょうこう」「ちょうかい」の四隻《せき》のイージス艦を保有していたが、イージス艦は艦艇に対して発射されたミサイルや、艦艇を攻撃する戦闘機を迎撃出来る高度な情報処理システムを備えていた。これはアメリカ海軍が開発した最新鋭の兵器で、アメリカ海軍は当初、海上自衛隊にのみその装備化を認めていた。

艦艇は空からの攻撃に弱いというそれまでの定説を覆《くつがえ》す画期的な装備であったことから、この装備を扱う隊員だけでなく、イージス艦の乗組員も他の艦艇の乗員から羨《せん》望《ぼう》の眼差《まなざ》しで見られていた。イージス艦のデータを持っていることが密《ひそ》やかな自慢になるわけで、幼稚な話だが、その程度の認識でデータを持ち帰っていたのだった。

「『秘』に接触できない人間が、なぜ『秘』情報を持っているのか」

官邸で経緯説明をする私に、塩崎官房長官が何度も尋ねた。

イージスシステムを動かすためには、実際にシステムを運用する部門とそのシステムが運用出来るように整備・補給する部門があり、それぞれの部門に幹部と曹士が配属される。アメリカ海軍で作成される教育資料は各部門ごと、また幹部用と曹士用とに分かれているが、それを日本語に訳した文書は膨大な分量に上っていた。

かつては文書で教育が行われコピー厳禁とされていたが、現在はパソコンを使いデータで教育が行われる。教育用データの管理は幹部の命を受けて曹士が行っており、「そこから流出した可能性が高い」との中間報告を、吉川榮治海幕長と防衛政策局調査課長から受けた。紙に印刷した形式よりもパソコン用のデータのほうがはるかに流出は簡単で、この翻訳したデータが外に漏れたのだった。

「緊張感がみられない」

官邸では叱責《しっせき》された。

「誠に申し訳ないことだと認識しております。これは戦争をしていない自衛隊の弱点だと、私は考えています。これがアメリカだったら、即『仲間がやられる』という意識に繋《つな》がる。戦地にいるわけでもなく、ましてや自国が作ったわけでもないから、こうした情報に対して緊張感を持って接していない。根が深い問題です。まるでコンピューターのウォーゲームのような感覚だと思います」

私はそう説明した。

しかし、漏れたのはイージス艦システムの全貌《ぜんぼう》が摑《つか》めるようなものではなく、ごく一部の情報に過ぎないとの報告を受けていた。しかも高レベルの「秘」ではなかった。ただしそれは言い訳になるので斎藤統幕長と相談し、黙っていた。

そして三月十五日、青木信義航空機課長から連絡があった。その電話を受けた時、私には何のことか分からなかった。

「朝日新聞が取材に来ています。CXエンジンの契約履行について聞きたいとのことです。山田洋行とミライズの件です」

第六章

普天間はどこへ行く

辺野古地区上空を飛行する米軍ヘリ（騒音調査にて）

〈3月19日（月）930辰己施設企画課長　事前調査いよいよ沖縄県と協議しますと報告にくる。私より「安易に考えるなよ。抵抗があることを前提に考えるように」と注意。10時、省発。20厚木着。30発。対潜哨戒機《しょうかいき》を画像情報収集機に改造したＯＰ－３Ｃに搭乗。飛行中、この機の持つ能力の説明と展示を見せてもらう。

1240岩国基地　沖合施設は完成まで少しとなっているのが分かる。海上自衛隊伝統のカレー昼食を摂《と》った後、全隊員を前に省昇格の意味について説示。救難飛行艇ＵＳ－２に搭乗。与圧システムで高高度飛行が可能になり、エンジンの出力アップとカーボン部材の使用による機体の軽量化で、陸上でも海上でも離発着が早く安定的になった。

その後、岩国飛行場の沖合埋立て飛行場を船から視察。２４００億円の費用がかかっている。今春から滑走路の舗装に入り2年後に使用開始の予定。山間にある厚木基地から移動してくる米空母艦載機部隊の家族住宅の候補用地も車から視察。基地から少し離れているのが気になる。泊。

3月20日（火）830日本製鋼所広島製作場視察。受注が減って、技術が継承されなくなることを会社は懸念《けねん》している。20年前に訪れた時に比べて、民需部門に押されて防衛部門の敷地が半分になっていた。

920陸上自衛隊海田市《かいたいち》駐屯地。ここは3度目の訪問。48ヘクタールと市ヶ谷の2倍の広さ。35UH－60で発。1030岡山県にある陸上自衛隊三軒屋《さんげんや》弾薬支処。岡山市内から直《す》ぐの所。隊員とイノシシ汁の昼食。この施設内に多数出没するそうだ。伊丹《いたみ》市の陸上自衛隊中部方面総監部に2時着。隊員を前に省昇格の意義について訓示した。八尾《やお》駐屯地から連絡機LR－2で木更津駐屯地へ。そこからスーパーピューマで市ヶ谷へ〉

約二十六万人を抱える防衛省・自衛隊には勤務地が多く、陸上自衛隊が百六十ヶ所、海上自衛隊は五十五ヶ所、航空自衛隊には七十二ヶ所、これに地方協力本部などの共同機関、地方防衛局、付属機関などを入れるとその数は四百ヶ所を超えている。私は極力、地方の現場に出かけることを心がけ、三十七年間の勤務で陸上自衛隊の沼田、日高の両分屯地（北海道雨竜《うりゆう》郡沼田町、同沙流《さる》郡日高町）、海上自衛隊の父島基地分遣隊（東京都小笠原村父島）、航空自衛隊の新潟救難隊（新潟市）、土佐清水通信隊（高知県土佐清水市）を除いたすべてをまわっていたが、それは部隊の場所や仕事、生活環境を見た上でそこで働く制服と懇談し、はじめて背広がすべき仕事が分かるとの信念からだった。

この二〇〇七年には、一月に北海道の陸上自衛隊上富良野演習場でAH－64（戦闘ヘリコプター）の寒冷地試験を視察し、その翌週には仙台に出張して、東北方面総監部で隊員を前にして省昇格の意義について話していた。二月には宮崎県にある航空自衛隊新田原《にゆうたばる》基地、高畑山分屯地、大分県にある陸上自衛隊の湯布院駐屯地、大分弾薬支処とまわっていたが、三月には二日間の日程で中国地方に赴いていた。

翌三月二十一日は春分の日で休日だったが、アメリカからピーター・ペース米軍統合参謀本部議長が来日していたため、登庁し会談を持った。ペース議長は在日米軍副司令官の勤務経験があり、前任のリチャード・マイヤーズ議長に続いての知日派の登用で、しかも海兵隊出身者がそのポストに就くのは初めてのことだった。私は前年の小泉総理訪米の際にも顔を合わせていた。

ペース議長はこの十年前、米軍海兵隊本部の作戦部長を務めていた。当時、私は防衛審議官兼内閣審議官だったが、アメリカにたびたび出張し、普天間飛行場の返還を求めてSACOの席で何度も議長（当時は中将）と激しい議論を戦わせていた。そのような思い出話に花を咲かせながら、私は議長に言った。

「日米安保は大事であり、その担《にな》い手である在日米軍には安定的に駐留してもらいたい。そして故国を離れ世界のいろいろな所で勤務する兵士や家族に、日本での勤務は友好的で信頼に支えられたものであるとの思いを持ってもらえるよう努力したい」

ペース議長は「アメリカは、ここ数年の日本の安全保障政策の目を見張る進展に驚いている」と口にし、別れ際《ぎわ》に立派な置物のオブジェを「タフネゴシエーターのミスター・モリヤへ」と笑い、プレゼントしてくれた。

この前週に問い合わせのあった山田洋行と日本ミライズの件は、私は特に気に留めるということはなかった。この時期、マスコミで取《と》り沙汰《ざた》されていたのは、軍需専門商社・山田洋行の分裂騒動というだけで、防衛利権と結び付けるものばかりだった。航空機課長が対応する類《たぐい》のもので私は取材には応じていないが、その後もマスコミからは問い合わせがあった。

防衛省ではこの年から原則として、随意契約を止めてすべて競争入札とする制度に変更していた。随意契約は二回の入札を行なっても落札者が現れない場合に限って採用されることになっていた。競争入札についても、契約の履行をきちんと担保するため、それまでの契約の実績に応じて入札企業資格を決めていた。

アメリカのエンジン製造会社「ゼネラル・エレクトリック（GE社）」は、長年、山田洋行を代理店としてきたが、近く日本ミライズを新たな代理店にするという。日本ミライズは山田洋行から前年に独立した新会社だったが、もちろん実績がないからGE社のエンジンを扱うような高額の入札には参加できなかった。

航空自衛隊が次期輸送機（CX）用として採用したGE社のエンジンは一基六億円だったが、これまでGE社代理店である山田洋行が随意契約で取っていた。新たにGE社の代理店となった日本ミライズと防衛省は随意契約をするのか、各社からの取材はそうした点についての確認に過ぎなかった。

実際、これ以降、山田洋行の件については私の次官退任後、それも十月になるまでは何の音沙汰もなかった。そしてこれも私は逮捕後に検察官から知らされたが、この間も検察は部下からも事情を聞き、私の容疑を固めていたというのだった。

しかしこの時期、私は何よりも沖縄問題に集中していた。沖縄側が政治家に対して、滑走路移動案を働きかけていたのである。

〈3月28日（水）1420菅総務大臣よりTEL「旧知の仲井真知事、沖縄がちょっと変えることに政府は協力してほしいと言って来た」
3月29日（木）1123鈴木副長官「仲井真知事は俺に会いたがっているが、俺は会わない」
3月30日（金）1100官邸　安倍総理「普天間少し動かして欲しいと多くの人が言ってくる。麻生外相も言ってきた」〉

また山崎拓元副総裁には東開発の仲泊会長が直接会い、「防衛省と手打ちしたい」とも伝えている。山崎元副総裁からはこう聞かされた。

「仲泊会長は、V字案の二つの滑走路をそれぞれ外側に三度ずつ拡《ひろ》げる案を持ってきた。これなら一度当り滑走路が五十メートル動くことになるから、都合三百メートル沖に出せると言うんだが」

手打ちしたいと口にしながら、沖に出し埋め立て面積が増える修正案を提示していた。私はもちろん反対している。

〈3月31日（土）午前1時、奄美群島の徳之島で、急患輸送に向かっていた那覇駐屯

地の陸上自衛隊の輸送ヘリコプターCH－47が、霧に巻き込まれ小山に衝突、4名の乗員全員の死亡の知らせ〉

この前日、三月三十日は省昇格を祝い、省のすぐ近くにある「グランドヒル市ヶ谷」でパーティーが開かれていた。国会議員や各国大使、防衛駐在官、基地所在市町村長、防衛産業の会社関係者や防衛省・自衛隊OBが集まり、出席者は千五百人に上っていた。帰宅してからもその余韻に浸っていた私は徳之島での事故を知り、深く頭を垂れた。

長年の願いがようやく成就《じょうじゅ》し皆で祝ったその日に、遠く離れた西方の地での任務遂行で尊い殉職者が出る。これが防衛省・自衛隊の職に就くものの原点なのだと、私は思った。私は関係部署に連絡し、翌日の対応を打ち合わせた。

自衛隊では毎年のように殉職者が出る。発足以来の殉職者は千八百名近いが、それは任務中や訓練中の事故によるものだ。市ヶ谷の防衛省のメモリアルゾーンには慰霊碑が設けられていて、すべての殉職者の名が刻まれた銅板が収められている。各国の国防大臣、参謀長など軍の高官は防衛省を訪問する際、儀仗隊《ぎじょうたい》による儀仗と奏楽を受けて百メートルほどの道を行き、まずここに献花をする。

そうしたことが出来る慰霊施設はなかったことから、市ヶ谷に移転した際に私は佐藤謙次官に進言していた。二〇〇三年九月、私が次官に就いた時にはその整備が終わっていた。

四月二日、私はそのメモリアルゾーンで、徳之島で殉職した四人の写真を飾り献花した。

〈4月4日（水）1325山崎先生よりTEL「仲井真が選挙応援のため来県する総理に修正ありきを発言させるように工作、中川幹事長に頼んでいる」〉

四月十五日には安倍総理の沖縄入りが予定されていた。二十二日に投票が行われる参議院沖縄補選の応援のためだったが、その演説の中に中川幹事長が修正案を認める文言を入れようとしていると、山崎元副総裁は言うのだった。十日、私は官邸でそのことを総理に伝えた。

「それは承知している。仲井真が本当に使える男かどうか、そろそろ見極める」

安倍総理はそう考えを述べた。私は過去十一年の間に五回、普天間問題について沖縄の要望に応じ合意しているが、沖縄はそのすべての合意の実行を先延ばしにして反《ほ》故《ご》にしてきた経緯を説明した。

このあたりから久間大臣が加速度的に、おかしな言動を取り始める。発端は四月十六日、宮城東村長が北部首長会の会長交代の挨拶《あいさつ》に省を訪れた際のことだ。宮城村長、儀武金武町長の前で久間大臣が話した。

「アメリカと合意した計画は変えません。メア総領事とも話したが、変えるとアメリカもいろんなことを持ち出してきて収拾がつかなくなる。ただし、計画を変えない範囲で出来るだけ沖合に出したいという、地元の要望には応《こた》える」

私は「大臣は仲井真知事と通じているな」と直感した。その二日前、四月十四日の土曜日、大臣が沖縄の石垣島で「仲井真知事と密談した」という噂《うわさ》が入ってきていた。

「百メートル沖にずらすことで手を握った」と、具体的な内容だった。

北部首長は何のことか分からないという顔をしていたが、二日後には関連情報が入ってきた。

「今日、額賀前大臣が安倍総理に滑走路変更はしないようにと要請した。沖縄の出張から帰って来た久間大臣はそれを記者から聞かされ、激怒した」

この件は、米軍再編特措法案が衆議院を通過したことを受けて、安保委員会の与党理事を招き食事会を催した際に話題になった。出席議員から「次官もたいへんだなあ」と私は同情のような言葉を掛けられたが、翌十九日の午前十一時過ぎ、当の額賀前大臣から電話があった。
「久間大臣と話したよ。大臣は修正含みの発言をしたいと言うんだな。それで私は『沖縄は交渉上手で、譲ってもそれで収まることはないので、言うべきでない』と諫《いさ》めたが」

額賀前大臣から電話が入ったその十分後、定例の大臣への報告のため私は大臣室にいた。「イージス艦情報漏れ事件」などいくつかの懸案事項について説明をした。ちなみにイージスの事件については旧知の警察官僚から意外な情報も聞いていた。
「あの捜査は全くの〝飛び出し物〟ですよ。内偵なんかで狙《ねら》っていたものではない。不法入国者ということで中国人の女の家を捜索したところ、イージス艦のデータを発見したんです。女が結婚していたのが海自（海上自衛隊）の二曹だったというわけです。でもイージス情報が中国に渡った可能性を裏付ける情報には接していません。隊員の間では、イージスのデータを持っていることを競い合った時期があったようですね」

久間大臣には前日、塩崎官房長官から「イージス事件は予定されている日米首脳会談での最大のイシュー（問題）と聞いている」と厳しく言われたことなどを伝えた。

塩崎官房長官からはこう叱責されていた。

「防衛省ではなく、政府全体で取り組む必要がある。まったく防衛省は危機意識が薄過ぎる。これからは隊員に英語でマニュアルを教えたらどうだ」

塩崎官房長官は事件についての私からの説明をまったく聞かず、「相当、外務省と警察から刷り込まれているな」と私は感じていた。アメリカからのペーパーが官房長官には上がっていたようだった。そのペーパーは後日、仲の良い麻生外務大臣から久間大臣に手渡されてもいる。

こうした私の報告を、久間大臣は静かに聞いていた。しかし、報告を終えた私に「ついでの話だが」と、いきなり切り出したのである。それは仲井真知事との密談を認めるものだった。

「仲井真は、計画を変えてくれとは言わない。どのくらい動かせと数字も言わない。ただ、面子《メンツ》の問題として動かすことを約束して欲しいと、私に言うんだな」

私が「そんな申し出は受けるべきではありません。すべてアセスが終わってからの、三年後の話です」と反対すると、大臣はこう答えた。

「仲井真は、その時は担当者が代わっているでしょうから何とか俺が大臣の時にして欲しいと言っているんだ。『約束しても、絶対に外に出せる話でないから安心して欲しい。ただ副知事と名護市の末松助役にだけは知らせておきたい』、仲井真はそう言うんだ」

「あの人たちは、約束を守る人たちではありません。この話に応じるべきではありません。約束したという事実が一人歩きして、沖縄のV字案修正の攻勢は止まらなくなります。みなが何メートル移動と言い出します。そうなったら、アメリカに何と説明するおつもりですか」

五月一日からは、ワシントンで一年ぶりの「2プラス2」が予定されていた。ここでは在日米軍の再編案の「最終取りまとめ」が控えていた。アメリカからのペーパーが流れていることから見ても、ただでさえアメリカは、イージス情報漏れについても何らかの苦言を呈する可能性がある。

しかし私の反対にも拘《かかわ》らず、大臣はこの日午後になると「訪米前に沖縄側に自分の考えを伝えておきたい」と言い始める。つまり修正案のことを指していた。

参院補選　自・民1勝1敗　福島は民主　沖縄は与党系
自民、民主両党とも、2敗すれば執行部の責任問題が浮上しかねなかった。1勝1敗に終わったことで、双方とも現体制で夏の政治決戦に臨む構図が固まった。政府・与党は一時くすぶった内閣改造論を封じ、国民投票法案審議などの国会運営を与党主導で進める。

（「朝日新聞」二〇〇七年四月二十三日）

同日に行われた福島の補選で与党は議席を落としたものの、沖縄では自民、公明が推薦した前那覇市議の候補者が当選し、野党は補選前の議席を守れなかった。自民は二回応援に駆けつけた安倍総理だけでなく中川幹事長など、野党候補を推した民主党は小沢代表、菅直人代表代行、鳩山由紀夫幹事長などが沖縄で街頭に立った。

青木幹雄参議院議員会長が口にしていた通り基地問題はともに争点にせず、与党女性候補は「暮らしの向上」を前面に出していた。選挙に勝ったことで沖縄側は強気に出てくると、私は予想していた。

参院補選の翌日、四月二十三日の午後二時に官邸に行くと、塩崎官房長官からはこう指示された。

「仲井真知事は俺のところには来ない。ただ、この間も牛尾治朗（ウシオ電機会長、前年九月まで内閣府経済財政諮問《しもん》会議議員）さんが総理に『沖縄に配慮してやってほしい』と言いに来たし、総理は仲井真知事と官邸で二人で会っているよ。こちらは大丈夫だから、とにかく久間大臣をおさえろ」

会談に立ち会ったであろう北村滋総理秘書官にその様子を聞こうと、私はその足で秘書官室に寄った。北村秘書官を捕まえると、総理が知事と会ったとの事実を認めたが、「内容は分からない」という。

「でも総理は大丈夫ですよ。中川幹事長からは沖縄での演説要領が持ち込まれましたが、沖縄に行った二回とも総理はその通りの発言はしなかった。演説要領には『V字案を変更します』とありましたが」

私はその言葉に安心したが、気になるのは久間大臣だった。この日の朝、大臣を囲んでの定例幹部会議で、私が午後から部隊視察のため出張に行くと報告したところ、大臣が「今日から君はいないのか」と反応したのだった。

私はその日、航空自衛隊の東北弾薬支処（青森県東北町）を視察した後、北海道に渡り、パトリオット基地（八雲町）を見ることになっていた。翌日には青森に戻り、技術研究本部の下北試験場、海上自衛隊の下北警備所とまわる予定だった。

官邸に同行してきた門間大吉会計課長が、「大臣は知事と今日、会うのではないか」と呟《つぶや》いたのも引っ掛かっていた。

「今晩、大臣と私たち課長クラスとの飲み会がセットされていたんですが、さっきキャンセルされたんですよ」

門間課長はそう理由を述べた。

私は官邸からの帰り、車の中から飯島前総理秘書官に電話を入れた。夕方になって議員会館で会った飯島前秘書官は、私の状況説明にこう言った。

「これは次官、倒閣運動だ」

その直後、沖縄の佐藤那覇施設局長から連絡が入った。

「県と名護市は国と最後の交渉をすると言っている。何メートル沖に出すかを議論しています。末松助役が三百五十メートルを切り出し、最終的に市は百メートルで押し切る考えです」

秘書の原部員からは、「視察を取り止《や》めると、せっかく準備をして待っている部隊に迷惑をかけることになりますよ」と心配されたが、この時点で私は出張を先延ばしにした。

その晩、記者からの電話が相次いだ。

「仲井真知事が沖縄での予定をキャンセルして、上京する模様」

ある記者からはそう伝えられた。そして翌朝になっても記者たちからの電話は続いた。

「仲井真知事がいつものホテルに泊まっていない」

定宿にしている赤坂プリンスホテルに知事の姿がない、一方の大臣も昨晩は議員宿舎にいなかった、二人の所在が分からないと、ある記者は私に問い合わせてきた。

私が携帯電話で記者対応をしながら登庁すると、まもなく久間大臣も通常通り省に現れた。私から昨晩、どうしていたかと訊《き》くわけにもいかなかったが、訪米の際の大臣スピーチ案も上がってくる中、額賀前大臣からの電話が鳴った。

「昨日、仲井真知事と都内で会った。本人は滑走路は変えなくていいと言っていた」

私は「それは知事の本音ではありません」と答えたが、では久間大臣は今晩にでも知事と会うということか、私がそう思案していると、直後、複数の記者から電話が入った。

「次官、明日も出張に行くべきではない」

記者たちは詳細は語らなかったが、どうやら仲井真知事に動きがあったようだった。

私はその日の夕方、議員会館で小泉前総理に会っている。それまでの経過を説明したが、前総理はすでに中川幹事長から沖縄の意向を聞いていた。

「沖縄の協力なしで、普天間問題は出来るか？」

私は「やれます」と答えた。基地内移設ならばクリアできる。

「協力するから国も譲って欲しいというのは、沖縄の常套《じょうとう》の戦法です。これまで何度、政府はこれに引っ張られてきたか。国の担当者は二年ごとに代わるので、沖縄のこの手法に気がつかないのです。妥協すればこれで終わらなくなる。次から次へと後退を余儀なくされます」

私は「安倍総理は一人で凌《しの》いでいます。力付けをお願いします」と、頭を下げた。

沖縄の佐藤局長から報告があったのは、この後のことだった。

「県知事、市長だけでなく、県からは副知事、企画部長、市からは副市長（助役）、企画部長、オールキャストで東京に出かけている」

また深夜になって記者からも情報が入る。

「帰ってきた久間大臣に『百メートル動かすことで知事と決着ですか』と聞いたところ、大臣がぶち切れた。『じゃあ、九十九メートルにして誤報にしてやる』と、すごい剣幕でした」

ある女性記者からメールが来たのはその翌朝だった。

〈久間大臣がジョギング姿で散歩している。今朝の会合はなさそうです〉

が、その記者からはメールの直後、直接、電話が入る。

「次官、久間大臣を見つけました。やはり仲井真知事と会っている。その現場を目撃しました」

記者によれば、ジョギング姿で高輪議員宿舎を出た大臣はそのまま近くの高輪プリンスホテルへ入り、仲井真知事と会談を持ったという。それは一時間続いた。

「終わった後、大臣はずいぶん憔悴《しょうすい》した感じでした。今度はホテルの従業員通用口から出てきた。ホテルに入るときにはなかった白い紙袋を抱えていました。周りを見回し歩き出し議員宿舎に戻ると、白い紙袋を守衛に預けた。また歩き出したので声を掛けると、『ヒョー』と声にならない声をあげた。あのときの顔は忘れられませんね」

大臣から「しばらく取材協力はしない」と告げられたその記者は、「なぜ、ああまでして記者の目を欺《あざむ》くのか理解が出来ない」と不思議がっていた。ジョギングすると見せかけてまで仲井真知事との会談を隠そうとした事実は、私にも理解出来なかった。

「紙袋の中身は何ですかね？」

記者は自らの推測を私にぶつけてきたが、私が知るわけはない。まったく根拠のない質問に、私は何とも答えなかった。その後、登庁した大臣は記者に囲まれ、「知事には変更しないと申し上げた」とコメントしていた。

そして、小泉前総理から電話をもらったのは昼前だった。

〈4月25日（水）1121小泉前総理よりＴＥＬ　昨日、君の話を聞いたあと、すぐ中川幹事長にＴＥＬした「幹事長がグラグラしてはダメ。むしろ幹事長が楯になって総理を守らないとダメ」と言っておいた。安倍総理へは夜930官邸へＴＥＬした。「①麻生、久間が何を言おうと、安倍内閣は変えないから、その方針によろしく協力してくれ②これは小泉とブッシュの約束ではなく、日米両政府の約束。今回の首脳会議で明確に文書に出る形ですべきである③守屋次官は昔から突き上げられているが、彼は沖縄の手口を知り尽くしていて、沖縄が信頼できないことをよく知っているから恐れられる④彼を辞めさせないで、やらせよ」

次官は今日、中川幹事長にＴＥＬして、小泉から言われたといって、昨日、俺に説明した話をしておいてほしい。次官が俺のところに頼みに来たという話はしなくていい。↓傍らで聞いていた門間は「さすが小泉さんは役者が一枚上ですわ」〉

このすぐ後、仲井真知事、島袋市長が防衛省を訪ねてきた。大臣室で大臣との会談が始まったが、これはわずか十分で終わる。

「大臣は何か大変危険なことをしている。行動が理解できない」

ある記者はそう口にしていた。また正午には、別の記者からこう聞かされた。

〈0004記者より①小泉VS中川の話、広がっている「守屋がやりやがった」②今朝、久間と仲井真の話で沖縄、30mでもいいのにと、降りてきたとの話③「潰《つぶ》したのは守屋だ、すべてアイツのせいだ」が沖縄の言い分④仲井真大荒れ、「俺の任期中は絶対呑《の》まない。すべて守屋のせいだ（それでも怒り収まらない）」〉

午後三時半、今度は中川幹事長から電話が入った。

「次官、君が小泉さんに頼んだんだろう。沖縄の協力なくして、（米軍）再編特措法なんて出来っこない。とにかく、参院選を勝たないとアメリカとの約束も果たせなくなる。何でもいいから沖縄と対立せずに、仕事を転がしてくれ。沖縄がまとまるのであれば、俺は修正しなくていい」

四月二十九日、久間大臣はワシントンに向け出発した。三十日にはロバート・ゲイツ国防長官と会談し、その翌日には麻生外務大臣とコンドリーザ・ライス国務長官を加え、一年ぶりとなる「2プラス2」が開かれた。

ここでは一年前に決められた「ロードマップ」に沿って、在日米軍再編が予定通りに進んでいるかの確認がされた。「同盟の変革：日米の安全保障及び防衛協力の進展」

と題され、共同発表が行なわれた。

閣僚は「ロードマップ」に従って、目標の二〇一四年までに普天間飛行場代替施設を完成させることが、第三海兵機動展開部隊のグアムへの移転およびそれに続く沖縄に残る施設・区域の統合を含む、沖縄における再編全体の成功裡《り》かつ時宜に適《かな》った実施のための鍵《かぎ》であることを再確認した。閣僚は、統合のための詳細な計画に関する重要な進展を認識し、その完成に向けて引き続き緊密に協議するよう事務当局に指示した。閣僚はまた、一九九六年の沖縄に関する特別行動委員会（SACO）最終報告の合意事項の実施が継続的に進展していることを評価した。

前に述べたように、この一年前の「2プラス2」で、日米双方はV字案で合意を見ていた。さらに文中にあるように、「ロードマップ」ではその完成は二〇一四年までと明記されていた。

五月十一日、この日、海上自衛隊の掃海母艦「ぶんご」が横須賀港から辺野古に向けて出発した。

アセスメントの作業に、沖縄が何らかの遅滞工作に打って出るかと私は予想していたのだが、三月下旬、現況調査を地元の漁業組合が受け入れると表明していた。「県職員からそのことを知らされて、仲井真知事は激怒した」との報告も、那覇防衛施設局から受けていた。仲井真知事はアセスメントの「方法書」の受け取りを拒否したままだった。

一方で渡邉土木課長からは事前に、アセスメントの調査に必要な海流速度計、海水温度計、サンゴ礁《しょう》や藻場の生息状況をモニター出来る装置など、海底に数十種の調査機器三百個を設置する工程表を、私は受け取っていた。それを私は斎藤統合幕僚長に渡し、オペレーション発動を指示した。

二年前の失敗を繰り返すわけにはいかない。あのときは調査のために海上に設置した「単管櫓《たんかんやぐら》」に反対派が登り、作業を阻止していた。老人などもそれに参加し危険が生じ、しかも海上保安庁は手をこまねいて見ているだけで強制排除は出来なかった。結局、作業はまったく進まず、稲嶺知事が選挙公約として打ち出し日米両政府が合意した軍民共用空港案はその後、白紙となった。私は「二の舞は避けるべきだ」と考えていた。

「民間業者の作業では、どこの業者がどこの港から船を出して何日間かけて作業するのかという情報が反対派や環境団体に筒抜けになり、海上で阻止行動に遭うことになる。今回のオペレーションでは民間業者が着手する前に、作業の大半を終えること。反対派や環境団体に実力阻止が意味のないことを知らせて、流血の事態を防ぐ必要がある」

「墨俣《すのまた》の一夜城」のエピソードを挙げた私は、斎藤統幕長にこう指示をしていた。このアイディアは久間大臣にも説明した。大臣は地元の反対派と揉《も》めないで調査機器を設置するこのアイディアに賛成であった。

私の指示に統幕長は、「ピンポイントでこの日と決めるのではなく、一週間まとまった日を下さい」との返事だった。

「次官は始めてもいい日だけを言ってくれればいい。後は部隊の方で天候とか反対派の動きなどを見て実行する日を決めますから。ですので、部隊の運用は制服に任せて下さい」

私の指示を了解した統幕長は、そう言っていた。

私はかえって日程を知らないほうがいいと考えていた。指示を出した後は現場に任せる、ただしその結果生じた責任はこちらがとる、それがシビリアンのあり方だと考えていた。現場の判断でこの日「ぶんご」が動き出したことを、私は報道で知った。

もちろんその日が近いことは分かっていたが、海上自衛隊の動きを察知したある民放記者からの問い合わせには、「そんなことは考えていない」と抗議文まで送り否定していた。

一方で民間業者が始めていた作業もあったから、沖縄の反対派グループの監視の目はそちらに向いていた。まさか海上自衛隊を使うとは、予想も出来なかったようだ。これは陽動作戦でもあった。

しかし報道に接して、「これはまずいことになるかもしれない」と、私は内心緊張した。ところがマスコミ各社は「出発した」と報道するだけで、裏付ける情報はひとつもない。それは、どこも「ぶんご」の映像を撮れなかったからだった。「ぶんご」がひとたび海上に出たら、広い海で見つけることは難しかった。海上自衛隊ではマスコミの報道ヘリの航続距離を考えて、陸地からどのくらい離れて航海したらよいかを計算して南下していた。

「ぶんご」は全長百四十メートルほどの掃海母艦で、一九九九年のトルコ大地震では、阪神淡路大震災で使用された仮設住宅を救援物資として被災地まで輸送した経験を持っている。掃海艇は小型の上、磁気機雷の触雷を避けるため船体が木造なので吃水《きっすい》が浅く、補給燃料や備品などは掃海母艦に積んで行く。そのため「ぶんご」の後部は積載量が大きく、ここにアセスメント作業を行うための各種の計測機器や、現場搬入用のゴムボートを積むことが出来た。

「まだまだ計測機器を積む余裕があります」

出発から四日目、吉川榮治海上幕僚長からの報告があった。部隊が設置する機材を多くして、民間業者に設置してもらうものは出来るだけ少ないほうがいい。そう判断し、那覇と名護市の中間にあるホワイトビーチから、沖に停泊している「ぶんご」にボートを使って調査機器を運んだ。これは荷揚げされた那覇港湾から陸送で輸送した荷だったが、辺野古からは遠く離れていたため、こちらにも気付くものはいなかった。

この間もマスコミからの質問は続いたが、私は一切答えなかった。

「沖縄の反発が強いので、部隊は内局にハシゴを外されるのではないかと心配しています」

斎藤統幕長からそう報告があったのは、出発から五日目だった。沖縄では反対派の監視が強化されていた。

「そんな事態になったら、私が辞めて責任をとる」

私はそう答えていた。

そして出発から七日後の五月十八日午前二時、斎藤統幕長から「オペレーション開始」の電話が入った。私は前日の夕方に予告されていたから、起きてそのときを待っていた。

「誰にも見つからないようにやってほしい」

「大丈夫です。現在、『ぶんご』は陸から十海里（約二十キロ）以上、離れています。ここからはゴムボートなので、現場到着は一時間半後になります」

海軍では「船端《ふなばた》十キロ」という。小船に座って船端から見える水平線までの距離を表す言葉だ。深夜、それだけ離れた地点で「ぶんご」から、ゴムボートは辺野古海岸の水域に向かった。

辺野古の調査地点は数百ヶ所に及ぶ。そのひとつひとつに調査機器を設置するのだが、ゴムボートで到着した後は潜水作業となる。

午前四時、門間会計課長から「現場着手」の報告があった。

「反対派は午前四時から起きて監視していますが、気がついていません」

現場での作業を待つ間、「ぶんご」はさらに百キロ、沖に後退していた。一日目の作業終了の報告があったのは、午前十時だった。

「現場を素早く離脱」

沖縄からの連絡では、マスコミの取材に対して海上保安庁が海上自衛隊から機器設置作業の連絡を受けていることを認めた。それで取材ヘリが「ぶんご」を探し回り、周辺海域を飛んでいるという。しかし海上保安庁やマスコミが考えているよりはるか沖合に、現場海域を離れて「ぶんご」はいたのであった。

心配した小泉前総理からは、午後になって電話が入った。

「反対派の船が現場に入らないよう、海保（海上保安庁）にやらせる。入ってきたときは海自（海上自衛隊）は行動を止め撤退せよ」

「海自はデモ隊を排除することはしません。このオペレーションは、デモ隊に見つかったら失敗なのです。反対派の前に姿を見せることのないようにしております。現場に反対派が入ってきた時には、ご趣旨を踏まえて現場に徹底します」

そう私は答えたが、前総理は問題の難しさと沖縄県民の感情の微妙さを、きちんと心得ていると思った。

作業を「強行」しているのを映像に撮りたいのが、沖縄でありマスコミだった。しかし、反対派にもマスコミにも視認されることなく、翌晩のオペレーションも午前二時で終わった。すべての予定をこなし、五月十九日午前九時、「ぶんご」は辺野古崎のはるか沖合から撤退した。

反対派の抗議行動は民間企業が作業し始めている場所に向いたが、これもさしたる抵抗なく終了していた。作業が終わっていることが反対派の士気を挫《くじ》いたのかもしれない。またマスコミでは批判的な論調が相次いだが、「ぶんご」の船影はじめ海上自衛隊の活動痕跡《こんせき》も一切摑《つか》めなかったため、勢いを欠いた報道となった。

五月二十三日に参議院で可決され、「米軍再編特措法」（駐留軍等の再編の円滑な実施に関する特別措置法）が成立した。これは第一章「総則」から第五章「駐留軍等労働者に係る措置」、第六章「雑則」までに渡るが、その第三章「再編関連振興特別地域に係る措置」の第九条で整備計画の対象については次のように明記した。

○　基幹的な交通施設の整備に関する事項
○　産業の振興に関する事項
○　生活環境の整備に関する事項
○　駐留軍用地跡地の利用の促進に関する事項

これにより空港や国道といった公共事業には、この法律により予算がまわされることが可能になった。特に米軍再編のために速やかに実施することが必要とされる道路、港湾、漁港、水道、下水道、土地改良、義務教育施設の整備の七事業は、国の負担や補助率を高く設定することが決まった。法案作成時、国交省が反対していた点である。

また総務、外務、財務、国交、環境などの十一大臣が振興特別地域の指定、振興計画の決定などを審議する「振興会議（駐留軍等再編関連振興会議）」の構成議員とされたが、その議長は防衛大臣と決められた。防衛省が主管の法律となったのである。

関係省庁の大臣で構成される政府会議はそれこそたくさんあるが、平時の任務が少なく、あっても国民生活とあまり係り合うことのなかった時代を長く過ごしてきた防衛庁が入る政府会議は少なかった。新しく出来る政府会議に防衛庁の名前が記載されておらず、「総合安全保障の視点から防衛庁をメンバーにすべき」と、私は若い頃より何度も主張してきたが、その主張が通ることなど稀《まれ》だった。防衛庁以外の役所が全部揃《そろ》って名を連ねているのに、防衛庁だけが抜けているという会議もあった。「経済諮問《しもん》会議」などがそうだった。

その防衛庁が防衛省となって、日本とアジアの安全保障にとって重要な米軍再編を円滑に進める視点から「振興会議」の主管となる。歴史を画す法案であった。

またこの時期、終盤に差し掛かった国会では、「イラク復興支援特別措置法改正案」が審議入りしていた。そのタイミングに合わせるように、六月五日に「共産党が翌日、記者会見する」との情報が入ってきた。「防衛省・自衛隊が、イラク派遣に反対する市民団体の情報収集をしている資料を入手した」とのことだった。記者会見の予告までするというのは志位和夫委員長の自信の表れと言えた。

私は日曜日から出て北海道最北の島にある礼文《れぶん》分屯地の第三〇一沿岸監視隊派遣隊、名寄《なよろ》市にある第三普通科連隊と第四高射特科群、そして千歳《ちとせ》市の東に位置する安平《あびら》町の安平弾薬支処と早来《はやきた》燃料支処、登別市緑町にある第十三施設隊を視察し、省に帰ってきたばかりだった。防衛政策局調査課と陸上幕僚監部の担当者に、予想される現物を集めるよう指示を出した。

「今夜が勝負なので徹底して調べるよう」

私はこの日に予定されていた、オーストラリアとの「2プラス2」会議への出席を取り止《や》めてこの問題の対応にあたった。オーストラリアとの「2プラス2」は、アジア・太平洋・インド洋の安全保障環境についてお互いがどのように考えているかを話し合う枠組みを作り、政策協議・情報交換・両国の部隊の相互訪問・共同訓練を行うことを目的に、私が温めてきた構想だった。

翌日、共産党の志位委員長が報道機関を集め記者会見を行った。

陸上自衛隊の情報流出防止機関である情報保全隊が、イラクへの自衛隊派遣に反対する市民運動や報道機関の取材に関する情報を広範囲に収集・分析していたことが分かった。共産党が6日、自衛隊関係者から入手したとする「内部文書」を公表した。集会の日時、場所、発言などを詳細に記載したもので、関係者の個人名もある。

（「朝日新聞」二〇〇七年六月七日）

情報保全隊は二〇〇三年に、それまで陸海空の各自衛隊にあった調査隊を廃止して発足させた。自衛隊の部隊に対する部外からの様々な工作活動、イラク派遣に対する反対活動、自衛隊の隊員に対するオウム真理教の入会勧誘活動、サラ金などの高利な融資活動などから、部隊と隊員を守ることを任務とした組織だった。

志位委員長が示した文書は百四ページに及んでいた。陸上自衛隊のイラク派遣活動に反対する団体の活動に関する調査記録だったが、二〇〇三年から二〇〇四年までの六週間分などで「四十一都道府県、二百九十団体・個人が記載されている」と発表した。「言論の自由、集会・結社の自由を侵害する行為で許せない」というのが、志位委員長の主張だった。

久間大臣は情報収集について認めたが、私は会見で省の所掌《しょしょう》事務を定めた「防衛省設置法」第四条第十八号で認められている「所掌事務の遂行に必要な調査」であると説明した。

「当時、イラクに派遣される隊員の活動を否定するようなマスコミの報道や民間団体の運動があった。これは隊員や隊員家族に無用な不安を与えるようなもの。報道や運動で不安を煽《あお》られないように、組織として隊員や家族に対する手当てを講じる必要があった。批判的な動きを把握する必要があり、そのために収集したものだ」

共産党は連日、キャンペーンを張っていたが、その渦中《かちゅう》、飯島前秘書官から電話をもらった。

「防衛省の対応は大変いい。当時の福田〈康夫〉官房長官は『出来るだけ言わないほうが国会で問題になることが少なくなる』という考えだったから、自衛隊も苦労した」

飯島前秘書官が言うのは、この六年前のことを指す。その年二〇〇一年秋に、9・11事件が起きていた。

それ以降、国際社会はイスラム原理主義者のテロや、核兵器・生物化学兵器などの大量破壊兵器の拡散防止に取り組まざるを得なくなった。アフガニスタンでタリバン政権が崩壊した後も、「コアリション〈有志連合〉」として先進国を中心とした国々がインド洋で「不朽の自由作戦」を行っていた。

しかし日本には、自衛隊が国連のPKO活動とは異なる「コアリション」の活動に参加出来るという法制はなかった。政府ではその年十月五日、二年間の時限立法「テロ対策特別措置法案」を閣議決定し、海上自衛隊のインド洋での給油活動と航空自衛隊の輸送活動を行うことになった。国会では自衛隊を派遣する必要性や、自衛隊の活動が憲法の禁じた「集団的自衛権」の行使に当たらないのかの議論が活発となり、内閣は日々対応せざるを得なかった。

同法が参議院で可決成立（十月二十九日）すると、マスコミの関心は、海上自衛隊の部隊がいつ出るのか、派遣される隊員は無理強いをされることになるのではないか、家族は反対しているのではないかといった点に移った。その質問が防衛庁の統合幕僚会議議長、海幕長、空幕長の記者会見に集中し、各幕僚長は部隊の準備状況、派遣隊員の選考方法、家族対策などについて話した。

各幕僚長の記者会見は週一回であったが、曜日を異にしていたので、防衛庁発の記事が紙面を賑《にぎ》わし、このため月曜日から金曜日まで一日二回行う福田官房長官の記者会見でも「防衛庁ではこう言っていますが、官邸はどうお考えでしょうか」と聞かれることになった。こうした状態が続く中、当時、長官官房長であった私は、福田官房長官から呼ばれた。

「政府全体のことを聞かれないで、防衛庁・自衛隊のことばかり聞かれる。防衛庁・自衛隊はどうしてそうぽろぽろ話すんだ。もう少し、幕僚長たちは黙っているわけにはいかないのか。自衛隊といっても、世界で言えば軍隊の組織じゃないか。民間の組織だって、海外出張は行けと言われたら、いろいろあっても黙々と行って帰ってくる」

福田長官は不満を私にぶつけた。私は「お言葉ですが」と前置きし、福田長官に意見を述べた。

「民間の方の出張準備と、国の威信がかかる自衛隊の出張準備とはまったく異なります。砂嵐、高温など、日本とは大きく運用環境が異なるところで、船を動かすためには整備をするだけでなく、インド洋に詳しい造船会社の技術支援が必要になります。隊員も今度の任務は戦場に近いところに行くわけですから、万が一の事が起きた場合の事などを、家族や親戚《しんせき》、友人に相談して、心置きない気持ちで出発したいと思うのが人情ではないでしょうか。今しばらくですから、何とかご理解いただきます」

十一月二十五日、護衛艦「さわぎり」が佐世保から、掃海母艦「うらが」が横須賀から、補給艦「とわだ」が呉からインド洋に出発していった。十二月二日、テロ対策特措法に基づき、インド洋における海自補給艦による米国などの艦船への洋上補給と、空自輸送機による国外輸送が開始された。

そして二〇〇三年、政府は自衛隊に復興支援活動を行わせる方針を決め、自衛隊はイラクに派遣されることになった。陸上自衛隊では第一次隊を北部方面隊所属の部隊から志願した隊員で編成していた。戦争が終わったとはいえ、治安回復していないイラクの土地で活動することから、マスコミの論調は厳しいものとなった。部隊が所在する北海道、佐世保、小牧などの各基地では反対派の活動家がビラを撒《ま》くなどして、隊員と家族には不安が広がっていった。残された家族にはメンタルケアも必要となっていった。

再び陸海空の幕僚長が記者会見で対応し、そのことに福田官房長官が一日二回の記者会見で質問責めに遭うという事態が起きた。しかも、各幕僚長の記者会見での発言内容を引き合いに、専門的な細かい事柄まで官房長官は記者から聞かれるようになっていった。

「私は防衛庁のスポークスマンじゃないんだ。軍人が部隊の規模や派遣時期などを口にするのは喋《しゃべ》り過ぎだ。よけいなことを言うんじゃない」

福田官房長官のその方針に従って、石破大臣の了承を取り、私と北原巌男官房長は各幕僚長の会見の中止を記者クラブに提案した。その際には記者クラブとの間で大揉《おおも》めになったこともある。

飯島前秘書官からの電話は、そうした過去の経緯を指していた。

イラク派遣時の情報保全隊の活動についての共産党の追及はその後しばらく続いたが、それ以上大きくなることはなかった。

三月の定年延長の前後に囁《ささや》かれていた人事案が、再燃していた。ただし、今回は後任次官を誰にするかという噂《うわさ》だった。八月の人事異動に合わせ次官を退任しようと、私自身も考えていた。

〈6月13日（水）1422大臣室で大臣と人事①官邸が君を離さないと言っているからどうしたものか②後任者はそれぞれ一長一短があり、絞り切れない③異動日は9／1④それまで時間があるので、今後、この会議をもって詰めていこうということになった。

6月15日（金）1855記者との懇談「二階先生、辞めるなと言っている」

6月18日（月）730ニューオータニの「なだ万」へ。朝日の船橋論説委員、私の人事を心配してくれる。それと再就職先。「これだけ話題をまき仕事をした人が何をやるか。後輩が関心を持っているので大事だと思う」

6月21日（木）1348日テレ記者、「北原を手玉に取る大臣は許せない。だけど北原の会見はあくびが出る」とのこと　1430衆・第2会館、野呂田先生より「人事は自分の信じるところに従ってやりなさい」

6月26日（火）1406金沢次長、柳沢が「集団的自衛権の仕事で副長官補を代われない。北原、西川が来るなら絶対明け渡さない」と言っている。45山崎運用企画局長「大古は駄目になった」という。

6月28日（木）1655佐藤元次官部屋に来る。「的場と柳沢は大蔵で農林の主査と部下の関係。大古はダメ、北原・西川も一長一短であれば西川か。明日、久間大臣と会合あるので人事が話題になる」とのこと〉

柳沢協二官房副長官補は私のひとつ先輩で、官房長の後に防衛研究所長を務めていたが、二〇〇四年から内閣官房に出向していた。若い時、大蔵省主計局に出向していた際には農林係で、的場副長官と職場が同じだった。

「人事記録だけ見れば、赫々《かっかく》たるものだ」

古川元副長官は柳沢副長官補をそう評していた。

また、北原巖男防衛施設庁長官には久間大臣が「次」と伝えていたようで、北原長官はその気になっていた。また大古和雄防衛政策局長、西川徹矢官房長の名も挙がっていた。私はもう辞める腹だったが、山積みの諸問題を処理出来る人物が後任になるのがいいと考えていた。

六月三十日は土曜日で、私は夜、自宅にいた。久間大臣の長崎の原爆についての発言を知ったのは、テレビのニュースからだった。

久間防衛相（衆院長崎2区）は30日、千葉県柏市の麗沢《れいたく》大学で講演し、1945年8月に米軍が日本に原爆を投下したことについて「原爆を落とされて長崎は本当に無数の人が悲惨な目にあったが、あれで戦争が終わったんだという頭の整理で今、しょうがないなと思っている」と述べた。原爆投下を正当化する発言とも受け取られかねず、野党が久間氏の罷免《ひめん》を求める動きを見せるなど波紋が広がっている。

（「朝日新聞」二〇〇七年七月一日）

翌日は日曜日だったが、私は朝からその対応に追われた。記者向けの応答要領を作成し、関係部署への配布を秘書課に指示した。

週が明けた七月二日、記者からの取材は朝から続いた。午前十時からの定例会見を中止し、久間大臣は安倍総理や与党へと事情説明に回っていた。午後二時に大臣室へ私は入った。大臣からは週末の発言について、特に説明はなかった。

「昨日、長崎の病院で診てもらったよ。医者の説明では、心臓のまわりの血管の流れが悪いそうだ。血管が膨れ上がっていると言われたよ。ほら、橋本総理が亡《な》くなったあの病気、何といったかな。あれと同じだということだ。これからは健康に注意する」

私には特に大臣が落ち込んでいる様子は見受けられなかった。夕方、総理への事情説明に立ち会った官邸の北村総理秘書官は、電話口で驚いていた。

「久間大臣はニコニコしていたよ。まるで反省の色が見られなかった」

次いで北村秘書官からは、翌日の指示があった。

「明日、閣議で安倍総理より閣僚の発言について注意する。久間大臣に、その後の記者会見では神妙に答えるよう伝えてほしい」

すでに大臣は省を出て、その日は同窓会に出席していた。私が電話で官邸からの要望を伝えると、「私はいつもニコニコ笑って話すのがクセだからなあ」と電話口でぼやいていた。

翌日は幹部の異動日だった。朝から省内各所で挨拶《あいさつ》まわりが続く中、午前中には田《た》上《うえ》富久・長崎市長が大臣を訪ねている。「発言は被爆者の心情を踏みにじるもの」「被爆地としては看過できない」「核兵器廃絶に取り組むよう要請する」と文面で伝えた。久間大臣は陳謝し、翌月、長崎で開かれる平和祈念式典への出席辞退を検討すると答えていた。

昼に私は省を出て、ホテルオークラで自衛隊OBと食事をしていた。午後一時十分、そこへ民放の記者から電話が入った。

「久間大臣が官邸に入りました。大臣は辞めるようです」

同じ内容の電話が他局の記者からも入り、私は食事を中断し、急いで省に戻った。大臣秘書官から「一時三十分に大臣室へ来てほしい」との電話があり、時計を見るとそれは五分後のことだった。次官室のテレビをつけると、久間大臣が官邸で記者団に囲まれている映像が流れていた。総理に会って、すでに辞任を申し出て受理されたと報道されていた。

私はすぐに大臣室に出向いた。大臣の前には、私と斎藤統幕長の二人しかいなかった。

「辞めることにした。体調が悪いんだ。それに私の発言で、参議院選挙の長崎地方区で公明党の協力が得られない。妻も私の身体《からだ》を心配しているし」

前日にも「心臓が悪い」との説明があったが、それまでそういう不安は聞いたことがなかった。

「イラク開戦は間違い」と言ったり、普天間基地問題ではアメリカとの合意を無視して修正案を口にしたりと、問題発言はこの半年間で三回目だった。

「久間大臣は辞めたかったのではないだろうか？」

久間大臣を前にして、私は中西啓介元防衛庁長官のことを思い出していた。

一九九三年十二月二日、中西大臣が就任から四ヶ月も経《た》たずに辞任した。小沢一郎代表幹事の側近として新生党結成に参加、細川連立内閣で第五十二代防衛庁長官に就いたが、「半世紀前に出来た憲法に後生大事にしがみつくのはまずい」と、憲法改正を公言して憚《はばか》らなかった。古巣の自民、共産など野党の集中砲火を浴びて罷免要求を受け、あっという間に愛知和男議員に交代した。

中西大臣にはこのとき息子の大麻吸引と暴力団からの借金があったと、後にマスコミが報道した。真偽のほどは分からないが、無理しても辞めたい事情があったと私は思った。私は当時、長官官房広報課長で後処理に追われた記憶がある。

長崎の原爆記念日が一ヶ月後、この時期にそんな発言をすればことさら問題になるのは目に見えていた。しかも参議院選挙がこの二十九日に控えている。内外から批判されるのが分かっていながら、それでもこの時期に発言したのは「辞める理由」がほしかったからに他ならない。政治家が自らの辞任のために内閣を利用するというやり方だ。私は久間大臣を前にそう考えていた。

安倍政権での大臣の辞任は、これで三人目となった。架空事務所費計上問題で辞めた佐田玄一郎行政改革大臣（前年十二月）、自殺した松岡利勝農水大臣（五月）、そして久間大臣と続いたが、この後の八月一日には、やはり事務所費問題が発覚した赤城徳彦農水大臣が辞めている。

大臣室を後にすると、飯島前秘書官から電話が入った。

「今回の官邸の対応は久間大臣ペースで仕切られ、官邸の力の無さを露呈している。久間から総理と会いたいとの電話があった時点で、『辞任の話だ』と確認しなけりゃだめだ。それから後任候補をすぐに決め、身辺調査などのクリーニングを直ちに行なう。その作業が済んでから初めて、官房長官は官邸に久間大臣を呼ぶべきだった。それまでは大臣には官邸に来させてはダメ。久間大臣の辞任発表と新閣僚の名前を一緒のタイミングで発表すべきだったな」

飯島前秘書官は、「官邸が最後まで久間に振り回された格好だ。これで内閣の求心力が一気に落ちる可能性があるな」と心配していた。そして「次は誰がいい」と訊《き》かれたので、私は大野、額賀の二人の名前を挙げた。

小泉前総理から電話があったのは、そのすぐ後だった。

「今度は小池だ。久間のようなことは無い。小池とよく話し合って進めよ」

その一時間半の後、ＮＨＫでは速報が流れた。

〈小池百合子氏、初の女性防衛大臣〉

私は「小池さんなら安心だ」と思った。沖縄の北部振興策を廃止する閣議決定の際には揉めたことが思い出された。敵に回したら大変だということは分かっていたが、今度は防衛省だ。自分が所属している役所のためには頑張ってくれるだろうと、私は期待した。

二人付く大臣の秘書官のうちの一人を女性にすることにし、私はその指示を出した。また翌日の着任式は明るい演出にしようと、案を練った。

夜九時を過ぎ、安倍内閣では国家安全保障問題担当の補佐官に就いていた小池新大臣を、私は官邸の首相補佐官室に訪ねた。翌日の式典次第について説明すると、小池新大臣は「花は一本でもいいから、『ゆりの花』にして」と要望を口にした。

その後、私が明後日に迫っていたアメリカ出張の伺いを立てると、「その件は私も安倍総理に話し、了解を得ている」との返事だった。私の出張はイージス艦の情報漏《ろう》洩《えい》の対応と嘉手納以南の返還面積交渉のためだったが、事務方の出張の件で総理と大臣が直接話すことは前例がなかった。通常は事務方同士で摺《す》り合わせておくだけだった。

「最初の大臣会見で、小池に普天間は政府案どおり一切変えないとはっきり言わせることが大事だぞ。小泉がそう言っていたと小池に伝えていいから、最初の記者会見を防衛省としてちゃんと振り付けろ」

翌七月四日、そう電話してきたのは小泉前総理だった。

昼、皇居での認証式を終えて来た小池新大臣を迎えたのは、陸海空の五十人の女性自衛官だった。白い正装に身を包んだ儀仗隊《ぎじようたい》の栄誉礼、儀仗の後、代表して三人の女性自衛官が花束を贈呈した。この模様はテレビで繰り返し流されたが、前の晩、私が考えた演出だった。

「女性初の防衛大臣ですから、オンリーワン大臣を目指したい」と抱負を述べ話題になったが、同じ記者会見で普天間問題については、「潤滑油のような役割ができるようにしたい」と語っていた。

その日はアメリカ大使館で、独立記念日を祝うパーティーが催された。「小池を連れて行くように」と飯島前秘書官から依頼されていたので、私は小池大臣とともに出席した。ジョン・トーマス・シーファー大使はこのオープニングで小池大臣にスピーチさせるという演出をして、アメリカ政府がこの人事を歓迎していることを示した。

四日後、私が米国から帰国すると小池大臣からの要求が待っていた。

「大臣が外務省から秘書官を連れてきたいと言っています」

指示を受けた秘書課長の説明では、小池大臣がそれまで首相補佐官をしていた際に付いていた外務省からの秘書官を、そのまま防衛省でも付けてほしいとのことだった。

私は出張報告の後、この件について大臣と話した。

「だって防衛省には英語ができる人、いないんでしょ。私は外国からのお客さんと直接やるから、英語が分かる秘書官でないと困るわ。それから私が環境大臣だったときに作らせたエコカーね、あれを持ってきて私の公用車にしてほしい」

防衛省ではかつて、新人のキャリアは二ヶ月にわたる陸上自衛隊調査学校での語学研修の後、海上自衛隊の艦船に乗船し、五ヶ月間にわたり世界各国への遠洋航海訓練を行っていたが、一九七九年からはその研修制度の内容を切り替えていた。陸海空自衛隊での部隊研修（約二ヶ月）と防衛研究所での防衛戦略、戦術の研修（約四ヶ月）の後には、民間の語学学校において六ヶ月の語学研修をする。その後も米英の大学への留学、在外大使館への勤務などにより人材の育成に努めており、語学堪能《たんのう》な人材が育っていた。アメリカとの米軍再編協議では、審議官以下の若手は通訳を介さず会議を行なっていた。

また一方のエコカーは、「環境問題に対する関心を広げたいから」との理由で小池大臣が改造した特別車だった。環境省所有の車だから、それを借り出すとなると防衛省の車を一台、交換に提供しなければならなくなる。

私はそれらの点について説明したが、小池大臣は要求を変えなかった。私は議員会館に飯島前秘書官を訪ね、大臣要求についての意見を求めた。

「車はやってやれよ」

飯島前秘書官に言われ、これのみ了解することにした。

また七月十五日は小池大臣の誕生日だった。その日は日曜日に当たったので週末の金曜日、秘書課の女性職員がケーキや花束、記念品を用意してこれを祝った。私は会議を中座してお祝いに駆けつけている。秘書課の女性職員の演出に、小池大臣はとても満足そうだった。

安倍政権の信任が問われた第21回参院議員選挙は29日投開票された。自民党は改選の64議席から37議席に減らし、89年に宇野首相が退陣した過去最低の36議席に匹敵する歴史的大敗となった。

（「朝日新聞」二〇〇七年七月三十日）

七月二十九日に行われた第二十一回参議院選挙で自民党は「歴史的大敗」を喫したが、安倍総理はその晩のうちに続投を表明し、辞任する考えのないことを明らかにした。公明党も惨敗《ざんぱい》で三議席を減らした。一方、民主党は改選前の三十二議席を六十議席にまで伸ばし、この結果、参議院では民主党が第一党となった。中川秀直幹事長、青木幹雄参議院議員会長が相次いで辞表を提出した。

八月二日、二階俊博・国会対策委員長から電話が入る。

「小池が総理候補と言われているよ。そうなったら次官、南の国に別荘でも買って、一緒にのんびりやろう」

安倍総理の選挙惨敗の責任問題が取《と》り沙汰《ざた》される中、小池大臣の名が次の自民党総裁候補として挙がっていた。二階委員長は「そんなことになったら、馬鹿馬鹿《ばかばか》しくてやってられない」と言うのだった。小池大臣は二階議員が保守新党を結成した際、そこには加わらず自民党に移った経緯があり、二階委員長はそのことを苦々しく思っていた。

その小池大臣はこの日、「仲井真知事と会う」と私に言っていた。「ぶんご」の出動以降、観測機器の設置はすべて終わり、現場海域ではこれらの機器が作動してデータ収集が始まっていた。しかしそのアセスメント作業の内容を示している「方法書」の受け取りを仲井真知事は依然拒否していた。大臣はずいぶん自信満々だなと、私の目には映っていた。五日後には訪米も決まっていた。

相変わらず記者からは進退について尋ねられていたが、夕方になって議員会館を訪ねると飯島前秘書官からはこう言われた。

「北原は何度もここに来ているよ。確かに議員受けもいい。しかし平時の人だ。彼ではアメリカや沖縄との交渉は難しい。西川も外当りはいいが、交渉は駄目。柳沢は内閣官房副長官補として使ったことがあるが、何ら仕事をしない。久間、石破、浜田、的場が君を辞めさせて、そのうちの誰かを次官に就けるという考えなら、それは危険だ。すぐ手を打つ」

そして、「くれぐれも、自分から辞めると言わないで欲しい」と念を押された。

週が明けた八月六日、この日は夕方から東京湾で「洋上懇談会」が予定されていた。

これはマスコミ向けに防衛省が主催する立食式の食事会で、特務艇「はしだて」に約二百人の招待客を乗艦させて開かれる。

開催の時間が迫る中、私は大臣室で翌日からの大臣訪米、そして沖縄県との「方法書」のやり取りについて打ち合わせをしていた。前週、仲井真知事と二時間半話をしたという小池大臣だったが、その件では進展はなかった。沖縄側の厳しい対応とその打開策に苦しんでいたのか、「どつぼに嵌《はま》りそう」、会談の翌日に大臣はそう漏らしていた。

私は担当局長たちと固めた考えを、大臣に述べた。

「国は沖縄県に方法書の内容を説明し、機器を設置することについても漁協の承諾を得て、県の事務方にも理解を得ています。それなのに知事は方法書の受け取りを拒んでいるのです。ここまで受け取りを拒否し、いたずらに時間が過ぎていく以上、方法書は置いてくる以外ないでしょう」

しかし小池大臣は、「知事が受け取ってくれるように、ちゃんと渡したい」と繰り返すばかりだった。

「置いてくるのは最後の手。出来るだけ理解されるようにすべき。明日から私はアメリカに行きます。私が方法書については調整します」

時間切れとなり、大臣との話はまとまらなかった。私は急いで「はしだて」に乗艦するために晴海埠頭《ふとう》へと向かった。

午後五時半、洋上懇談会開始の時間、私のほか、官房長や局長、そして統幕長と陸海空の各幕僚長が整列して待つ中、小池大臣が車で到着した。すでに招待客は艦内におり、大臣が最後に乗艦することになっていた。ところが車から降りた大臣は、反対側の駐車場の方に向かって歩いて行った。遠目に見ると、携帯電話を耳に当てていた。

三十分後、ようやく岸壁に設えられたタラップを登ってきた大臣に、私は「電話はどなたですか」と訊ねた。大臣は私の顔をまったく見ずに、こう言った。

「島袋ちゃんなのよ。例によっていろいろ言うのよ、あの人は」

島袋名護市長と電話で話していたと言うのだった。

その後、会が始まっても、大臣は私とは顔を合わせることはなかった。一方で西川官房長とは話し、「方法書は県に届けてよい」との指示を出していた。

三十分遅れで始まった洋上懇談会は八時三十分に終わり、まず大臣を見送った後、続いて私も会場を後にしていた。車が勝鬨橋《かちどきばし》を渡ったあたりで、門間防衛審議官（会計課長から昇進）から電話が入った。

「次官、大臣はこの後、仕事をするようです。次官も役所に戻ったほうがいいですよ」

私はすぐに大臣と一緒にいる大臣秘書官に電話をした。「大臣は役所に戻るのか」と聞くと、秘書官はこう答えた。

「戻りますけど、荷物を取りに行くだけだそうです」

私が「人事のこともありますが」と秘書官を通し伝えると、秘書官は同じ車内にいる大臣に訊《たず》ね、私に言った。

「大臣は次の機会にとおっしゃっています」

私はそのまま帰宅した。そして翌日早朝、私は記者からの電話で起こされた。電話はひっきりなしに各社から掛かってきて、話している最中に他からの通話中着信音が受話器に響いた。問い合わせの原因は次の記事だった。

小池百合子防衛相は6日、在任4年を超えた防衛省の守屋武昌事務次官を今年9月1日付で防衛施設庁の防衛省統合に伴う組織改編を機に退任させる方針を固めた。後任は西川徹矢官房長を充《あ》てる。守屋氏は官房長や防衛局長を歴任し、03年8月に次官に就任。沖縄県の米軍普天間飛行場移設など在日米軍再編協議で、県や米国防総省との交渉に手腕を発揮した。秋の臨時国会に向けて留任説もあったが、在任期間が異例の長さとなったため、交代することになった。

（「毎日新聞」二〇〇七年八月七日）

記者からの電話で初めてそれを知った私は、急いで飯島前秘書官に電話を掛けた。「残念だよ」と飯島前秘書官は言った。飯島前秘書官は人事については小池大臣からの連絡で承知していた。しかし私がその人事を事前に知らされていなかった事実を告げると、とたんに声を上げた。

「それはおかしい。小池から次官にちゃんと伝えたのだと思っていた。言われていないのか？　そんなやり方は許せん」

飯島前秘書官と話している間にも他からの着信を知らせる音が続いた。その後も電話対応を続けているうちに、携帯電話のバッテリーが切れた。

各省庁の事務次官、各局長などの人事は、以下の手順を経て決められる。

①　各省庁の事務方が大臣の了解した人事案を作り、官邸に提出する。

②　官邸では内閣官房長官、衆参と事務の三人の内閣官房副長官からなる「人事検討会議」に諮《はか》られ検討される。

③　人事検討会議の審査が終わってから、直近の閣議に諮られ了解される。

この厳しい不文律は、政治と行政の間で国家公務員の身分保障を確保する「最後の砦《とりで》」として存在していた。しかし小池大臣の一方的な発表は、そのいずれをも無視したものだった。

登庁した私は大臣室に小池大臣を訪ねたが、小池大臣は「昨晩、携帯に電話をしたけど通じなかった。もう決まったこと」と繰り返すばかりだった。

小池大臣の私に対する携帯電話はいつも、二、三回の呼び出し音で切れた。着信の履歴を見て大臣からと分かると、私はすぐに折り返し電話をし、大臣の話を伺うというのが常だった。その晩、私はすでに床についていて、朝になって着信記録は確認していたが、それは午前零時過ぎのもので私はそれに気がつかなかった。私の携帯電話には「一秒」の履歴が残っていた。

さらに小池大臣はこの日、会見を開き、記者に向けて発表もしている。

小池百合子防衛相は7日の閣議後の記者会見で、防衛省の事務次官人事について「9月1日から新組織として防衛施設庁が統合される時期でもあり、人事についても現在考えている」と述べ、守屋武昌事務次官の退任を防衛施設庁の防衛省統合に伴う組織改編に合わせ9月1日付で認める考えを正式に表明した。

（「毎日新聞」二〇〇七年八月七日夕刊）

小池大臣はそのままアメリカへと出発した。この訪米で小池大臣は、ディック・チェイニー副大統領、コンドリーザ・ライス国務長官らと会談している。

西川官房長は前の晩、小池大臣と省に戻り、大臣から人事案を作るよう指示されていた。その後、作成した人事案を赤坂に飲みに行った小池大臣に届けていた。私は西川官房長を呼び、「役人として恥を知れ」と怒鳴った。大臣から伝えられた段階で、上司の私に報告するのが筋だからだ。

こういう形で公《おおやけ》に出てしまった以上、辞任するのはもう仕方がないと、私は腹を括《くく》っていた。しかし同時に私が考えていたのは、役人としての意地を見せようとの一点だった。国家公務員を退職するかどうか、一身上の問題について大臣に唯々諾々《いいだくだく》と従うことは、避けたいと思っていた。

先に述べた各省庁の事務次官、各局長などの人事手順には、もうひとつ約束事があった。

「閣議了解の前に公にされた場合は、その人事は差し替えられる」

自分のことで、国家公務員の身分保障の「最後の砦」に悪《あ》しき前例を作ってはいけない、私はそう考えていた。

そして迎えたのが八月十一日、この日、小池大臣がアメリカから帰国することになっていた。塩崎官房長官からは「後任人事を小池と話して決めてくれ」と言われていた。

〈8月11日（土）12時省　井上副官（秘書）に来てもらって、大臣との話合いに備え、人事線表を作る。河村防衛計画課長も心配してくる。茅野《ちの》にいる飯島さんに状況を伝える。15時30分　小池大臣の政務秘書より成田に着いたとのTEL。

沖縄の佐藤局長からTEL。名護市のT市議が「今回の小池大臣による守屋次官の首切りは、仲井真知事と島袋名護市長の要請に応じたものと、島袋市長が8月10日の夜の与党市議の集会で話した」と報せ《しら》てくる。Big Newsだと思う。下地先生はじめ親しくしている記者に伝える。やはり、急な事態の展開にはこれがあったのだと思うと納得がいく。

河村課長がマイカーで大臣との会談場所であるホテルまで送ってくれる。大臣が早めに来て欲しいと言うので6時着。大臣が着いたのは予定通り630　私から「①どうして事前に話してくれなかったのか②西川官房長には防衛省の問題に対する知見が少なく、部下の信望も無い。適任でない③今回の一件で、西川官房長は大臣をかばうことなく、大臣に言われてしょうがなくやったんだと自分の保身に回っていること」を話す。50分話したが、大臣の意向変らず〉

週明けの八月十三日、塩崎官房長官が「事前に何の相談もなかった」と小池大臣を批判した。安倍総理も人事検討会議は官房長官に任せると発言し、この後、塩崎官房長官から人事案について私は相談を受けた。私は新たな人事案を作り、塩崎官房長官に提出した。

八月十七日、新次官に内定したのは増田好平人事教育局長だった。小池百合子大臣は内閣改造で二十七日に防衛大臣を離任、そして私が防衛事務次官を退任したのは八月三十一日だった。

あとがき

二〇一〇年六月八日、民主党の菅直人代表が第九十四代総理大臣に就き、新しい政権がスタートした。総理指名直後にアメリカのバラク・オバマ大統領と電話で話し、あらためて日米合意を確認した菅新総理は、十一日の衆議院本会議での所信表明演説でこう述べた。

「普天間基地の移設・返還と一部海兵隊のグアム移転は、なんとしても実現しなければなりません。普天間基地移設問題では五月末の日米合意を踏まえつつ、（鳩山由紀夫内閣での）閣議決定でも強調されたように、沖縄の負担軽減に尽力する覚悟です」

これにより移設先の滑走路の仕様や工法を二〇一〇年八月末までに決定するという日米合意は、鳩山内閣から菅内閣へと引き継がれることになった。

二〇〇七年八月に私が防衛事務次官を退任してから、まもなく三年の月日が経《た》とうとしている。

この間、防衛省は大臣が四回代わった。小泉純一郎内閣で内閣官房副長官だった二橋正弘氏は、福田康夫内閣で再び副長官に就き、その後は財団法人自治総合センターの理事長となっている。小池百合子元防衛大臣から私の次の次官に指名された西川徹矢氏は、麻生太郎内閣で内閣官房副長官補に就いた。在日米軍再編にあたりスモール・パッケージを主張していた外務省の河相周夫氏（元北米局長）も、西川氏と同じ副長官補に就いている。

また名護市長だった島袋吉和氏は、二〇一〇年一月の市長選挙で稲嶺進氏に敗れた。久間章生元防衛大臣は、二〇〇九年八月の衆議院議員選挙で民主党公認の福田衣里子《えりこ》氏に敗れた。久間氏だけではなく、この選挙では本文中に登場する多くの国会議員が国政の場から去ることとなった。

一方、在日米軍再編の現状を記せば、二〇〇八年九月には横田空域のうち羽田空港西側に隣接する部分の約四十パーセントが削減され、コスト削減等により毎年約百億円の経済効果が実現している。また将来の全面返還に向けて空域管制を日米のユニフォームが行っている。山口県岩国では厚木からの米軍第五空母航空団の移駐に備え、滑走路や家族住宅などの施設の建設が行われている。受け入れは二〇一四年の予定だ。しかし沖縄に関しては、これからも一筋縄ではいかないだろう。

以前は東京都心にも米軍基地の問題はあった。王子には野戦病院、練馬にはキャンプ・ドレイク、調布、立川には大規模な米軍基地が存在し、霞が関には迷彩服姿の米兵が歩いていたものだった。これを人口の集中する都心から周辺部へ整理・縮小・統合したのが一九七三年の日米合意、「関東移設計画」だった。私はこの再現を実現することで、沖縄の基地問題は解決出来ると考えてきた。

沖縄の中部地域・南部地域は平野部で土地の需要が高く、沖縄の人口の八十パーセントが集中している。中部地域については中心部にある米軍基地のほとんどは、返還することで日米は合意している。この中に普天間飛行場も含まれているわけだが、そうなればこの地域に残る大規模基地は北部地域との境界にある嘉手納だけになる。

沖縄では基地があることで騒音や危険性などの被害を受けている人がいる一方、基地で生活している人たちもいる。島嶼《とうしよ》県という地理的特性から経済的自立が難しく、基地経済に依存せざるを得ない人たちが少なからずいる。また振興策などで潤《うるお》っている建設業者や経済人もいる。軍用地主には年間九百億円の借料が支払われているが、年間借料が三百五十万円以上の軍用地主は六千八百人である。また米軍基地での日本人労働者はおよそ九千人に上り、四百五十七億円が支払われている。

沖縄県はこれに米軍人・軍属の消費支出七百億円を入れて、基地収入を二千五十六億円（二〇〇九年度）としているが、しかしこの中には防衛省が支払っている沖縄駐留の陸海空各自衛隊員八千人とその家族一万人が沖縄で使う生活費、部隊の糧食費、事業費、沖縄防衛局の基地対策経費、米軍の光熱水料は含まれていない上に、総務省の基地交付金六十七億円や、本書で触れた内閣府の北部振興策を含む沖縄振興開発事業費も入っていない。

これらを入れた私の試算では、基地があることで沖縄県に入る金額の合計は年間五千八百二十九億円に上る。これによって潤っている人もいれば、そうでない人もいる。特に基地周辺に住んで日々基地被害と向き合っている個人には結果として十四年もの間、負担を軽減するような施策は取られてこなかったという現実が、沖縄には横たわっている。

なお、巻末に「将来に向けての日本の防衛」と題した小文を付けた。私なりの防衛論であるが、こちらも目を通していただけたら幸いである。

最後になったが、世間を騒がせたことを再び心から陳謝したい。また、本書が成るにあたりご尽力いただいた新潮社出版部の土屋眞哉氏に感謝したい。そして、これまでお世話になったすべての方々にこの場を借りてお礼申し上げたい。

守屋武昌

二〇一〇年六月

将来に向けての日本の防衛

日本の地政学的重要性

現在の世界情勢と安全保障環境の変化を語るには、アジア・太平洋・インド洋を中心に見据えることが必要であると、私は考えています。その地域の重要性が世界の中で年々、高まっているからです。

政治的には、ベルリンの壁崩壊後、それまで世界の基本枠組であった米ソの二極構造は崩れ、アメリカをはじめとするサミット参加先進国が主導的地位を有していた時代がありました。現在はロシア、中国、インド、オーストラリアが影響力を持つ、複雑かつ重層的な構造に変わってきています。中国・ロシア・カザフスタン・キルギス・タジキスタン・ウズベキスタンからなる「上海《シャンハイ》協力機構」という集団安全保障の枠組も出来ています。その中央部にはかつての陸上の通商路「シルクロード」が走っており、ユーラシア大陸の五分の三の面積と世界人口の四分の一を占め、資源豊富で、将来、巨大な市場になり得る可能性を秘めています。

経済的には、世界経済が米・欧・アジア等に多極化して、相互依存が深まってきているることが挙げられます。この背景には、アジア・太平洋・インド洋の国々や地域が、世界の経済に大きな影響を与える時代に入っているという事実があります。日本が著しい経済成長を成したのは一九五〇年代後半からでしたが、八〇年代からは韓国・東南アジアなどいわゆる「ニーズ諸国」が経済力を増しました。また現在では中国の経済力が急速に増大するなど国際貿易の流れは大きく変わってきており、東南アジア諸国連合（ASEAN）＋3（日・中・韓）、アジア太平洋経済協力会議（APEC）など広い地域にわたる経済を話し合う枠組が出来上がっています。

アメリカにとっては、長い間ヨーロッパ諸国との貿易が主流でしたが、二〇〇三年にアジアとの貿易額が初めてヨーロッパ諸国との貿易額を上回り、年々その差が広がっています。このことはヨーロッパ諸国についても同様です。またこの地域の内陸部には、石油・天然ガス・石炭・ウラン・銅が産出されるだけでなく、今後世界経済が注目するニッケル・コバルト・タンタル・インジウムなどのレアメタルの主要な産出地が集中しています。

国際社会にとっての現実の問題は、これらアジア地域との貿易は海上輸送に依存せざるを得ないことです。ソマリア沖とマラッカ海峡の海賊の取り締まりのために世界各国が艦艇を派遣していることは、シーレーン（海上交通路）の安全が国際社会の重要な関心事であることを示しています。しかし図A（444～445頁《ページ》）を見れば分かるように、この地域をアメリカは「不安定の弧」と呼びました。

「不安定の弧」の東端に位置する日本は、海に囲まれていて、国際社会との貿易は重量ベースで九十九パーセントが海上輸送で、航空輸送はわずか一パーセントに過ぎません。日本にとって、食料・エネルギー資源の海外依存度の高さは避けられない現実であり、市場経済と自由貿易によって立つ日本経済は我が国の「強さ」の源泉です。このことを考えれば、国際的に安定した安全保障環境は極めて重要です。

冷戦時代を経て戦争の非生産性を体験した先進国間においては、「戦争」が生起する可能性はさらに極小化しています。一方で複雑かつ重層的な世界構造を背景として、安全保障上の不安定要因はますます多様化し、増大しています。民族、宗教、資源、貧困等を抱える国家や地域においては、紛争が多発しているという特色があります。

特に我が国周辺には、民族、言語、宗教、政治体制、生活水準など、安全保障観に共通性が乏しい、複数の有力国家・地域（中国・台湾・韓国・北朝鮮・ロシア）が存在します。利害が錯綜《さくそう》する構造になっており、その不安定さは基本的に未解決のまま、現在に至っています。

中でも中国は日本の十倍、十三億という膨大な人口を抱える共産党の一党支配の国です。この十年あまり急速な経済成長を成し遂げていますが、同時に所得格差、水不足、食糧不足、高齢化問題、医療サービスの低水準、環境問題、資源エネルギー不足など、諸問題は山積みで、年間八万件近い暴動が発生し、多くの死者が出ているといわれています。

深刻な内政問題があるにもかかわらず、中国は二〇〇九年まで二十一年連続で国防費を十パーセント以上の伸び率で増やしてきています。百六十万人の陸軍と九百八十隻《せき》の艦艇を有する海軍、戦闘機三百三十機を持つ空軍を保有し、核・ミサイル戦力の整備に力を入れています。そして国際社会が憂慮しているのが、中国が軍事力と軍事費について世界の国々と同じような透明性のある説明をしないことです。

二〇〇八年、中国が公表した軍事予算は六百一億ドルです。しかしイギリスの国際戦略研究所（IISS）がまとめた年次報告書「ミリタリー・バランス（二〇一〇）」では、中国の実際の国防支出が八百三十一億ドルと予算を大幅に上回り、国内総生産（GDP）の一・八八パーセントに達したとの試算を公表しています。この軍事支出金額はアメリカに次ぐ、世界第二位にあたります。

参考文献：国家情報長官年次脅威評価（2007.1),QDR, 米軍 HP, ミリタリーバランス等

図A 米国の安全保障環境認識と米軍配置状況

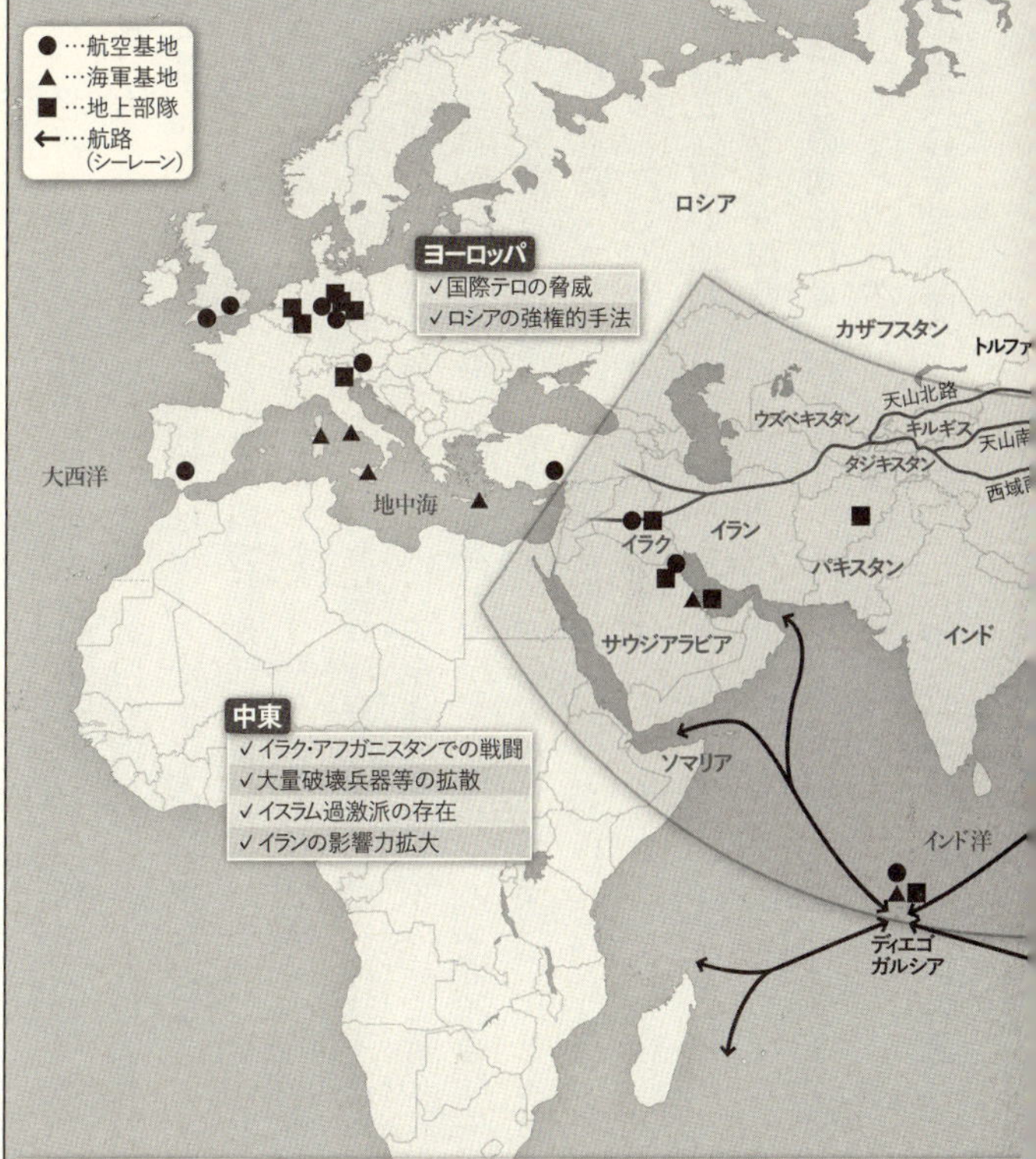

✓不確実性（冷戦時代と異なり、誰が、いつ、どこで米国に脅威を与え、攻撃してくるか予測困難である）
✓非対称的脅威（テロ、大量破壊兵器、弾道ミサイル、サイバー攻撃等、冷戦後の新たな脅威が高まっている）
✓本土防衛の重要性（同時多発テロは、米国の地理的条件が米国土に対する攻撃を免れさせるわけではないことを明らかにした）
✓（地域的）軍事的競争相手（地域大国が地域の脅威となり得る能力を開発する可能性）
⇒同盟や2国間安全保障関係は米国の安全保障の中心

また、北朝鮮は深刻な経済危機にあるにも拘《かか》わらず、核兵器と弾道ミサイルの開発と配備に大きな国費を投資しています。域内の国々がこのような大量破壊兵器を防ぐことは難しく、北朝鮮からの拡散は地域の安全を大きく損ないます。また、日本人を拉致《らち》したり、テロ・ゲリラ活動専門の特殊部隊を有しています。その要員は十八万人と大規模であることに特色があります。二〇一〇年三月に韓国の哨戒艦《しょうかいかん》が魚雷攻撃で沈没し多数の死者を出したように、北朝鮮は突然軍事行動を起こすことが常です。そのため国際社会の対応が難しく、域内の安全保障環境を不安定なものにしています。

さらに日本から東シナ海、南シナ海、マラッカ海峡、インド洋を経てアフリカ東海岸に至る長大な地域には、多種多様な不安要素があります。中国と台湾の対立、南沙《なんさ》群島・西沙群島・カシミール等の領有権問題、インド洋への入り口の要衝にあってアウン・サン・スー・チー女史を軟禁し続けたミャンマーの軍事政権、核開発疑惑のイラン、治安回復の遅れているアフガニスタンやイラク、イスラム原理主義者のテロ・ゲリラ、マラッカ海峡やソマリア沖の海賊の存在などです。

加えてこの地域には、パキスタン、インド、中国、台湾、日本などでの大地震や、津波、台風などの自然災害が頻繁に発生しています。

この地域の安全保障を考える際に、日本列島が持つ地政学的な意味を理解する必要があります。

日本の国土面積は約三十八万平方キロ、世界で六十一番目です。これはイギリス、イタリアよりも大きく、ドイツとほぼ同じ面積です。先進国の中では、日本は遜色《そんしょく》のない面積を持っています。しかし、これに二百海里の排他的経済水域も入れた日本の海域面積は、四百四十七万平方キロとなり、その広さは世界で六番目になります。（図B）

海底資源を開発できる技術力によって、イギリス・ブラジル・ロシアは原油産出国になっています。これまでの調査で、日本の排他的経済水域には天然ガスが豊富で、多種類のレアメタルの埋蔵が推定されています。これを開発できる技術力を持っていれば、日本の経済基盤の大きな力になります。そして、この日本の国土の地形と保有する海域面積の所在位置が、地域の安全保障だけでなく、世界の安全保障に大きな役割を果たす時代になっていることを理解する必要があります。

日本の最北端である稚内《わっかない》はアメリカ本土のシアトルに近い緯度で、最南端の沖ノ鳥島はアメリカ本土を通り越してさらに南下したメキシコシティに近い位置にあります。日本はそれほどまでに南北に広がる細長く大きな島であることと、それ故《ゆえ》に持つ地政学的特性に気が付く必要があります。

ロシアは太平洋岸にあれだけ広大な国土を持っていながら、一年中凍らない港（不

図B 日本の地政学的重要性

国土面積	約38万km²（世界で61番目）
領海（含：内水）＋排他的経済水域	約447万km²（世界で6番目）
人口	1億3,000万人
構成島数	6,852
海岸線距離	33,889km

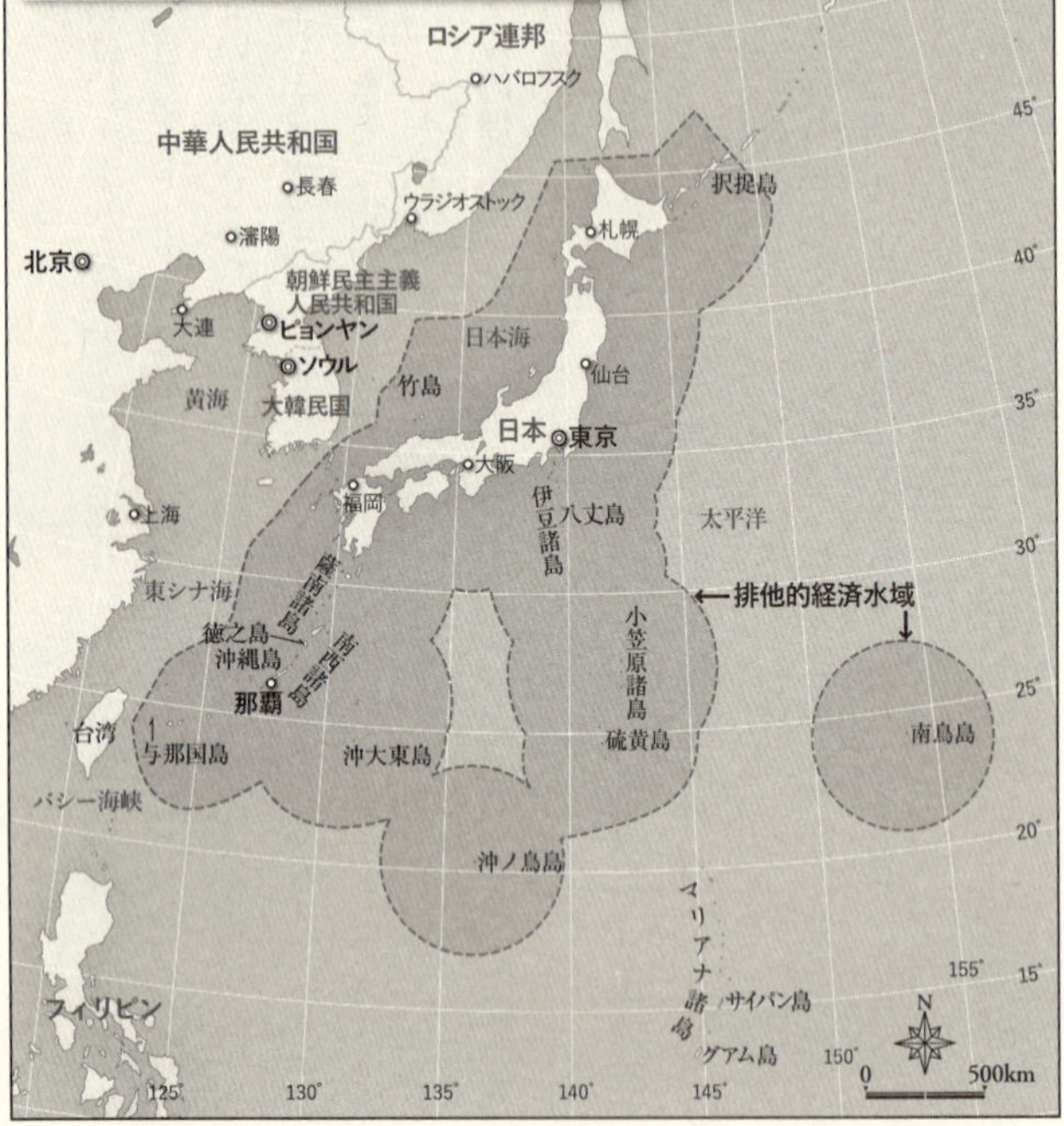

おもな国の面積（万km²）と人口（千万人）

	アメリカ	ロシア	イギリス	フランス	ドイツ	中国	韓国	北朝鮮	インド	オーストラリア
面積	963	1708	24	55	36	960	10	12	329	770
人口	31	14	6	6	8	135	5	2	120	2

凍港）は日本海に面したウラジオストックにしかありません。ウラジオストックには太平洋艦隊という大きな海軍力が置かれていますが、艦艇が太平洋に出る時、また港に戻る時は必ず、宗谷海峡、対馬《つしま》海峡、津軽海峡のどれかを通過せざるを得ません。

冷戦当時、防衛庁はこの三海峡を監視していれば、ソ連太平洋艦隊の動きを把握することが出来たものです。中曽根康弘元総理は、日本列島のこの戦略的重要性を「不沈空母」としてワシントンポストのインタビューで発言しました。

中国は今、海軍力と空軍力の整備に力を入れています。中国の艦艇や軍用機の太平洋への出入りにも、日本の地形が同じ役割を果たします。

中国は北朝鮮との国境からベトナムの国境にいたる、長大な海岸線を有しています。中国から日本を見た時に、九州の薩南《さつなん》諸島から南西諸島の最西端の与那国《よなぐに》島に至る日本列島ラインは、中国の海岸線の三分の二を囲んでいることになります。中国がこの列島ラインを通らず太平洋に出ようとすると、台湾からベトナム国境に至る海岸にある港から出ることになりますが、フィリピン群島海域は浅いので大型艦艇は通過することが出来ず、台湾とフィリピンの間を走る幅百五十キロのバシー海峡を通過するしかありません。

また日本の南端に位置する沖縄は朝鮮半島や中国、東南アジアの国々、オーストラリア、ニュージーランドなどの南太平洋の国々、グアム、ハワイなどアメリカの島との中間に位置し、海の十字路として海上交通の要衝にあります。そして図C（451頁）は那覇と東京都心を重ねた概念図ですが、東西に一千キロ、南北に四百キロ、沖縄県はこれほどまでに広い島嶼県であり、その重要性も分かります。

世界の安全保障環境

通信機器の発達によって情報化社会が到来しました。また、大型航空機の開発により国際的に大規模な人の往来が可能になりました。この二つの点から、現在の国際社会では政治・経済・社会など国民生活全《すべ》ての面で相互依存関係が深まっています。テロやゲリラ活動、海賊、大規模災害などの情報は瞬時に世界に伝播《でんぱ》されるだけでなく、国際的な人の移動によりその前後の変化、事実を確かめられます。

その結果、国としての対応の遅れは、自国だけでなく世界の人々の生活を支える経済・社会システムに深刻な影響を与えることになりました。実際、阪神淡路大震災後、多くの船舶は復旧の遅れる神戸港から韓国の釜山《プサン》港へとその軸を移し、現在でも神戸

図C 沖縄県の大きさと広さ

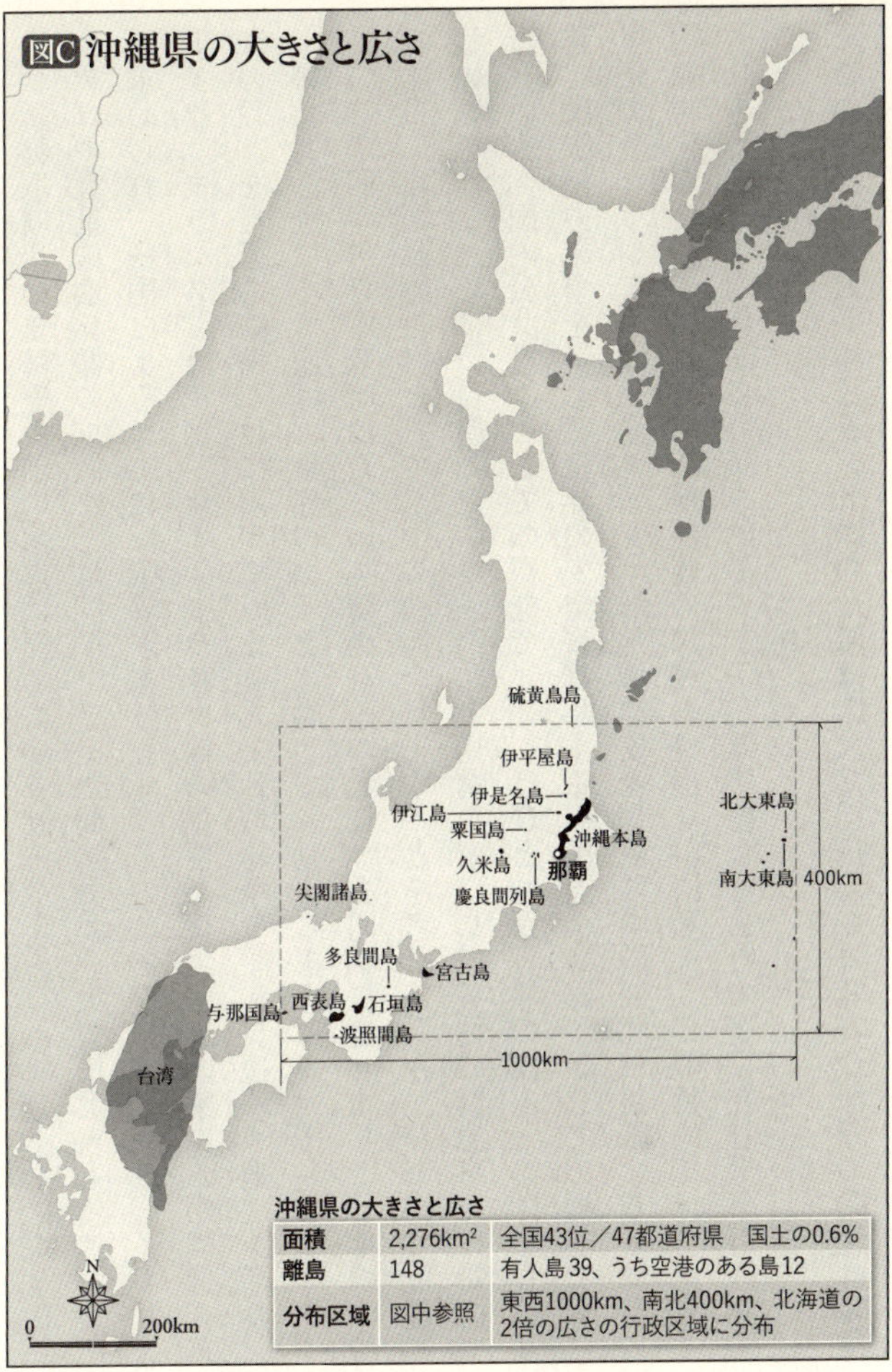

沖縄県の大きさと広さ

面積	2,276km²	全国43位／47都道府県　国土の0.6%
離島	148	有人島 39、うち空港のある島 12
分布区域	図中参照	東西1000km、南北400km、北海道の2倍の広さの行政区域に分布

港の貨物取り扱い量は震災前の水準に戻っていません。

テロや大量破壊兵器の拡散などは国境を超えた問題です。大規模災害も迅速な復旧が求められ、一国による対応には限界があります。そのことからアメリカ、イギリス、ドイツ、フランス、カナダ、オーストラリア等の主要な民主主義国家においては、軍隊の役割を自国の防衛だけに限っていません。地域紛争や平和支援、人道救護活動、災害救助活動にまで広げ、世界の国々と協調して行動するようになっています。

二〇〇四年、日本政府は新しい「防衛計画の大綱」を閣議決定しました。その中で日本は、自衛隊の役割として二つの機能を目指すことを考えました。ひとつは危機に強い国を作るために、自衛隊が警察・消防と連携を密にして各種の緊急事態に対応するという「国内公共財」としての機能です。もうひとつが世界の国々との国際貢献業務、国際協力業務を通じて世界の安定に寄与する「国際公共財」としての機能です。

その上でアジア・太平洋・インド洋地域の安全保障環境の変化に対応すると同時に、占領時代から続く在日米軍基地問題の国民の負担を解決しようとの目的で、日本とアメリカが二〇〇四年から協議を始め、二〇〇五年に合意したのが、在日米軍再編問題でした。

このアジア・太平洋・インド洋の地域は広大で、抱えている安全保障の問題は多種多様です。紛争地域や災害発生の現場に入って対処し、治安を維持し、復興を支援できる陸軍の能力、海上でテロや海賊や麻薬・武器の密輸を取り締まり海上交通の安全を確保する海軍の能力、空から空域や地上を監視し、陸軍・海軍の活動を支援する空軍の能力が必要とされます。

域内で陸・海・空軍力をすべて持っている国は限られています。特に長距離移動し、長期間海上行動できる海軍（Ocean Navy）を有している国は少なく、インド洋ではインドだけです。

日本に駐留している米軍の能力と、それを支える在日米軍基地の機能は、多種多様な事態に隙間《すきま》なく対応できるという大変重要な役割を果たしています。陸軍には戦闘部隊はなく、後方支援の部隊が神奈川県の座間・相模原《さがみはら》と沖縄のトリイに駐留しています。海軍は艦艇部隊が横須賀《よこすか》と佐世保に、航空部隊が厚木、三沢、嘉手納《かでな》にあります。空軍は司令部が横田、戦闘機部隊が駐留しているのが三沢・嘉手納です。海兵隊は司令部が瑞慶覧《ずけらん》とキャンプ・コートニー、地上部隊がシュワブとハンセン、航空機部隊が岩国（ジェット戦闘機）、普天間（ヘリ）にそれぞれ駐留しています。

海兵隊は、歩兵部隊、輸送・戦闘ヘリコプター部隊、対地支援ジェット戦闘機部隊からなる第四の軍隊です。陸軍は、海を渡れず、空を飛べないので、紛争の現場に入るまで時間がかかり、対地支援能力も限られるという短所があります。海兵隊は「紛争が発生した場合に、地上戦闘、対地支援戦闘に優れた部隊を、海・空軍の輸送力を使って迅速に投入し、対処させることで、紛争の長期化を防ぐことが出来る」という経験に基づき作られた軍隊です。

この特性を維持する中核である地上部隊とヘリコプター部隊と、日常的に地上戦闘に必要な各種の訓練を連携して行うことが出来る広大な演習場は、近接してあることが必要です。

沖縄は本州や九州よりも中国、フィリピンに近い。これは、沖縄がアジア・太平洋・インド洋地域の安全保障にとって重要な位置を占めていることであり、ここに駐留する海兵隊の機能は、他の地域において代替できるものではありません。(図D)

グアムへ普天間飛行場の機能を移転すれば、海兵隊は沖縄に駆けつけるまで船や航空機を使用し、五・五日かかることになります。そこからインド洋までさらに十日かかります。中東までは十四日。その日数分だけ、紛争や災害が発生した場合の海兵隊の対応が遅れることになります。(図E)

沖縄から海兵隊がいなくなれば、日米両国は地域の安定と国際協力に貢献するという日米安全保障体制が担《にな》っている大きな役割を果たす手段の一つを失うことになりま

図D 沖縄を中心とした広域図

那覇・東京からの各都市との距離（km）

都市名	ソウル	平壌	北京	上海	香港	ハノイ	台北	マニラ	グアム
那覇	1,260	1,440	1,850	830	1,440	2,300	630	1,470	2,280
東京	1,150	1,290	2,100	1,760	2,890	3,670	2,100	3,000	2,530

図E 日本の地政学的重要性

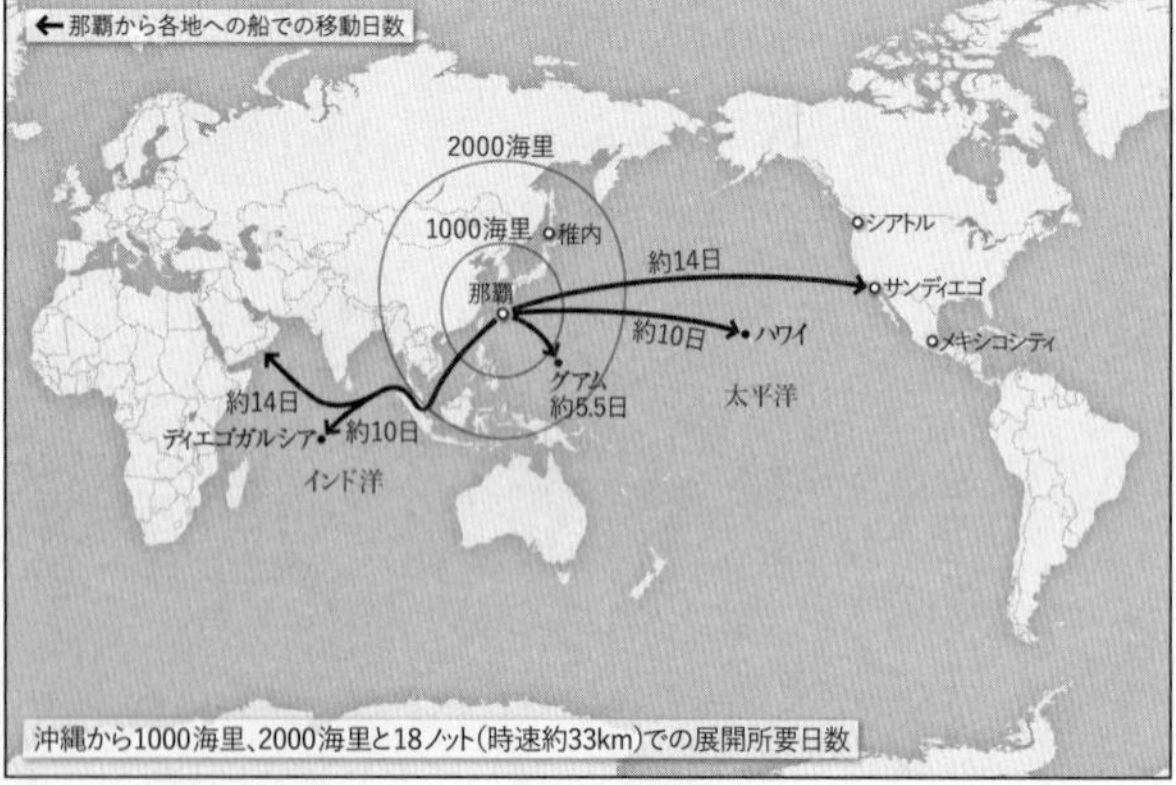

す。

アジア諸国だけでなく、世界の国々が、日本に駐留する米国の軍事力をアジア・太平洋・インド洋地域の不安定要因に対する「抑止力」と「対処力」として必要性を認め、支持しているのです。

日本は日米安保体制が地域の安全保障の基本的枠組を形成し、その役割が益々《ますます》大きくなっていることを認識しています。その一方で、米軍基地が所在する地域に残る米軍基地問題という国民の負担を、早急に解消していく取り組みが極めて大切であることを理解する必要があります。

日本はアメリカとの安全保障体制を緊密にすると同時に、世界の国々との軍事交流も深めています。アジア・太平洋・インド洋の安全保障環境問題で実務に携わっている国防関係者と会議を持ち、相互理解を深めることが求められているからです。

冷戦時代は各国とも軍事情報は必死に隠していました。隠すから、それを探るためにスパイが活動したのです。ところが冷戦が終わり国の対立がなくなってくると、手の内を明かしたほうが無用の緊張を高めないで済むことに気付きました。

防衛省はサミット参加先進国諸国を始めとする欧米の国々と、アジアでは北朝鮮・台湾を除いた国々と、中東ではイスラエル・クウェート・サウジアラビアと防衛協議の場を設けています。またインド洋周辺地域ではインド・パキスタンと定期的な防衛協議を行っています。

特にインドとは戦前からの長い交流があり、民主主義などの基本的価値観を共有する我が国の友好国です。アジア・太平洋地域とヨーロッパ・中東・アフリカを結ぶシーレーンの中心に位置しているインドは、海上輸送に貿易のほとんどを頼る日本にとって大変重要な国家です。インドの近くにはイラク・アフガニスタン・パキスタンなどのイスラム国家や、中国の影響を受けるネパール・ミャンマーなどの国々が所在し、貴重な地域情報が得られます。

インドとは、二〇〇六年十二月に「日印戦略的グローバル・パートナーシップに向けた共同声明」を日印首脳が発表しています。その中でハイレベルな政策対話や、日印の海上艦船による訓練などの防衛協力を強化することを明らかにしています。

また、アジア・太平洋地域の南半球に位置するオーストラリアは、自由と人権を尊重し、民主主義という基本的価値観を共有する重要なパートナーです。二〇〇二年、オーストラリアはインドネシアとの関係から、東ティモールにおけるPKF活動の継続が難しくなっていました。その際にはインドネシアと親しい日本が自衛隊を派遣することで、オーストラリアの活動の継続を可能にしました。二〇〇五年にはオランダ軍が撤退したイラクのムサンナー県へオーストラリア軍が派遣されました。オーストラリア軍の警備活動のもと、自衛隊は活動を継続することが出来ました。

このように日本とオーストラリアは、国際平和協力活動の現場において協力を積み重ねてきました。オーストラリアと日本は同盟関係にはありませんが、両国首脳が発表した二〇〇七年「安全保障協力に関する日豪共同宣言」の中で、安全保障協力を行うことを明らかにしています。防衛・外務両省首脳による会談「2＋2」を定期的に行い、テロ対策、大量破壊兵器の拡散阻止、PKO活動地域の安全保障環境についての情報交換を行うことを合意しています。

安全保障問題に対する世界と日本の対応

軍事力が戦争以外の緊急事態でもその役割が求められるようになったのは、軍隊が「自己完結能力」を有しているからです。通信・輸送・給食・宿泊などの民間インフラがない場所や、機能しなくなっている場合でも、独自の野外通信システム、陸・海・空の車両・艦船・輸送機・ヘリなどの交通・運送能力を保有し、野外炊飯が出来、宿泊施設などを備えている軍隊なら対応出来ます。軍隊は緊急事態に対応するのに有効であるという認識が、世界の人々の間に深まっています。

また、世界の国々の軍隊同士が外国の地で他国の軍隊と協力活動できるのは、「階級」と「職域」が共通だからです。

軍隊には大将・中将・少将・大佐・中佐・少佐・大尉《たいい》・中尉・少尉（以上「士官」）、准尉《じゅんい》（「准士官」）、曹（「下士官」）、士（「兵士」）といった階級があります。軍隊は戦争などの緊急事態に活動するものなので、上官の命令が下に迅速・的確に伝達され、実行される必要があります。そのために階級を設け上下関係を明確にして、組織の意思決定や役割を明確にしています。

また軍人は、陸軍であれば歩兵・戦車・砲兵など、海軍であれば水上艦艇・哨戒機《しょうかいき》など、空軍であれば戦闘機・輸送機などという「戦闘職域」と、各軍とも補給・整備・需品・通信・施設・教育・会計などの「後方支援職域」という専門の「職域」を個人で持っています。

例えばオーストラリアがPKOで、部隊規模千人で指揮官が少将の施設部隊派遣の構想を持っているとしましょう。そこに日本が施設部隊三百人を出して加わりたいと考えた場合には、部隊長として、各国の中佐に当る施設職域の二佐の自衛官を出すことになります。こうしてオーストラリア軍の少将の下で、日本は道路建設を分担して作業することが出来、国際協調作業が可能となります。

これらは軍隊が持つ機能・特性の一部です。どんな環境下でも様々な活動が出来るのは、軍隊そのものの機能に理由があることを理解する必要があります。

一、軍隊は兵員と兵器から構成される集団で、これを担う組織として陸軍・海軍・空軍があることです。

陸上自衛隊は、二十四の「職域」で十五万一千人、海上自衛隊は四十五の「職域」で四万五千人、航空自衛隊は三十九の「職域」で四万七千人です。合計で二十四万七千人の自衛官がいます（以上、定員）。国家公務員六十万人の四十パーセントに相当する大きさになります。

また「階級」構成でみると、三佐以上が約一万四千人、尉官が約二万三千人、准尉・曹・士が約二十万六千人で、その比率は五対八対七十三で鋭角的ピラミッド構成になります。
二、各軍は第一線の現場で働く各種職域の「兵員」と、兵員の集合体である「部隊」、部隊を束ねる大小の「司令部」から構成されることです。
兵員には体力と武器・通信機器などの操作、戦闘技術が、部隊では個々の兵員に対する指揮統率と後方支援が、司令部では各種情報を収集・分析・評価して作戦計画を作り、部隊を指揮することが求められることです。
三、各軍の能力を発揮するためには、日々の「教育」と「訓練」が必要になることです。
個々の兵員は士官・下士官・兵のグループに分けられ、それぞれのグループの中で「階級」ごとに「職種」の「教育」が長期間行われます。並行して士官・下士官・兵から編成される部隊の「訓練」・「演習」が行われます。例を挙げれば、ジェットパイロット一人を養成するのには教育と訓練で五年もかかります。
四、兵器の研究開発、生産、調達が必要になることです。

兵器の性能の優劣が部隊の能力を決めます。たとえば米空軍の最新鋭ジェット戦闘機F－22はレーダーに探知されにくい機体構造と、高い機動性を生み出す推力偏向ノズルを装備しています。その特性を活《い》かして一機でF－15を五機撃墜する能力があるとされています。

一九九〇年、私が装備局航空機課長の時に、FS－X（次期支援戦闘機）の主翼の素材に、当時主流の素材であった高価な金属のチタンではなく、カーボン（炭素繊維）を使うという世界を驚かす画期的な研究試作が行われました。翼には爆弾・ミサイルなどを吊下するので、必要な強度が得られなくて技術陣が苦労しました。これが成功し、カーボンが航空機体素材の主流になりました。

こうして開発された軍需技術は民間にも活用されます。携帯電話、インターネット、カーナビなどの情報通信、宇宙ロケットなどの航空宇宙・ナノテク等は軍事に投資して得られた先端技術が使われています。研究開発予算や技術者を効率的に使い国際競争力を培《つちか》う観点から、米・英・仏・独の各国では軍需も民需も同じ企業で担当し、輸出もしています。

五、「軍人」は、時として自らの生命の危険を賭《と》しても、職務を実行することを覚悟しなければならない職業です。

ロイター通信が調べたところでは、二〇〇九年九月の時点でイラクでのテロ掃討作戦開始（二〇〇三年）以来、千三百七十六名の兵士が死亡しています。アメリカが八百名、イギリスが二百名、カナダが百名以上となっています。五十名以下の死者も、数の多い順からドイツ、フランス、デンマーク、スペイン、オランダ、イタリアと続いています。世界の国々では軍人が誇りを持って仕事が出来るように、叙勲などの名誉と恩給などの生活保障の仕組みを作っています。

六、軍隊は国家・国民のために機能させるよう、シビリアン・コントロール（文民統制）が必要とされることです。

軍隊は、国家の如何《いか》なる非常事態にも即応できることが求められます。そのため組織は大きく、その運用は軍事合理性に基づく職務の専門性、能力整備の計画性、意思決定の迅速性が確保され、かつ軍人の士気が保たれていることを必要とします。この軍隊をいかに国家・国民のために役立てて、誤りなく使うかが文民統制の問題です。

防衛省には大臣を補佐する事務組織として、自衛官からなる四人の幕僚長と四つの幕僚監部に約四千人のスタッフと、事務官からなる六人の局長と約一千人のスタッフがいます。中央省庁の中で一番大きい大臣の補佐機構です。

民主主義国家の政治原則である文民統制を確保するためには、文民である国民が軍隊という組織と軍人について知識を持ち、理解していることが求められます。

世界の国々は国の防衛だけでなく、アジア・太平洋・インド洋地域の安定のために、自国の軍隊を派遣して自国の兵員の人的損耗に関する社会的許容度の厳しさに耐えながら、国際協調という責務を果たしているのが現実です。

「憲法を改正して、世界の国々と同じように国際責任を果たすべきだ」と、オランダのヘンク・カンプ国防大臣は石破茂防衛庁長官との会談で発言しました。オランダは陸上自衛隊が人道復興支援活動を行ったイラクのサマワで、警備業務に従事していた兵士を襲撃で失っています。

自衛隊は海外に派遣されても、世界の国々の軍隊と同じように活動することが出来ません。自衛隊は軍隊ではありません。陸・海・空の自衛隊は陸軍でも海軍でも空軍でもありません。自衛官も軍人ではありません。

国際法上、軍隊には個別的または集団的自衛権の行使が認められていますが、日本では憲法解釈上、集団的自衛権の行使は認められていません。また個別的自衛権も、武力攻撃事態が発生し、内閣総理大臣が国会の承認を得て防衛出動命令を出す場合に限られています。

これは憲法の考えを踏まえ、「専守防衛」という受動的な安全保障戦略をとっているからです。攻撃されても敵国に攻め込むことはしないというのが政府の方針です。国会でも、武力行使の目的を持って海外に自衛隊を派遣することを禁止する決議が行われています。

このことから国際協力業務を行うために外国に自衛隊が派遣される場合には、個別的または集団的自衛権を行使することがない工夫が必要になりました。戦闘が終了した地域で行なわれるPKOでは「参加五原則」を適用して、インド洋での対テロ支援活動やイラクでの人道復興支援活動では「非戦闘地域」を設定して、活動することとしたのです。

万が一、自衛官が襲撃を受けた場合にも、全《すべ》ての人間が持つ固有の権利である正当防衛・緊急避難の法理で、武器使用を認めるという対応措置をこれまでしてきました。これは一緒に仕事をする他国の軍人に比べて制約のある対応であり、任務を行う自衛官には大変な精神的負担を強制するものでした。

自衛隊はインド洋派遣でもイラク派遣でも一発の銃弾を撃つこともなく、また隊員を殉職させることもなく任務を終えることが出来ました。しかし、国の中央で参加五原則が維持されている地域や非戦闘地域と認定していても、現場は流動しており、脅威や危険のないように完璧《かんぺき》を尽くすのは難しいことでした。隊員にとっては突発的にテロに巻き込まれ、生命が危険にさらされる可能性を覚悟しながらの勤務となりました。帰国後、自衛官十六人が自殺しているという事実があります。

問題は世界の平和と安定のために、世界の国々と同じように、自衛官の命を危険な場所に晒《さら》すことを、今後、国家としてどう考えるかということです。これは自衛隊の憲法上の位置付けをどうするか、国民の覚悟が問われる問題です。

日本人の防衛意識

第二次世界大戦で日本国は連合国を相手に国家の持てる力を総動員して戦いましたが、国の内外に累々《るいるい》たる惨禍を残して敗れ、連合国による「東京裁判」で戦争犯罪国として裁かれました。勝者である連合国軍総司令部（GHQ）による統治の下で、統《とう》帥権《すいけん》の廃止、陸軍・海軍の解体が行われました。そしてGHQの指導の下で一九四六年日本国憲法が制定され、その第九条で戦争の放棄と陸・海・空軍の戦力の不保持が定められたのです。

この結果、国の安全保障は軍事力によるのではなく、平和主義、国際協調主義によって確保する方針が確立しました。戦争で塗炭の苦しみを経験した国民は「もう戦争はこりごり」と考え、軍事力なしで日本と世界の平和を追求する憲法の考え方を支持し、これを受け入れました。

ところがその後、日本はGHQから再軍備を求められます。

一九五〇年六月に勃発《ぼっぱつ》した朝鮮戦争に、アメリカが国連軍を創設して日本に駐屯していた占領軍を派遣することを決めたのは翌月のことです。占領軍不在の間の治安を維持するため、七万五千人からなる警察予備隊と海上保安庁八千人の増員を決めました。朝鮮半島での戦争は、九月に国連軍が仁川《インチョン》に上陸、十月には中国人民軍が参戦しました。一進一退の激しい攻防が続き、泥沼化の様相を呈していきました。

一九五一年九月八日、対日講和条約が四十八ヶ国との間で締結され、日本は独立を果たします。同日、日米安保条約も結ばれます。翌年には保安庁が設置され、警察予備隊は十一万人からなる保安隊に、海上保安庁内の海上警備隊は七千五百九十人からなる警備隊へと改編されました。

アメリカの安全保障戦略の基本は朝鮮半島におけるランドパワーだけでなく、極東ソ連軍の太平洋進出をどう阻止するかというシーパワーの確立も必要としていました。具体的には、日本本土の防衛と日本の周辺海域と三海峡の通行阻止、日本上空の防空の能力を高める必要がありました。

米国政府の要請を受けて、一九五四年には「わが国の平和と独立を守り、国の安全を保つことを目的」とする防衛庁と、陸上自衛隊十三万人、海上自衛隊一万六千人、航空自衛隊六千人、合計十五万二千人からなる自衛隊が法律で設置されました。問題はこの時、憲法解釈上、法律の制定で自衛隊を保有することが説明出来るという考えの下で、憲法改正を行わなかったことです。

朝鮮半島で過酷な戦争が行われていても、その戦闘が海を渡って及ぶことのなかった日本では、人々の危機意識はどうしても薄かったのです。加えて過ぐる大戦での悲惨な戦争体験が生々しく残っており、米軍の戦争に巻き込まれたくないとの思いが国民を支配していました。施政者が憲法改正を国民に問い得なかった背景が、ここにあるのではないかと私は思います。

その後、「敵基地攻撃はしない」「大陸間弾道弾・攻撃型空母・足の長い戦闘機など、攻撃的兵器は保有しない」「原子力や宇宙空間の軍事利用の禁止」「武器輸出禁止三原則」「防衛費のGNP一パーセント枠」など、数々の防衛の基本政策が作り上げられましたが、一方で憲法を改正しないで再軍備をしたことから自衛隊合憲・違憲の議論が何十年にもわたり続きました。そのような国の防衛をタブー視する風潮の中で、防衛力の在り方、役割、必要性や安全保障の教育などについては、国民に理解出来るような現実的な論議は十分に行われてきませんでした。

自衛隊について国民が正確なイメージを持ちにくいことも、それに輪をかけたと私は考えています。警察や消防などの活動は国民の日常生活に密着して、その必要性は分かりやすいものです。それに比べ、自衛隊の活動が必要とされるのは国の防衛という滅多にない機会の上、訓練する場所も海や空、演習場と国民生活の場からは見えにくい、離れたところにあるからです。

韓国は北朝鮮と国境を挟んで長い間、軍事対立にあります。現在でも二年間の徴兵制を敷き、国家予算の十五パーセント（GNPの二・七パーセント）を軍事費に充《あ》てています。米国との安全保障条約を維持し、長らく自国の軍隊の有事作戦統制権を在韓米軍司令部に委《ゆだ》ねていました。二〇一五年には移管されることが決まっていますが、厳しい現実を隣国は乗り越えてきたことを理解する必要があります。

再軍備を求められた点では、やはり第二次世界大戦で敗戦国となったドイツも同じでした。しかし、ドイツが取った対応は日本とはまったく異なりました。

大戦後、ドイツの西側の地域を米・英・仏などの連合軍が、東側をソ連が占領しました。ベルリンだけはこれら四カ国の共同支配でしたが、この地を巡ってはソ連がライフラインを断ち（ベルリン封鎖）、米英仏が十一ヶ月にわたる空輸作戦で対抗するなど、東西陣営の攻防が続きました。そして一九四九年四月、西側諸国で集団的安全保障体制を構築するため、北大西洋条約機構（NATO）が発足しました。

続く五月、ドイツ連邦共和国（西独）として独立し、日本と同様に憲法で軍事力を保有しないことを定めます。十月にはドイツ民主共和国（東独）が成立し、日本とほぼ同じ国の面積を持つドイツは東西に分裂します。翌五〇年にはNATO軍の創設が決定され、その中で西ドイツの再軍備が議論されるようになったのです。

ソ連からポーランド、ドイツを経て、オランダ、ベルギー、フランスに至るヨーロッパ大平原では、二次にわたる世界大戦で熾烈《しれつ》な地上戦闘が行われました。その経験から西ベルリンと西ドイツの領土抜きでは、西側陣営は縦深性のある防衛体制を構築出来ませんでした。この地政学的に重要な位置に所在し、高いランドパワーを持つ西ドイツの再軍備が西側陣営には必要でした。

戦争中は国土が戦場になり、国民の生命・財産が失われるという悲惨な経験をし、戦後も未曾有《みぞう》の苦難の中にあった西ドイツでしたが、五五年、NATOに正式加盟します。その翌年には憲法を改正し、再軍備に踏み切ることになりました。その方針はこうでした。

「ドイツ連邦軍を創設する。有事の際は急速な動員により百万人以上の陸軍部隊を編成し、西側陣営防衛のため最前線に派遣する。しかし西ドイツは自国の軍隊に対する指揮権を持たず、西側陣営の連合軍であるNATO軍の完全な指揮下に委ねる」

西ドイツは再軍備を決めるにあたって、国の中で議論を続け、国民の考えをまとめました。その上で二度にわたる世界大戦に対する国家・国民の反省を世界に示すだけでなく、ナチスドイツの独裁に対する欧州諸国の人々の不信と恐怖の念を払拭《ふっしょく》する必要がありました。それで、西側の一員として西側の平和と安定と独立を守るため、国土と同胞の生命を戦場に晒す覚悟のあることを示すと共に、再軍備をしてもナチスドイツの再来にならない保障を世界に明らかにしたのです。

このことで思い出すのは、中学校時代の教科書で読んだ笠信太郎《りゅうしんたろう》の随筆です。世界の人々のものの考え方には違いがあるといって、「イギリス人は歩きながら考える」「フランス人は考えた後で走り出す」「ドイツ人は考えた後で歩き出す」とのくだりがありました。私にはこの喩《たと》えが印象的でした。日本人のものの考え方はどう喩えられるでしょうか。

国の安全保障は、日本が憲法で述べている「国際社会において、名誉ある地位を占めたい」という国家存立の基盤です。日本の安全を守り世界平和の実現に尽くすため、日本の防衛力は国民と国際社会から理解され、支持され、そして信頼されるものでなければなりません。

その観点から、普天間問題を未《いま》だに解決出来ない日本という国は何なのかが問われています。国民の負担も軽減できていないし、安全保障上の必要性にも対応できていないからです。安全保障問題に対する国民の見識が、国際社会から問われている時代を、日本は迎えていると私は思います。

【参考】普天間飛行場代替移設案の比較

	海上ヘリポート		軍民共用飛行場 辺野古沿岸	キャンプ・シュワブ陸上案 演習場内	名護 Lite 案 辺野古沿岸	キャンプ・シュワブ宿営地案（L字案）	キャンプ・シュワブ X字案	キャンプ・シュワブ V字案
	桟橋式	浮体式						
施設の規模（ha）	90	90	184	90	90	130	180	205
滑走路長（m）	1300×1	1300×1	2000×1	1300×1	1300×1	1600×1	1600×2	1600×2
飛行場長（m）	1500	1500	2200	1500	1500	1800	1800	1800
航空機騒音 環境省基準	○	○	○	○	○	○	○	○
危険性 飛行場設置基準	○	○	○	○	○	○	○	○
危険性 住宅地の上空通過	○	○	○	○	○	△	○	○
きれいな海の維持	撤去可	撤去可	埋立て	陸上	埋立て	埋立て	埋立て	埋立て
サンゴ礁への影響	△	△	×	○	×	○	○	○
藻場への影響	△	△	△	○	×	△	△	△△
基地の新設になるか	ならない	なる	なる	ならない	なる	ならない	ならない	ならない
基地内（土地・ha）				90		25	55	55
基地内（水域・ha）	90					105	125	150
基地外（ha）		90	184		90			
妨害活動の排除	○	×	×	○	×	○	○	○
環境影響評価	3年	3年	3年	3年	3年	3年	3年	3年（実施済）
建設工事期間	—	—	7年	3年	7年	5年	5年	5年
日米合意 日本	○	○	○	○	×	○	○	○
	↓	↓	↓	↓	↑	↓	↓	↓
日米合意 米国	○	○	○	×	○	○	○	○
沖縄県との合意	○⇒×	○⇒×	○	—	—	—	—	○⇒×
名護市との合意	○	○	○	—	—	×	×	○⇒×

この作品は平成二十二年七月新潮社より刊行された。

春原剛著
零《ゼロ》の遺伝子
―21世紀の「日の丸戦闘機」と日本の国防―
零戦の伝統を受け継ぐ「国産戦闘機」が大空を翔る日はくるのか。「先進技術実証機（i^3）」開発秘話が物語る日本の安全保障の核心。

堤未果著
報道が教えてくれない
アメリカ弱者革命
黒田清JCJ新人賞受賞
豊かなはずの超大国アメリカで、踏みつけられ搾取される貧しい人々。でも、彼らは諦めない。立ち上がる「弱者」を追う清新なルポ。

畠山清行著
保阪正康編
秘録　陸軍中野学校
日本諜報の原点がここにある――昭和十三年、秘密裏に誕生した工作員養成機関の実態とは。その全貌と情報戦の真実に迫った傑作実録。

柳田邦男著
「死の医学」への日記
医療は死にゆく人をどう支援し、人生の完成へと導くべきなのか？　身近な「生と死の物語」から終末期医療を探った感動的な記録。

柳田邦男著
言葉の力、生きる力
たまたま出会ったひとつの言葉が、魂を揺さぶり、絶望を希望に変えることがある――日本語が持つ豊饒さを呼び覚ますエッセイ集。

柳田邦男著
「気づき」の力
―生き方を変え、国を変える―
考える力を養い、心を成長させるには何が必要か。ネット社会の陥穽を指摘するジャーナリストが、あらゆる角度から語る「心の革命」。

「普天間《ふてんま》」交渉《こうしよう》秘録《ひろく》

新潮文庫　も－36－1

平成二十四年九月一日発行

著者　守《もり》屋《や》武《たけ》昌《まさ》

発行者　佐藤隆信

発行所　株式会社 新潮社

郵便番号　一六二―八七一一
東京都新宿区矢来町七一
電話　編集部(〇三)三二六六―五四四〇
　　　読者係(〇三)三二六六―五一一一
http://www.shinchosha.co.jp

価格はカバーに表示してあります。

乱丁・落丁本は、ご面倒ですが小社読者係宛ご送付ください。送料小社負担にてお取替えいたします。

印刷・錦明印刷株式会社　製本・錦明印刷株式会社

ISBN978-4-10-136661-6 C0195